## 内容提要

本书根据广大农村基层及城市居民种、养、购、销花卉的需要，以问答的形式，介绍了178种花卉的栽培新技术，切实回答生产与生活中的一些难点与疑点，通俗易懂，可操作性强。书中介绍了1 016个花卉新品种，152条新技术。有极强的实用性与可读性。还编制以长江、黄河流域为代表的12月花事，供花农、花友、花商参考。

国家重点图书

专家为您答疑丛书

# 家庭养花百问百答

夏春森 等 编著

中国农业出版社

**图书在版编目（CIP）数据**

家庭养花百问百答/夏春森等编著. —北京：中国农业出版社，2008.7
ISBN 978-7-109-12788-3

Ⅰ.家… Ⅱ.夏… Ⅲ.花卉—观赏园艺—问答 Ⅳ.S68-44

中国版本图书馆 CIP 数据核字（2008）第 098988 号

中国农业出版社出版
（北京市朝阳区农展馆北路 2 号）
（邮政编码 100125）
责任编辑 徐建华

北京三木印刷有限公司印刷 新华书店北京发行所发行
2009 年 1 月第 1 版 2010 年 2 月北京第 2 次印刷

开本：850mm×1168mm 1/32 印张：8.625
字数：210 千字 印数：8 001～14 000 册
定价：20.00 元

## 编著人员

夏春森　夏志卉　司少鹏　夏文斐
周　萍　刘新元　季　元　周　瑾
刘文明　郭宝清　吉久华　田桂君
丁建波

# 前 言

随着我国国民经济的快速发展，人民生活水平的不断提高，花卉已成为现代生活中不可缺少的伴侣。它可以美化环境、净化空气、怡情悦性、陶冶情操，给人以美的享受，起到养生保健的作用。

随着改革的深入，城市家庭住房逐渐高楼化、小型化。阳台、客厅、书房等室内绿化与装饰，大都选用盆花，它可以净化美化室内空气，调节情绪。

随着社会主义新农村建设的加快，庭院绿化、美化已成其重要组成部分，它能做到春季繁花似锦，夏季浓荫匝地，秋季果实累累，收到“无日不春”的效果。在工作生活之余，亲手莳养几盆花卉，已成为越来越多人们的爱好，它可以丰富精神生活，增添生活乐趣，提高环境质量，促进身体健康，提高人们对大自然的热爱及对文化艺术的修养。

本书面向广大城乡居民和农业生产者，采取问答的形式，以简洁的语言，回答花卉莳养中碰到的问题。本书介绍了178种花卉，内容新颖，可操作性强，实用可读。

本书共分六章，第一章介绍盆栽花卉的基础知识，第二章介绍年宵花卉的选购与养护，第三、五、六章讲述草本、球根、宿根花卉及木本花卉的莳养，第四章介绍新上市的花卉新品种。简述其形态特征，生态习性及栽培管理的方法，让你轻松掌握花卉的栽培技巧，及时解决莳养中的难题。

由于编写水平有限，书中难免有疏漏及错误之处，恳请读者批评指正。

作　者

2008年4月10日

# 目 录

# 第一章　家庭养花的基本知识

## 1. 养花对人体及环境有什么好处？

养花，可以丰富和调剂人们的文化精神生活、增添生活乐趣，陶冶情操，增进健康，增加科学知识，提高文化艺术素养，保护和改善环境，净化空气，使人们健康长寿。许多花卉都是中草药，可食可药，可提高人们的生活质量。

（1）花卉是空气的净化器，一人一天要吸进 0.75 千克氧气，呼出 0.94 千克二氧化碳，667 平方米绿地每天可吸收 60 千克二氧化碳，放出 40 千克氧气，即一人需要 10 平方米的绿地可满足氧气的需要。按目前一户三口计，每户人家要有 30 平方米的绿化面积。室内养花，由于夜间人与花同时放出二氧化碳，因此，室内养花不能多，每 10 平方米以 1～2 盆为宜，并在房间内放一盆仙人掌类、瓦松，因为它们可在夜间放出氧气。虎尾兰、褐毛掌、伽蓝菜、景天、落地生根、凤梨夜间也有净化空气的作用。

花卉不但吸收二氧化碳，还能增加空气负氧离子浓度，而花木中，以松柏类负氧离子浓度最高，故在晨炼时应多去松柏林中呼吸新鲜空气。

据科学家试验，在 24 小时照明下，芦荟可吸 1 立方米空气中 90％的甲醛，常春藤可吸收 90％苯，吊兰可吸收 96％一氧化碳、80％苯，天南星科包叶（马蹄莲）能吸 80％苯、50％甲醛。每 10 平方米种一株吸毒的花卉，比负离子发生器、空气新清剂效果好。所以芦荟、吊兰、虎尾兰、一叶兰、龟背竹、常春藤是天然的清道夫，可吸收室内80%以上的有害气体，可吸收室内所含90%的甲醛。常春藤、菊花、金橘、石榴、半支莲、月季、茶花、米兰、雏菊、蜡梅、万寿菊可清除一氧化碳、氯气、乙烯、过氧化氮等有害气体。海桐、紫薇、木槿、桂花、广玉兰、杜鹃、月季、垂柳吸收二氧化硫的能力很强，棕榈、丁香、栀子、玫瑰、柑橘、天竺葵、紫茉莉能吸收氟化氢。苏铁、山茶、木芙蓉、扶桑、合欢、翠菊能吸收氯气。月季、菊花、鸡冠花、米兰、兰花、常春藤、芦荟、万年青可吸收苯、苯酚、二甲苯。烟草、鸡冠花可吸收放射性物质氡、铀。梅花对二氧化硫、氯、苯、醛有监测能力，如有污染，叶片出现斑纹、枯黄。

花卉有除尘作用，在城区每天每平方米降尘量为880毫克，种树木后，降尘量为100毫克。兰花、桂花、蜡梅、花叶芋、常春藤及无花果等有除尘作用。

花卉是杀菌剂，樟科、松科、桉树、肉桂、天竺葵可杀死白喉、痢疾、肺结核、伤寒的病菌，玫瑰、桂花、紫罗兰、茉莉、柠檬、蔷薇、石竹、铃兰、紫薇能分泌挥发性油类，有杀菌作用。5分钟可杀死肺炎球菌、葡萄球菌、结核杆菌，并抑制其生长、繁殖。

（2）养花是养生中情志调摄的方法，要养生必须情有所系，要有精神寄托，精神支柱，精神追求，要老有所为，“常在花间走，能活九十九”。花对人的精神与躯体有十分神奇的、妙不可言的作用。花的基本色是绿色，它给人清静、娴雅的感觉，花的艳丽夺目的色彩，千姿百态的花形，葱翠浓郁的叶片，秀丽独特的风韵，给人们创造优美舒适的环境，给人带来愉快、幸福和希望。花卉是有生命的装饰品，给人们以美的享受。

（3）花卉有益于身心健康，花卉的色彩和香气可使人精神焕发。观赏百花，饱餐秀色，使人烦恼全无，心静神爽。花散发出的香气，沁人心脾，花香对人的神经产生良好的心理效应，可激发人的精神、焕发人的情绪。丁香、茉莉花含有芳樟醇、芳樟脂和安息香酸，使人神清气爽，轻松愉悦。桂花香气浓郁，浓香四溢，助人消忧愁，除烦闷。水仙、荷花清洁高雅，香气淡雅，缓缓袭人，使人心神安宁，情意绵绵。菊花、薄荷香气清淡，嗅之使人如释重负，精神放松，思维清晰。橘子、柠檬香味可激发向上，紫罗兰、玫瑰花香令人爽朗，愉快。花的色彩，红橙黄色的鲜花，给人以热烈、辉煌、兴奋和温暖的感觉。青绿蓝白给人以清爽、娴雅、宁静的感觉。绿色可解焦虑，稳定情绪，使人心情舒畅。鲜红色使病人增进食欲，浅蓝色的花对高烧病人有镇静作用。

（4）花是天然的消噪器和天然的空调，茂密花卉树木，有吸收与隔挡噪声的作用，成片的花卉可降低噪声 26～43 分贝，行道树可降噪声 8～10 分贝，花卉树木表面气孔和粗糙的毛，可吸收噪声，滞留灰尘，绿地可除尘 50%～60%，减少空气中的细菌数。花草树木，有调节温湿度的作用。夏季绿地可降低气温 3～5℃，故有“大树底下好乘凉”之说。低地栽柳，5 年生柳树，可吸水 1 吨，使地面干燥避免关节炎。绿色有效消除太阳辐射热，使空气清新。有人统计，60 岁以上老人严寒死亡率高 60%，室内夏天保持 24～26℃，冬季 16～18℃为宜。湿度低，喉咽干燥，湿度大，易发肌肉酸痛及风湿病。

（5）养花是修身养德之道，养生之道，贵在养神，养神之要，要在养德，要保持良好的心态，保持宁静的心绪和愉快的精神，要知足常乐，节制欲望，粗茶淡饭，身居陋室。家庭养花，阴晴雨雪，四季转换，浇水施肥，搬进搬出，除草剪枝，寄托花繁叶茂和果实累累的欲望，当蓓蕾初绽，花香扑鼻之时，其精神愉快，心神欢畅，难以言发。由于养花赏花之繁忙，各种杂念欲望随之而忘，肖伯特之“半杯水理论”更能体现心态重要。放在前面半杯水，乐观者看到还有半杯水，悲观者看到“只有半杯”。这一字之差，是心态、欲望的表现。

（6）花香可以治病，近来兴起“花香疗法”起源于此。如天竺葵香味可治神经衰弱，菊花香味可治头痛、感冒，玫瑰、栀子花香治咽喉肿痛、扁桃体炎。茉莉花香治脑晕头痛，丁香花治牙痛，薰衣草治哮喘，桂花香治支气管炎。近年采用菊花、月季、金银花制的香枕，有祛头风、降血压之效果。华佗用绸布、丁香、檀香做的香枕，可治肺痨、吐泻。仙人掌治胃痛，急性菌痢，赤芍可治冠心病，白芍治妇科病。

## 2. 送花与赠花有什么规定？

（1）象征　菊花高洁，梅花坚贞，牡丹富贵，荷花纯洁，蔷薇求爱，丁香谦逊，黄月季欢乐，紫罗兰诚实，并蒂莲恩爱，杜鹃思念，万年青友谊长存。

（2）赠花　恋人：送红玫瑰、石榴花。夫妻：送合欢。送长辈：兰花，花数为六，表示“六合同春”。朋友远行：送芍药。悼念：送柏枝。

元旦送满天星、香石竹，正月初一送牡丹、兰花，正月十五送火鹤。二月十四情人节送玫瑰、郁金香，三八节送兰花。五月第二个星期日母亲节，送大朵粉色康乃馨、萱草（金针花）。六一儿童节送秋石斛，父亲节（6月第三个星期日）送秋石斛。七月七送千日红、睡莲。中秋节送兰花，重阳节送非洲菊，教师节送木兰花（高尚），蔷薇花（美德），月桂（功劳）。圣诞节送一品红。

结婚：百合、天堂鸟、玫瑰、情人草、火鹤、红石榴、蝴蝶兰。

开张志喜：洋兰、玫瑰、百合、菊花、满天星、鹤望兰、紫薇、火鹤。

探望病人：淡雅的唐菖莆、兰花、金橘、六出花、玫瑰、康乃馨，忌白、蓝、黑色，忌4、9、13。

宝宝出生：康乃馨、玫瑰、孔雀草、紫罗兰、大花葱。

乔迁新居：剑兰、巴西铁、开运竹、万年青、红千层。

祝贺生日：玫瑰、菊花、兰花、非洲菊、满天星、郁金香。

祝寿：万年青、常春藤、人参榕、君子兰、苏铁、唐菖蒲、菊花。

## 3. 我国名花有哪些典故?

花中之王：牡丹；花中之相：芍药；花中皇后：月季；花中西施：杜鹃；花中神仙：海棠；花中君子：荷花。天下第一香：兰花；香花三香：兰花、茉莉、桂花；花中四君子：梅、兰、竹、菊。

中国三大天然名花：杜鹃、报春、龙胆。岁寒四友：迎春、春梅、山茶、水仙。中国八种宝树：水杉、桫椤、银杉、秃杉、金花茶、珙桐、人参、望天树。岁寒三友：松、竹、梅。

## 4. 家庭养花常用哪些土壤?

(1) 腐殖土　也称厩肥土。是由家畜粪尿、垫料和饲料残渣的混合物经发酵沤制而成，含多种有机质和氮、磷、钾等。其成分主要由腐殖质组成，质地轻松，呈酸性反应，含有丰富的养分。保肥、保水性强，但排水性较差。

(2) 腐叶土　为自然界中森林地带的表土，系由落叶经多年堆积腐烂而形成。腐叶土质地疏松，多孔隙，呈酸性或微酸性，所含养分丰富。适于栽种各种喜酸性花卉，也是调制盆花培养土的主要材料之一。

(3) 草皮土　是杂草、秸秆等掺入畜粪等堆积腐烂而成，含腐殖质较多，且含有较多的矿物质，呈弱碱性反应。

(4) 针叶土　是由松科、柏科针叶树的落叶残枝和苔藓类植物堆积腐烂而成。以云杉属、冷杉属落叶形成的针叶土最好。针叶土呈强酸性反应（pH 3.5～4.0），腐殖质含量丰富，适宜于喜酸性花卉。

（5）山泥　安徽、浙江山区出的天然土，是由多年堆积的落叶腐烂而成。其色黑褐，疏松，质轻，既透气、排水，又保肥保水，是良好的盆栽用土，偏酸性，适于栽培喜酸性花卉。

（6）素面沙土　一种细面沙土，质地纯净，通气和透水性良好，但没有肥力，更不具团粒结构，保水性能差。常作一般花卉的播种或扦插用土，同时也是调制培养土的原料之一。

（7）塘泥　为南方多年沉积在鱼塘底部的表层土，富含有机质，养分充足，呈微酸性，质地坚硬。

此外，还有湖土、河泥、园土、田土、马粪土等。

## 5. 怎样配制养花的培养土？

盆栽花卉要求的培养土，一要疏松，排水和透气性好；二要养分充足，富含腐殖质，保肥、保水性好；三要适合花卉生长的酸碱度；四要不含有害微生物和其他有害物质、病虫卵块及活体等。

常用盆花培养土为：泥炭土（或腐叶土）4.5 份、园土 2.5 份、河沙 2.5 份、骨粉 0.5 份。一般花木培养土为：泥炭土 3 份、腐殖土 1.5 份、园土 3 份、河沙 2 份、饼肥 0.5 份。山茶、杜鹃等喜酸性花木，可添加 0.2％的硫磺粉和 0.2％硫酸亚铁。仙人掌类培养土为：腐叶土 2 份、园土 3 份、粗沙 4 份、石灰石 1 份。蕨类、竹芋科、百合科等花卉培养土为：泥炭土 4 份、园土 3 份、蛭石 2 份、河沙 1 份。球根类花卉培养土为：泥炭土 4 份、园土 2 份、锯木屑 1 份、蛭石 2 份、河沙 1 份。

常用的培养土的调制方法如下：

腐叶培养土：秋季用阔叶树落叶、草本植物茎叶 5 份、锯末 3 份、马粪 2 份，分层堆积，边堆边用人粪尿水泼透，上盖 10

厘米厚田园土，使其发酵腐烂。第二年春季，把腐烂的树叶翻捣粉碎，再按体积比例，用腐叶堆肥土4份、素面沙土4份、炉灰土2份，掺和均匀，再堆放一段时间，注意保持湿润，并翻倒2～3次，使肥分与土壤充分混合，即可使用。

草炭培养土：草炭土4份、素面沙土4份、马粪或腐叶堆肥土2份，掺匀堆积，保持湿润，经常翻倒。无马粪时，可泼稀薄人粪尿，经充分发酵腐熟后，即可使用。

天然腐殖质培养土：根据森林腐殖土中的腐殖质含量和黏散程度，掺入园土或河泥及稀薄人粪尿，堆置一段时间，待充分发酵腐熟后，即可使用。

## 6. 培养土的消毒方法有哪些?

由于天然土壤中常带有病菌孢子、害虫虫卵及活体以及杂草种子等，因此配制好的培养土需要进行消毒，以达到消灭病菌、害虫的目的。常用消毒方法有下列几种：

（1）日光消毒法　将配制好的培养土放在清洁的水泥地或铁板上薄薄地摊开，在烈日下暴晒2～3天。如在夏季暴晒可以杀死大量病菌孢子、菌丝和害虫虫卵以及线虫等。此法消毒虽不严格，但简便易行。

（2）加热消毒法　加热的方法较多，有蒸煮、高压加热和蒸汽加热等。只要加热至80～100℃，持续30～60分钟，就可以达到消毒的目的。但加热时间不宜持续过长，否则会杀灭能够分解肥料的有益微生物，因而妨碍花卉的正常生长发育。家庭养花没有加热设备的可将配制好的培养土放入铁锅里，在火炉上炒20分钟，或放在高压锅内蒸10分钟，同样也能收到消毒的效果。

（3）药剂消毒法　常用含甲醛40%的福尔马林进行消毒，在每立方米培养土中均匀撒上福尔马林400～500毫升加水50倍的稀释液，然后把土堆积，上盖塑料薄膜，密闭48小时后去掉覆盖物并把土摊开，待福尔马林气体完全挥发后便可使用。亦可用50%多菌灵50克或65%代森锌50克，拌入1立方米培养土中，密闭3～5天后使药气挥发一周后使用。亦可用0.1%～0.5%高锰酸钾浇透闷2～3天。

## 7. 哪些花卉喜欢酸性土？哪些花卉适宜碱性土？

花卉植物由于原产地不同，对酸性与碱性的需要及适应能力有较大差异。盆栽花卉绝大多数种类都适于中性到偏酸性（pH5.5～7.0）土壤。

花卉按其适应土壤酸碱情况可分如下几类：

（1）耐酸性花卉有（pH4～5）杜鹃花、八仙花、栀子花、彩叶草、紫鸭跖草、蕨类、兰科植物等。

（2）适宜弱酸性花卉有（pH5～6）秋海棠、朱顶红、仙客来、山茶、茉莉、米兰、含笑、五针松、棕榈科植物、樱草、大岩桐、白兰、桂花等。

（3）适宜中性偏酸性花卉有（pH6～7）菊花、文竹、天门冬、一品红、月季、倒挂金钟、君子兰、水仙、蒲包花、贴梗海棠等。

（4）适宜中性偏微碱性花卉有（pH7～8）玫瑰、石竹、天竺葵、迎春、黄杨、南天竹、榆叶梅、桧柏、木槿、石榴、葡萄、紫藤、仙人掌类、香豌豆、补血草等。

## 8. 养花的基质有哪些？

（1）兰石　由火山石加工成颗粒状，密布蜂窝状小孔，排水透气性好，可长期使用于兰花，有大、中、小三种型号，通常与树皮，蛇木屑混用。市场上售的有日本产的植金石、帝王石和中国台湾产的浦里石。

（2）浮石　结构与兰石相似但比兰石质轻，呈微酸性，加工成不同型号，可单用或与木屑混用，适于兰花类与万年青。

（3）蛇木　将桫椤树的气生根切断晒干而成，排水好不易腐烂，最适于兰花类栽培，可单用或与石料混用。用前要剪短，浸透水。

（4）陶粒　陶泥加工烧制成圆形膨胀颗粒，质很轻，孔隙度好，物理性稳定，保肥保水性较强。有不同型号，可长期使用，常与椰糠、木屑混用。

（5）水苔　又称泥炭藓、苔藓，吸水保水力强，透气性好，白色与绿色二种，白色为优，常用于洋兰栽培，使用1～2年后要更换。否则会烂根，绿水苔适于栽国兰，盆面覆盖一层。

（6）蛭石　云母经高温煅烧而成片状块粒，保水保湿，透气性好，常与珍珠岩、腐殖土混合用。易破碎，一年后要及时更换。

（7）珍珠岩　天然的硅酸盐矿物质，经高温处理膨胀而成，质轻、多微孔，吸水量可达自重的2～3倍，稳定性、通气性、持水性好，但易上浮，常与腐叶土、泥炭、椰糠混用。

（8）炉渣　蜂窝煤或煤球燃烧后的灰渣，具多孔结构，肥效高，大粒可放盆底，小粒与泥炭、腐殖土混合，增加基质通透性。

（9）木炭　用木材烧制的无烟燃料，有较强的吸附和杀菌除臭作用，排水透气性好，宜与椰糠、泥炭混用。

（10）树皮　红松、栎树、龙眼、法桐、柳树皮均可以，将树皮加工成0.5～2厘米的碎片，用前用水浸泡2～3天。亦可高温炭化灭菌处理后使用，可与陶粒、石子混用。

（11）木屑　以木质坚硬的树种为好，质轻、疏松、透气，宜与沙、珍珠岩混用。作栽培应拌发酵菌发酵后才能用。

（12）炭化稻壳　稻壳经高温炭化燃烧而成，碱性，含钾肥，需淋洗后使用。

（13）椰糠　椰壳粉碎成粉粒状，吸水，透气，排水性好，酸性，常与沙、珍珠岩、煤渣混用。

（14）泥炭　古代植被藏地分解不完全的有机质，黑色或深褐色，质地松软。还有炭心像菊花状裂纹的菊花炭，一般作用插花用。

（15）峨眉仙土　是四川峨眉山海拔 1 200 米地下层挖出来，pH5.5～6.5，透气排水性好。市场上有大、中、小、特小 4 种型号。大号 2～3.5 厘米，中号 0.8～2 厘米，小号 0.3～0.8 厘米，特小号 0.3 厘米。适于种兰花，可与蛇木、树皮混用。

## 9. 花卉如何浇水？

浇水说起来容易，要把水浇好是不容易的。花卉浇水要根据季节、天气变化、看土、看天、看盆进行。

（1）季节　春天，随着气温的升高，从 10 天浇水一次到 7 天一次到 2～3 天一次浇水，浇水时间从中午随气温的上升过渡到上午，浇水程度以盆土湿润为度。

夏天：温度高，阳光充足，晴天早晚浇水一次，阴天每天浇水一次。

秋天：随着气温渐下降，从隔日浇水到 2～3 天一次到 7～10 天一次。浇水时间从上午逐渐过渡到中午浇水。

冬天：天气渐冷，花卉生长减慢或停止，从 3～5 天一次浇水过渡到 7～10 天一次水，盆土保持偏干微润状态。

（2）看天　热天、晴天、大风天浇水多，阴天少浇，雨天不浇。

（3）看土质　盆土黏质的浇水量不宜多，间隔时间长些，每次浇水量以盆底见水为止。沙土浇水要多些，间隔时间短一些。腐叶土微潮时浇水才能浇透。

（4）看盆　大盆、深盆、装土多而厚不易干燥，每次浇水量多，间隔时间长；小盆浅盆量少勤浇。

（5）水质　水要求中性或微酸性，对水质要求高的宜用矾肥水，磁化水（君子兰），水温与土温之差不超过5℃。

（6）放置地点　温室、大棚、温度高、水分散失慢，阳台、水泥地散失快，屋顶花园风大、温度高，水分散失更快，浇水要多而量大。

## 10. 盆花浇水有哪些方式？

（1）洇水　将花盆浸于盛水的容器中，水面为盆高的1/3～1/2，使水通过排水孔，自下而上均匀入盆内。多用于种子的播种。

（2）找水　春、夏时节，水分蒸发较快，应该每天上午对盆花进行浇水，在下午3～4时看盆土干湿酌情补浇适量的水，盆花缺水则浇，不缺水的不浇，以保持盆土湿润为度。遇天气突然变化，特殊情况需要水时，找水不受次数、时间限制。

（3）放水　盆花在生长发育旺盛期，为了放条、发棵、催花、壮果等，结合追肥可加大浇水量，保持盆土充分湿润，叶片不见萎蔫。

（4）扣水　限制浇水量和浇水次数的浇水方法。通常有两种目的；一种是对休眠盆花或低温时节，或为了蹲苗 、防止徒长，或新上盆、换盆时，以及矫正大水黄叶、落蕾现象等，均适当控制浇水量，保持盆土湿润即可；另一种目的是减少浇水量以限制营养生长，使养分得到积累，而利于花芽分化，促进孕蕾。

（5）过路水　使用釉缸、瓷盆、紫砂盆、塑料盆等透水性不好的盆栽花时，为了防止积涝，或北方使用一般花盆栽植南方白兰、杜鹃花等喜酸性土花卉为防止渍碱，应在盆底垫碎盆片和培养土粗渣作排水层，使多余的水随时排出。在高温生长季节，每隔3～4天应浇一次大水，水自底孔大量排出，既防积涝烂根，又防渍碱黄化。

（6）回水　有些盆花，如杜鹃花、茶花、茉莉、栀子、白兰花等，在头一天傍晚施用液肥后，翌晨必须再浇清水，称为“回水”。它可以促进须根吸收养分。因为头一天傍晚施的肥，经过一晚的渗透干燥，肥分浓度增大，不仅不容易被根毛吸收，反而容易伤根。浇了“回水”后，稀释了盆土中的肥分，而有利于须根的吸收。

（7）困水　是指将自来水先用容器存放1～2天，待水中次氯酸根分解后使用；井水在提出后需放置一段时间，当水温与气温相近时使用。

（8）透水　为使盆土保持良好的透气性能，浇水一定要浇透，以见盆底流水为度。

（9）半截水　即浇水量不足，造成上湿下干的状态，导致植株生长不良，甚至枯死。

（10）冻水　土壤封冻前浇的最后一次水，以使花木防冻，安全越冬。多用于地植花木。

（11）萌动水　早春气温回升后为花木浇第一次水，以促进花木的萌动。

（12）定根水　植株栽植后浇的第一次水。一般要浇透水，使根系与土壤紧密结合。

（13）还魂水　是一种为了抢救植株因缺水而严重萎蔫的应急措施。做法是将盆花搬到阴凉潮湿之处，先浇少量的水，并向枝叶喷水。待植株复苏后，再逐渐增加浇水量，直到植株恢复正常。

（14）豆饼水　是用豆饼加水沤制而成的肥水。一般用1千克粉碎的豆饼，加清水50千克放入缸内发酵制成。

（15）麻酱渣水　是用麻酱渣加水沤制的肥水。一般用1千克麻酱渣加清水70～100千克，放入缸中，然后密封使之充分发酵制成。

（16）马蹄片水　用马蹄片经沤制的肥水。一般1千克马蹄片加清水20千克，放入缸内密封，使之充分发酵制成。

## 11. 根据光照强度的不同，花卉可分几类？

（1）阳性花卉　这类花卉需要充足的光照强度，最宜在全光照中生长，如月季、石榴、茉莉、米兰、半枝莲、五针松、真柏、榔榆、三角花、扶桑等。

（2）阴性花卉　喜阴植物根据其喜阴程度不同，又可分为强阴性花卉和阴性花卉两类。强阴性花卉要求的荫蔽度为80%，如蕨类、天南星科花卉。阴性花卉要求荫蔽度为50%，如竹芋类、文竹、杜鹃、兰花等。

（3）中性花卉　对光照强度的适应范围较宽，一般在光照充足的环境生长健壮，同时具有一定的耐阴能力，在较阴或光照过弱时生长不良。除了盛夏光照强烈时需要适当的遮阴外，其余季节不能忍受过度的荫蔽，如白兰花、牡丹、菊花、文殊兰、龙舌兰、虎尾兰等。

## 12. 根据对光周期的反应和要求，花卉可分成哪几种类型？

（1）短日照花卉　指花芽分化需要12小时以下时才能完成光照阶段的花卉，如菊花、象牙红、一串红、蟹爪兰等。日照超过临界光长时，对短日照花卉有抑制生殖生长和促使营养生长作用。在生产中常用减少或增加光照时间的办法，来催前或延后花卉的开花。

（2）长日照花卉　指花芽分化需要12小时以上，才能完成光照阶段的花卉，如唐菖蒲、紫茉莉、米兰等。在生产中常用增加光照时间的办法，来促进长日照花卉的开花。

（3）中日照花卉　指光照长短对形成花芽无明显影响，即不管在长日照或短日照的条件下，都能形成花芽开花的花卉植物，如月季、香石竹等。

## 13. 根据花卉对温度的要求可分为哪几类？

（1）耐寒花卉　此类花卉原产于温带和亚寒带，一般能忍耐－20℃左右的低温，在华北和东北南部地区可在露地安全越冬。如紫玉簪、萱草、山丹百合、宿根福禄考、蜀葵、野蔷薇、玫瑰、丁香、海棠、榆叶梅、紫藤、金银花、木槿、山桃、龙柏等。

（2）半耐寒花卉　此类花卉原产于温带或暖温带，一般能耐－5℃左右的低温，在长江流域可在露地安全越冬，在华北、西北和东北地区必须采取保护措施（如埋土或包裹枝干）才能越冬。如菊花、三色堇、金鱼草、郁金香、月季、梅花、石榴、玉兰、迎春、八仙花等。

（3）不耐寒花卉　此类花卉原产于热带或亚热带地区。性喜温暖，在华南和西南南部可在露地越冬，其他地区均需入温室越冬，故有温室花卉之称。如天竺葵、君子兰、仙客来、文竹、马蹄莲、一品红、变叶木、叶子花、鹤望兰、龟背竹、白兰、橡皮树、巴西木、蝴蝶兰以及仙人掌类与多肉植物等。在北方种植时冬季室内最低温度不低于7～10℃，保持在15～18℃为宜。

## 14. 盆花如何施肥？

盆栽花卉的基肥，一般在换盆或上盆时放入盆底，可用腐熟的饼肥、畜禽粪、蹄片等。追肥一般用饼肥水、花卉专用肥或复合肥，复合肥10-10-10，表示氮、磷、钾的比例。观叶植物氮肥可多一些，观花观果的磷钾肥可多一些。一般在发芽前追氮磷肥，花芽分化期追磷钾肥，夏季休眠（朱顶红、倒挂金钟）或半休眠（君子兰）可停肥或少施肥，冬季一般停肥，但是有些冬季开花的花卉如蜡梅、梅花，可以少量追肥。喷在叶面的根外追肥可用0.1%～0.05%磷酸二氢钾加0.5%尿素，宜在上午10时前，下午4时后及阴天喷布。仙人掌冬季应停肥，但是仙人指等冬季开花可以适量施肥。开花期一般不能施肥，更不能将肥沾到花上。

施肥一定要腐熟，浓度要淡，做到薄肥勤施，南方花卉，要用矾肥水，矾肥水配方是水100千克、饼肥1千克，硫酸亚铁、硫磺各0.5千克，柠檬酸、橘皮各30克，沤制3～6个月，用时用上清液对水20～30倍浇施。

## 15. 花卉的缺素症有哪些症状？

（1）缺镁时先在老叶的叶脉间发生黄化，逐渐蔓延到新叶、叶肉黄色而叶脉仍为绿色，花色变白，可喷1%硫酸镁防治。

（2）缺铁时先从新叶开始，继而发展到整个植株，并且植株的根茎生长受到抑制。先在叶脉间发生黄化，重时全叶变黄，发黄后新叶变白，叶尖或叶缘焦枯。

传统防治缺铁症用0.5%硫酸亚铁喷2～3次，喷后叶缘发黑，叶尖焦枯，秋后部分会复绿，效果不很理想。效果较好是喷铁的螯合类，如黄腐酸二胺铁。硝基草碳黄腐酸铁复合肥，浓度为3 000毫克/升，在花卉生产上用畜粪肥加硫酸亚铁十施效果较好。

（3）缺钙时顶芽受损，引起根尖坏死，嫩叶失绿，叶缘卷曲枯焦，并且造成不结实或少结实。可喷1%硝酸钙或氯化钙防治。

（4）缺锌时植株节间萎缩僵化，叶片发黄，由老叶蔓延到新叶，叶片、果实变小或变形，故称小叶病。在发芽前土施或喷1%～2%硫酸锌。

（5）缺铜时叶尖发白，幼叶萎缩，果实小或无果实。可喷0.5%硫酸铜防治。

（6）缺硼时嫩叶失绿，叶片肥厚皱缩，根系不发达，顶芽和幼根生长点死亡，并落花落果。果实有水浸性和缩果型两种。可喷0.3%的硼砂防治。

## 16. 家庭养花怎样选用花盆？

花盆是家庭养花重要的栽培器具，理想的花盆应质料轻，搬运方便；经久耐用，不易破碎；色彩、式样、厚薄、大小能适用花卉生长和观赏的需要，且要有多种规格型号；价格低廉等。目前使用的花盆按制作材料的不同，可分以下几种：

（1）素烧盆　又称瓦盆，以黏土烧制而成，有红盆及灰盆两种。一般盆栽用瓦盆最适宜。瓦盆不仅价格便宜实用，而且因盆壁上有许多微细孔隙，透气渗水性能都很好，这对盆土肥料的分解，根系的呼吸和生长都有好处。缺点是质地粗糙，色彩单调，搬运不便，容易破碎。素烧盆通常为圆形，大小规格不一，一般最常用的盆口径与盆高约相等，惟栽培种类不同，其要求最适宜的深度不一，如球根盆、杜鹃盆较浅，牡丹盆、月季盆、君子兰盆较深，播种与移苗用浅盆。

（2）紫砂盆　宜兴紫砂陶盆或彩画瓷盆，色彩、造型精致美观，又有微弱的透气性能，用来栽花也较理想，尤其栽培兰花或树桩盆景，能大大提高它们的观赏效果。紫砂盆的种类规格多，有方形、圆形、矩形、椭圆形、多边形、盘形、舟形和签筒形等。最大口径达100厘米，最小有3厘米，浅的不满3.3厘米，深的超过33厘米。盆底下有脚，便于排水，还增添了盆体的空间感。盆壁上有各种图案、绘画和书法，增添了美感。盆色丰富，有米黄、赭红、灰紫和深浅不同等颜色。价格昂贵，质量重，易破碎。

（3）塑料盆　质料轻巧，使用方便，经久耐用，不破碎，色彩丰富。但不透气渗水，应注意培养土的物理性状，使之疏松透气，以克服其缺点。塑料盆最适宜栽种耐水湿的花卉，如旱伞草、龟背竹、马蹄莲、广东万年青等，或较喜湿的花卉，如蕨类、吊兰、紫鸭跖草、吉祥草、秋海棠等。在育苗阶段，常用一种小型的软质塑料盆，使用方便。

（4）陶瓷盆　花盆外壁涂有色釉，有的色彩华丽（彩绘彩塑），有的素雅（如白底蓝花瓷盆）。不透气渗水，不易掌握盆土干湿情况，尤其在冬季休眠期，常因浇水过多而使花木烂根死亡。因此，不适于栽植花卉，一般多作厅堂、会客室花卉陈设的套盆用。也可以用作盆景用盆，但不如紫砂盆好。

（5）木桶盆　用来栽种大型花木，它比大缸轻便，又不易破碎。

（6）兰盆　专用于气生兰及附生蕨类植物栽培，其盆壁有各种形状的孔洞，以便流通空气。此外，也常用木条制成各种式样的兰筐以代替兰盆。

（7）水养盆　专用于水生花卉盆栽之用，盆底无排水孔，盆面阔大而较浅，如北京的“莲花盆”其形状多为圆形。球根水养用盆多为陶制或瓷制的浅盆，如我国常用的“水仙盆”。风信子也可采用特制的“风信子瓶”，专供水养之用。

## 17. 花卉怎样上盆？

当播种的花卉长出4～5片嫩叶或扦插的花苗已生根时，就要及时移栽到大小适合的花盆中去，这个操作过程叫上盆。上盆时间应选择11月到来年3月叶落休眠或刚开始萌芽的时期。常绿的花木多选择10～11月或3～4月，这段时间花木需水量少。

上盆步骤是：

（1）选择适合的花盆及花盆处理　花盆大小要根据花卉的大小来选择，过大的，盆土储水量多，植株小，水分蒸发小，容易导致烂根；过小植株大，养分不能满足需要，且根系舒展不开，生长受抑制。新花盆要放在水中浸泡 2 天退碱；旧盆要求洗净消毒后使用。

（2）花木修剪　苗木上盆前，要剪断过长的根和受伤的根；若剪去的根太多，可以剪掉一些叶子以减少蒸腾，提高成活率。

（3）垫盆片　用两块碎盆片将排水孔盖上，各盖一半，中间相叠，要求既能挡住排水孔，又不让泥土堵塞孔口，水分能正常流出。

（4）上盆　先在盆底铺一层粗粒土，上面再垫入培养土。花苗放在盆中央适宜深度，一手加土，一手扶苗，同时将花苗稍上提，使根系伸展。然后将盆土用手压紧，花盆上要留 2～3 厘米的沿口（水口）。

（5）浇定根水　上盆后立即浇水，直到盆底排水孔渗出，等水被吸干后，再浇水 1 次。

（6）服盆　初上盆的苗木，要放在阴处 1 周左右，方能恢复生长，期间注意叶面喷水，增加环境湿度。

## 18. 花卉如何翻盆?

翻盆，又称换盆。是指栽养在盆中的花卉换种到另一容器中去的过程。盆栽花卉在出现以下几种情况时，应该考虑进行翻盆：

（1）盆栽的花卉经过一个时期的生长，随着枝叶的扩大，使原来的花盆与花卉植株的大小比例失调，因而不利于花卉的观赏；而且由于盆土较少，不能为长大了的花卉提供必要的养分。所以，当花卉的枝叶直径较大地超过花盆直径时，应将花卉从小盆换到大盆中去。

(2) 花卉经过一个时期的生长，根系不断扩展而布满全盆，甚至向下从盆底穿孔而出，或者向上露出土面，甚至顶起上面而高出盆口，说明已需要翻盆了。

(3) 如果花卉的生长势变差，开花少而小，将植株从盆中脱出时，可见土已满布根系，盆土变硬板结，说明盆土中的养分已消耗殆尽，土质变劣，根系的生长与吸收受碍，因而影响花卉的生长与开花，应及时进行翻盆。

翻盆的方法是：

翻盆宜在盆土较干时进行，这时不但脱盆方便，而且便于翻盆的操作。花株从盆中脱出后，用竹签剔除四周的旧土，剔除量约为1/3～1/2。一般生长势强、须根多的可多剔除些，生长势差、须根少的少剔除些。剔除旧土后，需剪去部分老根和烂根，剪口要平滑，修去老根的数量也应视花卉种类和根系发育情况而定。如五针松的根系比较发达，应将盘绕于盆周的一圈圈老根（花农称为根垫）全部剪除；根系发育不好的植株和须根少的花卉种类，可少剪或不剪。

翻盆的时间，宜在春天花卉萌芽前或生长缓慢期及秋季进行。五针松的抗寒性强，翻盆可适当早些；但不耐寒的花卉通常要待稍暖的清明后进行。翻盆的用盆应视花卉种类和大小而定，翻盆时可用原盆种植；有的花卉经过一个时期的生长，花卉的蓬径加大，翻盆时要换上大些的盆，使植株与盆大小相般配。

翻盆次数应根据花卉植物的种类、花卉的生长发育状况和植株的大小与盆的比例相称等因素来考虑。一二年生的花卉一般生长迅速，开花前需要翻盆2～4次，当花卉长到一定程度，原盆已不能适应它生长时就换到大一号的盆中；宿根花卉一般每年换盆换土1次；木本花卉和一些生长较缓慢的多年生草花（如兰花等），可每隔1～2年换盆1次。

种植的花盆，若是使用多年的老盆，需经彻底清洗，并晒干后才可使用。因为这些花盆的盆壁上沾满了泥土、液肥和青苔，使花盆的透气和排水性变差，从而影响花卉的生长。另外，旧盆中还可能带有线虫等病原体，使栽植的花卉感染病害。

## 19. 花卉生长期修剪有哪些形式？

（1）折裂　为了防止枝条的生长过旺，或为了形成一定的艺术造型，常在早春芽萌动时进行折裂处理。粗放的手法是用手将枝条折裂；精细的手法是先用刀切割，然后小心将枝条弯折，并要切口处涂泥，防止伤口水分蒸发过多。

（2）除芽（即抹芽）　通常将枝条上萌发的侧芽或多余的芽除去。

（3）摘心　将新梢顶端摘除 2～5 厘米，抑制新梢生长，使养分转移到生殖生长。当新梢上部的芽萌生二次梢时，可以等它长出几张叶片时再进行一次摘心。

（4）捻梢　即将新梢扭转但不使其断离母枝，多在新梢生长过长时应用。捻梢的目的是阻止养分、水分向生长点运输，削弱枝条生长势，有利于花芽的形成。同时由于产生的刺激较小，不会产生副梢。

（5）曲枝（弯枝、缚枝、盘扎）　即将枝条或新梢施行弯曲、缚扎或扶立等措施，控制该枝梢或其上芽的萌发，也可用来将树木塑造成各种艺术造型。

（6）摘叶　通过适当摘除过多的叶片来改善通风透光条件。

（7）疏蕾　为了获得大而艳的花朵，可以通过摘除侧蕾，促进主蕾的生长。

（8）疏果　有时为了使枝条生长充实，避免养分消耗过多，常常将幼果摘除，有时为了获得大而品质好的果实，进行适当的疏果，有时为了使花朵能连续开放，常将果实摘除。

## 20. 花卉休眠期修剪有哪些形式？

(1) 截干　即对干茎或粗大的主枝、骨干枝等进行截断。截断粗大侧枝时，先用锯在粗枝基部的下方由下向上锯入1/3～2/5，然后再由上而下锯断，可以避免劈裂。最后用利刃将伤口削平，并涂上防护剂以防病虫害或水分的蒸发。

(2) 疏剪　是将整个枝条自基部剪除，不保留基部的芽。疏剪能使枝条分布合理匀称，改善树冠膛内的通风透光条件，减少病虫害的发生。疏剪的对象主要是病虫枝、伤残枝、内膛密生枝、干枯枝、并生枝、过密交叉枝、衰弱下垂枝及干扰枝等。疏剪总的来说要减少枝芽的数量，防止抽生过多新梢而消耗养分，因此有利于花芽分化和开花结果。

(3) 剪截　是将一年生枝条的一部分剪去，保留下部的一部分芽，目的是刺激剪口以下的侧芽萌发，抽生新梢，增加枝条数量，促使多发叶多开花。同时能缩短枝叶与根的距离，便于养分的运输。剪截还可以改变顶端优势的位置，控制树冠的大小和枝梢的长短。

(4) 回缩　即缩剪，是对多年生枝条的剪截，多用于枝组或骨干枝的更新，或紧缩树冠等。回缩时剪口下要留强枝、斜生枝、伤口要小，使剪口下方枝条旺长或刺激休眠芽萌发徒长枝。主要是要让枝条向心更新，从而复壮。

## 21. 怎样配制花卉伤口保护剂？

修剪后的花枝伤口有时会受细菌感染，引起腐烂，应在剪口涂抹上花卉伤口保护剂进行防护。花卉伤口保护剂有：

(1) 松香清油合剂　松香、清油各1份，先将清油加热至沸，再将松香粉加入搅拌均匀即可。冬天使用应酌情多加清油，夏天应适当多加松香。

（2）接蜡　松香 10 份、猪油 5 份、松节油 2.5 份、酒精 15 份。先将松香、猪油加热熔化，待其冷却后再慢慢加入其他原料搅拌均匀，装入瓶中贮存备用。使用时，用毛笔蘸上涂抹伤口即可。

（3）牛粪灰浆　牛粪 16 份、熟石灰和草本灰各 8 份、细河沙 1 份，加水调制成糊状即可使用。

（4）胶水泥糊剂　修剪多浆花卉后，伤口流出汁液时，可采用细土加胶水调成泥糊状涂抹伤口。用硫磺粉或草木灰涂抹伤口效果也很好。

（5）沥青涂剂　将沥青加热熔化后，直接用毛刷涂抹伤口，效果很好。

## 22. 花卉水培常用的器皿有哪些？

（1）玻璃花瓶　玻璃花瓶的造型各异，种类繁多，规格齐全，并能与花卉相互映衬，相得益彰，是理想的花卉水培器皿。但价格较高，特别是刻花玻璃花瓶，虽高贵典雅，但价格昂贵，普通家庭难以承受。

（2）高脚酒杯　由于高脚酒杯的杯子是细脚托起，因而造型显得轻盈灵巧，特别宜于用作小型水培花卉的栽培器皿。

（3）茶杯　茶杯的形式和规格比较单一，深度的变化也很小，但获取比较容易，也比较经济，可用作中小型水培花卉的栽培容器。

（4）酱菜瓶、饮料瓶和矿泉水瓶　这些器皿取材方便，又十分经济，而且形式和规格也较多，用来水培花卉，往往也能收到较好的观赏效果。至于塑料的饮料瓶和矿泉水瓶，可先根据水培花卉所需要的高度，用剪刀将上部剪去后使用。

## 23. 适宜水养的花卉有哪些?

（1）天南星科　如绿萝、广东万年青、黛粉叶、白柄亮丝草、银后万年青、丛生春羽、羽裂绿蔓绒、花叶芋、龟背竹、迷你龟背竹、银苞芋、红宝石喜林芋、绿宝石喜林芋、琴叶喜林芋、心叶喜林芋、绿帝王喜林芋、合果芋、海芋、火鹤花、观音莲、蔓绿绒等。

（2）百合科　如星点木、太阳神、芦荟、十二卷类、吊兰、朱蕉、龙血树、狭叶龙血树、虎尾兰、金边富贵竹、海葱、万年青、银边吉祥草、银线沿阶草、风信子、郁金香等。

（3）胡椒科　如西瓜皮椒草、斑马椒草、斑叶垂椒草、豆瓣绿、皱叶椒草等。

（4）大戟科　如彩云阁、龙骨、麒麟掌、变叶木、红背桂、银边红雀珊瑚等。

（5）鸭跖草科　如紫叶鸭跖草、紫背万年青、吊竹梅等。

（6）景天科　如莲花掌、芙蓉掌、银波锦、宝石花、落地生根等。

（7）其他花卉　如棕榈科的棕竹、袖珍椰子；蕨类植物的鸟巢蕨；夹竹桃科的花叶珊瑚，莎草科的伞草；唇形科的彩叶草；菊科的仙人笔、银叶菊、紫鹅绒；秋海棠科的竹节秋海棠、四季秋海棠、牛耳秋海棠；兰科的兜兰；仙人掌科的仙人掌、三角柱、龙神木；五加科的鸭脚木、中华常春藤、斑叶加拿利常春藤、洋常春藤；荨麻科的冷水花；牻牛儿苗科的花叶天竺葵；番杏科的宝绿；爵床科的红斑枪刀药；龙舌兰科的龙舌兰等。

## 24. 花卉播种常用哪几种方法?

（1）撒播法　常用于较细小的种子，如翠菊、金鱼草、瓜叶菊、蒲包花等。播种前，先将土壤整细压平，浇透水后1～2小时，再将种子均匀撒在畦地或花盆中，播后覆盖细土以不见种子为度。播种极细小的种子，如蒲包花、四季樱草、大岩桐、杜鹃花等，为了防止撒播不匀，可将种子拌少量细土后撒播，播后用木板轻轻镇压，不用覆盖。畦播的，春季最好盖上塑料薄膜或苇帘，以保持苗床湿润。盆播的盖玻璃和报纸保湿、保温，必要时浸盆洇水，尽量不直接从上面浇水。待幼苗出土后，逐渐撤去覆盖物。这种方法，称为小粒种子播种法。

(2) 条播法　将苗床或盆土间隔一定距离开出浅沟，将种子播入沟中压平，其他管理与撒播相同。条播多用于不宜移植的直根性花卉或露地秋播花卉，如虞美人、牵牛花、花菱草、凤仙花、茑萝、麦秆菊等。

(3) 点播法　大粒种子可一粒粒点播，以节约种子，如紫茉莉、旱金莲、香豌豆等，覆土厚度相当于种子直径的3倍左右。

此外，机械化生产常用穴盘播种，播种时一穴一粒，成苗时一室一株。可分种子处理，苗盘选择、装盘及播种4道工序。

不论采用哪种播种方法，播后均应保持适当湿度、温度和新鲜空气。种子发芽后，应适当减少浇水量，逐渐增加光照，过密的应及时间苗，保持通气透光。当幼苗长到2～3片真叶时分植，耐移植的花可移1～2次，如翠菊、凤仙花、一串红等，然后定植在花盆或花坛等地。有些花卉不耐移植，如虞美人、香豌豆等最好采用直播法或营养钵育苗。

## 25. 怎样确定花卉播种时期?

不同花卉的播种时期主要依耐寒力和越冬温度而定。我国南北各地气候有较大差异，冬季寒冷季节长短不一，因此露地播种适宜期依各地气候而定。

一年生花卉耐寒力弱，遇霜即枯死，因此通常在春季晚霜过后播种。南方约在2月下旬至3月上旬，中部地区约在3月下旬至4月上旬，北方地区约在4月下旬至5月上旬。为了促使提早开花或多结种子，往往在温室、温床或冷床（阳畦）中提早播种。

露地二年生花卉多为耐寒性花卉，种子宜在较低温度下发芽，温度过高，反而不易发芽。华东地区不加防寒保护即可顺利地在露地越冬，北方冬季气候寒冷，多数种类只能在冷床中越冬。二年生花卉秋播适期也依南北地气候区的不同而异，南方约在9月下旬至10月上旬，北方约在8月底至9月上旬。

宿根花卉的播种期依耐寒力强弱而异。耐寒性较强的春播、夏播或秋播均可，尤以种子成熟后即播为佳。一些要求低温与湿润条件且完成休眠的种子，如芍药、飞燕草、鸢尾等必须秋播。不耐寒的常绿宿根花卉宜春播，或在种子成熟后立即播种。

温室花卉播种通常在温室中进行，这样，受季节性气候条件的影响较小，因此播种期没有严格的季节性限制，常随着所需要的花期而定。大多数种类在春季，即1～4月播种，少数种类如瓜叶菊、蒲包花、仙客来、四季樱草等通常在7～9月间播种。

## 26. 家庭养花怎样用播种法繁殖？

露地一二年花卉和室内盆栽花卉，如君子兰、文竹、仙客来等，常采用播种繁殖。要选用优良母株上健壮新鲜的种子。有些种子由于种皮较硬，吸水困难，为了便于发芽常需要经过一定的处理。如美人蕉、荷花等花卉的种子需要将种壳剥去或刻伤，仙客来、香豌豆、紫藤等种子，播种前用温水（40～60℃）或冷水浸泡1～2天，可促进发芽。为了防止病虫害传播，种子要用0.1%升汞、0.3%硫酸铜或1%的福尔马林溶液浸泡3～5分钟进行消毒，再用清水冲洗干净后播种。

播种常用浅盆或口径较大的泥盆，盆太小土壤易干。播种用土最好疏松，排水透气性好。盆底垫上碎石、沙砾后，再放培养土，最上层用洗净的河沙铺一层作播种层。播种后覆盖细沙，沙土厚度为种子直径的2～3倍。瓜叶菊、大岩桐、蒲包花、四季樱草和秋海棠等极细小种子可掺土撒播，播后不需覆土。播种后不可直接浇水，最好采用浸盆法浇水，以免冲走种子。土壤浸湿后，盆上盖一块玻璃，玻璃上盖报纸遮光，以保持盆内温度和湿度，每天翻转玻璃一次，使盆内通气和除去玻璃上的水珠。播种盆应置于阳光直射处，保持15～25℃室温，以利于发芽。出苗后应及时除去玻璃和报纸，并逐渐移至阳光充足处。视盆土干湿情况，及时喷水，待幼苗长出2～4片真叶时，进行移栽。以后，随着幼苗的生长再移栽露地或上盆。

## 27. 怎样提高扦插繁殖的成活率？

（1）插穗选择　由于花卉的遗传特性不同，因而不同种类的花卉插穗的生根难易不同。有些种类容易生根，如菊花、矮牵牛、香石竹等草本花卉和橡皮树、巴西铁、富贵竹等，有些花卉较难生根，如芍药、宿根满天星、补血草等和山茶、桂花、南天竹等。插穗的生根能力常随母株年龄的增加而降低，母株年龄越大，生根能力越低。反之，幼年母株，由于其阶段发育年龄轻，营养状况较好，因而细胞的分生能力强，有利于生根。同时，母株的着生位置其营养状况也有所不同。为此，扦插采条时，应注意所选的母株要具备品质优良、生长健壮和无病虫害等条件。在同一种花卉上，最好在幼株母株上选择当年生中上部向阳生长的枝条，并注意剪取节间较短、枝条粗壮、叶芽饱满的枝条作插穗，这样的插穗扦插容易生根。但应注意不宜选用即将开花的枝条或徒长枝作插穗，否则不易生根。

（2）插前处理 扦插前插穗使用生长素类的生根促进剂处理，可以有效地促进插穗提早生根。常用的生根促进剂有萘乙酸、吲哚丁酸等。

（3）基质选用 扦插宜选用质地疏松、保温、保湿、透气性能良好的基质。如蛭石、珍珠岩、河沙、泥炭、炉渣、砻糠灰混合基质等。此外，pH 对某些花卉产生不定根影响较大，以选用 pH 7（即中性）的基质有利于生根。

（4）插后管理 扦插后的管理，直接影响插穗的生根速度，甚至影响插穗的成活。插后管理的中心是调节温度、湿度、光照、氧气等。

①温度 不同种类的花卉，有不同的生长适温，一般花卉插穗生根的适温为 20～25℃，原产热带的花卉，如茉莉、米兰、龙血树、朱蕉等，宜在 25℃以上。如扦插苗床的温度高于气温 3～5℃，则更利于插穗生根。

②湿度 包括空气湿度和基质湿度，湿度也是插穗成活的关键。扦插后空气湿度要高，以保持在 85%以上为好。空气湿度越高，越能减少插穗水分蒸腾。若空气湿度低，极易失去水分平衡，导致插穗干枯而死。但基质湿度要适度，基质含水量一般保持 50%～60%为宜。含水量太高，易使插穗腐烂。应注意，扦插初期宜稍湿，后期宜稍干，以利生根。

③光照 嫩枝扦插，需要光照。但光照度又不宜太大，而以适度光照为宜。因为适度光照（一般约为 20%～30%）可以提高基质温度，促进生长素形成诱导生根，并可促进光合作用积累养分加速生根。若光照过强，插穗温度就会增高，水分蒸腾随之加快，容易导致插穗萎蔫。因此扦插初期应适度遮阴，后期随着根系的生长逐渐延长光照时间。

④氧气 基质中氧气是插穗生根必不可少的。如果基质中氧气含量太少，就会造成插穗腐烂，使扦插失败。因此，扦插时应选用疏松透气的基质，同时不能插得太深。

## 28. 影响嫁接成活的因素有哪些?

(1) 亲和力　接穗、砧木两者亲和力强弱是影响嫁接成功与否的首要因素。亲和力是指砧穗两者在内部组织结构上、生理生化上，彼此相同或接近，从而能相互结合在一起的能力。一般说来，砧木与接穗的亲缘关系越近，亲和力就越强，嫁接就容易成活。花卉植物同种间亲和力较强，例如不同品种间的月季嫁接，很容易成活。同属异种间亲和力次之，同科异属间亲和力较弱。但是也有个别例外的，比如黑松嫁接五针松，就是同属异种间嫁接成功的实例。

(2) 砧木与接穗的物候期及生命活力　砧木的物候期稍早于接穗，有利于成活。因为嫁接后，接穗维持其生命活动，愈合组织所需要的水分、养分都要依靠砧木补充，若接穗先发芽，砧木不能及时供给其水分、养分，接穗就容易枯死。与此同时，砧木以选抗性强、生长健壮的二年生的为宜。如果砧木年龄过老，则生命活力弱，就会影响嫁接成活。接穗以选择品质优良、发育充实、节间短、叶芽饱满的一年生成熟枝为好，若选用二年生以上的枝条则成活率低。

(3) 环境条件　环境条件对嫁接成活的影响，主要表现在对愈合组织的形成和发育速度上。凡是影响愈合组织形成的环境因素都会影响嫁接的成活。适宜的湿度及温度是形成愈合组织的必需条件。温度太低或太高，都不利细胞分裂与愈合组织的形成。一般花卉的适宜温度为20～25℃，湿度也是形成愈合组织所需的条件，若基质干燥，空气湿度太低，也很难形成愈合组织，因而嫁接成活率就低，基质湿度过大，或雨水太多，伤口容易腐烂。但空气湿度越接近饱和，对伤口愈合越有利。光照条件也是形成愈合组织所不可少的，在黑暗的条件下能促进愈合组织生长，但绿枝嫁接，适度的光照则能促进同化产物的生成，有利加速伤口愈合。

（4）嫁接技术　嫁接技术是否娴熟，也是嫁接成功与否的一个重要因素，其中嫁接面的切削平滑与否和接穗与砧木两者的形成层是否对准尤为关键。只有形成层对齐，相互密接，才能产生愈合组织，使细胞形成胞间连丝，把两者的原生质相互联系起来，形成一株新的植株。此外，嫁接后的管理等，都会影响嫁接的成活。

## 29. 哪些花卉可以采用压条法繁殖?

压条法就是将母株下部的枝条压埋入土中，促使其节部或节间的不定芽萌发而长出新根，再把它们剪离母体另行栽植，从而形成一棵新的植株。较高的枝条则采用高压法，即以湿润土壤或苔藓包围枝条被切伤部分，给予生根的环境条件，待生根后剪离母体，重新栽植。

压条繁殖多用于丛生性强的花灌木或枝条软的藤本植物。对一些发根困难的乔木、灌木树种，可以通过高压法繁殖。压条繁殖的优点是易成活，成苗快，不浪费繁殖材料。缺点是产苗量少，苗木长势不旺。

桃、樱花、梅花、海棠花、玉兰、紫荆等小乔木、扦插繁殖不易生根，大量生产苗木时，常采用嫁接繁殖，操作比较麻烦。少量繁殖时，可以利用主干上萌发出来的长枝进行压条繁殖。压条前要在压埋部分进行刻伤，有条件时最好在刻伤处涂抹促进生根的激素，然后把这个部位埋入土内。为了防止枝条反弹出来，可用块石压住或铁丝钩固定于土中，同时插设一根竹竿来扶持，使枝梢直立向上生长。

春季的压条经过夏、秋两季的生长，都能形成自己的根系，应在落叶前 1 个月将它们剪离母体，让压条苗依靠自己的根系生长一段时间。入冬前应挖沟假植或埋土防寒，确保安全越冬。

## 30. 盆花怎样出室？

盆花春季出室宜稍迟些而不能过早，宜缓不宜急。正常年份，黄河以北地区，盆花出室时间一般以谷雨至立夏之间陆续出室。对于原产北方的花卉，可于谷雨前后陆续出室；对于原产南方的花卉，以立夏前后出室较为安全。具体地讲，抗寒力强的迎春、梅花、蜡梅、月季等，于昼夜平均气温达到15℃时即可出室；抗寒力较弱的茉莉、米兰、白兰、桂花、含笑、扶桑、叶子花、仙人球、蟹爪兰、令箭荷花等，应在室外气温达到18℃时再出室较为稳妥。

为了不影响盆花的正常生长发育，最好在出室前使其先经过一段适应室外环境的过程，然后再全天出室养护。一般的做法是出室前10天左右选择好天在中午前后开窗通风，降低室温，增加直射阳光，使之逐渐适应室外气温；或者利用好天上午9时后至下午5时前出室，其他时间再搬入室内。出室后放在背风向阳地方，每天中午前后用清水喷洒1次枝叶，并保持盆土湿润。遇到恶劣天气（寒流、大风等）应及时将盆花搬入室内以免受害。

## 31. 盆花怎样做到适时入室？

北方地区寒露节后大多数花卉都应根据其抗寒力大小陆续搬入室内越冬，以防遭受寒害冻害。入室具体时间因花卉种类而定。对于大多数花卉来说，天气刚刚变冷不要急于入室，因为入室过早影响养分积累，不利来年生长发育，因此，在不致受寒害前提下，入室时间以稍迟些为宜。此时可将盆花放在背风向阳处，使其经过一段时间低温锻炼，这对多数花卉来说都是有益的。在通常的情况下，君子兰、一品红、扶桑、倒挂金钟、仙人掌类花卉等，待气温降到10℃左右入室较好，盆栽月季、葡萄、无花果、石榴等，需要在－3～－5℃冷冻一段时间，促使其休眠后再搬入冷室（0℃左右）保存。刚入室的花卉，要注意通风。

## 32. 客厅如何绿化装饰？

客厅是家人聚会和接待客人的场所，布置要大方、亲切和盛情，花木数量不宜多，客厅放置的植物切勿阻塞出入走动路线，一般都摆放在沙发旁、墙角或近窗的地方。可放置较大的观叶植物，如苏铁、龟背竹、橡皮树、棕竹、南洋杉、大型的文竹等，以它们为中心，小型盆栽作衬托，如水仙、郁金香、西洋鹃、袖珍椰子等，可加强情调，柔化空间。若是有贵客临门，还可在茶几或沙发上放一件较精美的插花或盆景作品。客厅的角落放大型观叶植物或利用花架布置盆花和盆景，如绿萝、吊兰、五针松等，丰富了空间，使人感觉亲切。配上一些字画或壁画后，环境更显得素雅。

## 33. 书房、卧室怎样绿化装饰？

书房是读书写字、研究学问的地方，布置上宜创造清净、雅致简朴的环境。书桌上可点缀微型盆景或盆栽，尤以小型文竹最为相宜。若花盆太大，占去过多位置，会影响看书写字。书橱顶上可放置一两盆小型盆栽，尤以洋常春藤、吊竹梅、吊兰等披悬种类为佳。新春时节，宜摆放水仙花或蜡梅，风送清香，更为宜人。墙壁上可结合字画，悬挂壁饰植物或盆景，若以竹桶为挂器，则更可增添书香气息。书案上还可放一只花瓶，插上两三朵鲜花，随季节而变，可增添书房的自然气息。

卧室是休息睡眠的地方，要装饰得轻松、舒畅，以松弛紧张的神经。卧室由于放了床，余下的面积往往有限，不宜放置大型植物，因叶型巨大，多显得生硬、单调、有恐惧感；应改用小叶、柔软、色彩淡雅的观叶植物，可置于床头柜和小衣柜上。若用插花，以淡雅为好。近窗的矮柜或桌，可随季节变换植物，如桂花、茉莉、米兰、兰花等。卧室摆放的花卉宜少不宜多，尤其是颜色不应太杂，以免使人眼花缭乱，产生不安宁的感觉。

## 34. 阳台怎样绿化？

（1）阳台绿化花卉的选择　由于阳台的空间比较小，种花的盆器容积小，花卉应以植株矮小，紧凑、根系较浅的草花、藤本植物和小型木本花卉为主。一般来说，向南的阳台日照比较充足，可选用喜阳性花卉，常见的有：茑萝、牵牛花、香豌豆、旱金莲、石榴、月季等。阳光过强或光照时间过长时还应选用耐旱喜光的仙人掌、景天等多肉植物。而向北的阳台日照比较差，宜栽培具鲜艳绿色的阴性植物，常见的有：铁线蕨、四季海棠、文竹、龟背竹、天门冬、吊兰、万年青等。

（2）阳台绿化装饰的形式

①花坛式　主要是针对较宽敞的阳台，可在阳台两端角上设置小型花坛，花坛可以是单层的，也可以是立体的。靠阳台内设置大型种植器（箱或槽），以栽培观叶植物。近栏杆处可放置大型种植器，栽培喜阳花卉。阳台中间可摆设桌椅，供休息品茗。

②花架式　对于宽不足1米的狭窄阳台，尽可能利用立体化的花盆架放置植物，并列在一起，靠内墙可竖立博古架或多层花架，陈列盆花或盆景。也可以阳台尽头放置阶梯式或多层花架，陈列盆花或盆景。还可以在阳台尽头设置旋转阶梯式花架或变通花架。

③栏杆式　阳台面积有限，又要用于其他用途，只得充分利用栏杆从事花卉园艺，可在栏杆顶沿平面设立安全栅栏，摆设盆花，这是最常见的方式。或是在杆上固定种植器（种植箱或花盆），也可在阳台栏杆或两侧设法悬挑木板小平台、平台上再放

置各种花盆。

④悬垂式　利用壁面、阳台顶棚或顶部屋檐，悬挂盆栽的藤蔓植物，如常春藤、吊兰、紫露草等，枝蔓下垂，形成一层绿色的帘蔓，饶有趣味。

⑤藤蔓式　即在近栏杆的两角或一角设立植坛或用缸、盆等栽种藤蔓植物，如常春藤、紫藤、葡萄、扁豆、丝瓜、金银花、蔷薇、茑萝等，设立棚架，形成种植的活屏风。假若将这种活屏风设立在阳台西侧，还可以防止太阳西晒。栽培藤蔓植物也可以不用棚架，而让其沿阳台栏杆攀附。

⑥果蔬式　用阳台栽培蔬菜和果树，虽然产量不高，却能带来收获的喜悦，还能美化阳台，因此，近年来得到很大发展。特别是在阳台上设立支架或棚架，栽培葡萄、扁豆等，或是用盆钵栽培葱、蒜，自种自收，历经春华秋实，别有一番情趣。

（3）不同的阳台朝向花卉种类的选择

①朝南阳台　阳光充足，空气干燥，温度较高，花卉吸热多，蒸腾水分快，因此，宜植喜欢阳光和耐干旱的花卉，如石莲花、宝石花、旱金莲、夜来香、千日红、百日草、菊花、朝天椒、冬珊瑚、金鸡菊、一品红、月季、石榴、茉莉、米兰、白兰花、茑萝等。在朝南阳台的荫蔽地方或花架下层，也可种植喜阴花卉。朝南阳台是种植花卉最好的朝向。

②朝北阳台　阳光较少，比朝南阳台要少一半的阳光，多以散射光为主，气温也低于朝南阳台，冬季多北风，比较寒冷，与朝南阳台比较冻害明显偏重，不宜种植喜阳光花卉，只能种植耐阴和稍耐寒的花卉，如文竹、天门冬、吊竹梅、吊兰、山茶等。

③朝东与朝西阳台　早晨、上午阳光东晒，下午阳光西晒，光照强，温度高，宜在东、西面各向阳处种植些藤本花卉，如茑萝、常春藤、金银花、金樱子等，可形成绿色的幕帘，夏日可遮住烈日的照晒，降低阳台及室内温度，然后再种些中性花卉及稍耐阴的花卉，如扶桑、茉莉、凤仙、苏铁、南天竹、棕竹、杜

鹃、栀子花、兰花、万年青、芦荟等。

## 35. 哪些花卉会对人体造成不良反应?

(1) 虞美人　全株有毒，内含有毒生物碱、果实毒性最大，误食会导致中枢神经中毒，甚至死亡。但少量虞美人果实煮后汁液有止泻的作用。

(2) 海芋　茎叶中的汁液有毒，谨防误入口中或眼中，否则会引起呕吐等症状。

(3) 郁金香　花中含有一定的毒碱，在花丛中呆上 2 小时，会使人头昏脑胀，严重者会导致毛发脱落。

(4) 夹竹桃　花、叶、茎均有毒，应防止儿童误食。

(5) 红背桂、变叶木　致癌。

(6) 一品红　全株有毒，其乳白色汁液污染皮肤后，会引起皮肤红肿等过敏反应，误食茎叶会引起休克。

(7) 五色梅　花叶有毒，误食会引起腹泻、发烧。

(8) 文殊兰　全株有毒，其鳞茎汁液毒性最大。

(9) 龙舌兰　叶片汁液有毒，接触皮肤后会引起灼热感，刺激皮肤。

(10) 夜来香　夜间停止光合作用后排出大量废气，长期摆放于卧室或不透气客厅，会使人头昏、咳嗽，甚至失眠和哮喘。

(11) 水仙花　鳞茎内含有拉可丁毒素，误食会引起呕吐和腹泻，叶和花的汁液也会造成危害，使皮肤红肿，误入眼中会导致失明。

(12) 光棍树　茎秆折断后流出的汁液能使皮肤红肿，误入眼中会导致失明。

(13) 花叶万年青　叶片和茎部的汁液有毒，会导致皮肤发炎，误入口后会引起舌头肿胀而导致暂时性失声。

(14) 仙人掌类　刺内含有毒汁，会导致皮肤红肿、刺痛和瘙痒等过敏症状。

（15）白花曼陀罗 汁液有毒，果实剧毒，建议家庭不要养护。

（16）黄杜鹃 花朵内含有四环二萜类毒素，误食后会出现呕吐、呼吸困难、四肢麻木等症状。

（17）秋水仙 鳞茎和叶片中均含有秋水仙碱，有剧毒，误食后有生命危险。

（18）石蒜 鳞茎内含有石蒜碱等有毒物质，误食后引起呕吐、腹泻、手脚发凉、休克，严重的会引起中枢神经麻痹而死亡。

（19）飞燕草 种子内含有萜类生物碱，误食后会引起神经系统中毒，严重的可产生痉挛，甚至因呼吸困难而导致死亡。

（20）燕子掌 含有大戟脂毒素，流出的汁液接触到皮肤，会引起水泡，疼、痒难受。

（21）南天竹 含有氰甙等毒素，误食后出现血压下降、痉挛、昏迷等症状。

（22）凌霄 花粉有毒，切勿让儿童玩弄此花朵，误入眼内会引起红肿，且难以治愈。

（23）珊瑚豆 全株含有毒素，要告诫儿童不要食其红果，以免中毒。

（24）含羞草 体内含有羞草碱，接触过久会使毛发变黄，眉毛稀疏，严重的还会引起毛发脱落。

## 36. 生长调节物如何在花卉栽培中应用？

植物生长物质主要应用于花卉的插枝生根、打破休眠、花期调控、抑制株型、诱导开花、整形修剪等方面。

（1）插枝生根 常见的有萘乙酸、吲哚丁酸、吲哚乙酸等，一般来说，由于萘乙酸的性质较为稳定，因此其使用范围很广。

通常可用10～200毫克/升的萘乙酸钠盐水溶液浸泡插穗基部，24小时后即可获得较好的诱导生根效果。但是，如果对于一些难以生根的花卉则该采用高浓度的萘乙酸溶液或粉剂进行快速浸蘸，也可获得很好的生根效果。对于细嫩的插穗而言，宜采用吲哚乙酸进行生根诱导处理，而对于老熟的插穗而言，宜采用吲哚丁酸进行处理。例如，菊花、地锦用2.5～4毫克/升萘乙酸浸蘸，桂花、天竺葵用500毫克/升吲哚丁酸浸蘸，九重葛用8 000毫克/升吲哚乙酸速蘸，都可促进生根。

（2）打破休眠　植物器官的休眠状态也可为植物生长物质所调节，例如，在赤霉素的作用下，山茶、牡丹等花卉的芽之休眠能够被打破，或被缩短，因此可以促进其迅速进入生长阶段。萘乙酸甲酯可抑制仙客来球茎发芽。在初冬时节，将铃兰根茎放到含有0.5毫克/升乙醚的气体环境中进行处理，经过1～2天之后，再将其置于15～20℃下放置3～4周就能使其生长开花。例如用100毫克/升赤霉素，兰花、樱草浸种，可促进发芽。用50～200毫克赤霉素浸种，可促使矮牵牛、凤仙花、金鱼草发芽。唐菖蒲用10～50毫克/升赤霉素浸泡球茎，促进发芽。500～1 000毫克/升赤霉素喷菊花，浸百合、唐菖蒲球茎，可促进发芽。

（3）防止脱落　生长调节物质可以防止花卉的落花与落果，防止落叶可用6毫克/升2,4,5-三氯苯氧乙酰胺，防止落花落果有萘乙酸（50毫克/升）、赤霉素、防落素。

（4）切花的保鲜液

金鱼草：30毫克/升的8-羟基喹啉＋30毫克/升比久＋1.5克/升的蔗糖配成保鲜液。

翠菊：25毫克/升硝酸银＋75毫克/升柠檬酸＋2克/升蔗糖。

香石竹、菊花、大丽花、非洲菊、满天星：200毫克/升8-羟基喹啉＋3克/升蔗糖。

唐菖蒲：100 毫克/升苯甲酸钠＋3 克/升蔗糖。

麝香百合：200 毫克/升 8-羟基喹啉＋100 毫克/升苯甲酸钠＋3 克/升蔗糖。

紫罗兰：100 毫克/升 8-羟基喹啉＋75 毫克/升柠檬酸＋2 克/升蔗糖。

蝴蝶兰：5 毫克/升 6-BA＋3 克/升蔗糖。

月季：200 毫克/升 8-羟基喹啉＋50 毫克/升醋酸银＋5 克/升蔗糖。

鹤望兰：250 毫克/升 8-羟基喹啉＋150 毫克/升柠檬酸＋3 克/升蔗糖。

晚香玉：300 毫克/升 8-羟基喹啉＋100 毫克/升柠檬酸＋3 克/升蔗糖。

（5）植株矮化　常用的有比久、多效唑、矮壮素。比久对菊花常用浓度 2 500～5 000 毫克/升。多效唑喷雾浓度为 1 000 毫克/升，土施以有效成分计为 1 克/平方米，若按 15%多效唑计，即每平方米土壤面积 7 克左右。矮壮素的浓度为 2～10 克/升浇灌杜鹃，1～2 克/升浇灌郁金香，使植株矮化。

（6）花期控制　高浓度的赤霉素可促进开花，例如 2 000 毫克/升赤霉素喷鸢尾；低浓度的赤霉素延迟开花，例如 50 毫克/升赤霉素喷倒挂金钟、一品红。比久、矮壮素、脱落酸，可促进花芽形成，例如 2 000 毫克/升矮壮素喷杜鹃。高浓度的比久、矮壮素、脱落酸延迟开花，例如 1 000 毫克/升比久喷万寿菊，1 000毫克/升脱落酸喷香石竹。

（7）无土栽培营养液配制

南方：水一升，硝酸钙 0.49 克，硝酸钾 0.58 克、硫酸亚铁 0.01 克。

北方：水一升，磷酸铵 0.22 克，硝酸钾 1.05 克，硫酸铵 0.01 克，硝酸铵 0.01 克。

# 第二章　年宵花卉

传统的年花有金橘、桃花、水仙、菊花、瓜叶菊、大丽菊、银柳、蟹爪兰、墨兰、牡丹、金边瑞香、倒挂金钟、长寿花、仙客来、马蹄莲、君子兰、梅花、山茶、秋海棠等。近年来流行的有洋兰类、一品红、观赏凤梨、西洋杜鹃、郁金香、风信子、红掌、猪笼草、瓶子草、天堂鸟、非洲紫罗兰、蝎尾蕉、沙漠玫瑰、姜荷花、澳洲山龙眼以及阴生观叶植物金钱树、竹芋类、发财树、巴西铁、散尾葵、绿萝、绿巨人、琴叶榕、花叶榕等；插花类的品种有百合、剑兰、晚香玉、玫瑰、石竹、非洲菊、小苍兰、紫罗兰、孔雀草等，还有比较新奇的石楠杜鹃、嘉兰、灯笼百合等。

## 1. 水仙花如何选购与养护？

（1）选购　水仙花有单瓣及重瓣两种，单瓣的称为金盏银台，重瓣的称为玉玲珑，从球体外观无法辨别。

选购时间：水仙花产地以福建漳州为主，每年秋季大量上市，上市时就可选购，一般不迟于开花前20～40天。

球体外形：外形需丰满，球形端正，根没有长出或刚刚萌动，主鳞茎球略扁，左右直径大于前后直径为佳；鳞茎盘凹陷越深越好，表明鳞茎已发育成熟；主鳞茎周围4～6子球为佳，过少花箭少，过多则争夺主鳞茎养分。

球体重量：两个大小相近水仙球，越重质量越好，另外手指压鳞茎球表面时，有一定的弹性为佳，如重量轻、球体松软者质量较差。

球体色泽：鳞茎外层的枯皮以深褐色、光洁、光亮为佳。

球体大小：市场上多用传统的质量分级方法，即用桩数来衡量球茎的大小，目前市场上有6桩、8桩、10桩、20桩、30桩、40桩、50桩的，包装多用纸箱或竹篓，也有礼品包装的水仙球。市场上以20桩、30桩为多。

（2）养护　水仙原产亚洲东部的海滨温暖地区。水仙为短日照植物，性喜冷凉及光照充足的环境，生育适温18～25℃，耐旱、耐瘠，也较耐阴。生产栽培时，土壤以疏松、排水、保水良好的肥沃土壤为佳，性喜肥水。居家观花栽培多选用水培的方法。

①选择入水时间　入水时间可根据各地平均气温估算，一般室温平均为12℃时，需40天开花；室温平均15℃，约25～28天开花，室温20℃时，约20天左右即可开花。

②水仙花头处理　将水仙花头鳞茎盘的护泥去掉，并用刀具将枯根除净，把外层褐色枯皮剥掉，并用利刀在两个芽的空隙处适当切割，有利花茎抽出，放入水中浸泡24小时。

③取出浸好水仙头，洗净黏液，然后装入浅盘或其他容器中，加入适量清水，以淹没1/3鳞茎球为宜，也可加少量河沙或小卵石固定鳞茎球。

④一般前期1～2天换水1次，后期3～4天换水1次即可。养护时需置于阳光充足的地方，忌置于过阴地方，以防徒长，徒长的植株叶片及花葶易倒状，影响观赏。

（3）水仙花如何使开花持久，防止疯长？

如何使开花持久：

①温度控制　水仙喜寒怕热，生长期适宜温度为8～12℃，花后更宜保持低温以延缓花的衰老。水仙在生长期要放在阳光充足、通风良好且远离热源的地方养护。

②适当追肥　水仙在孕蕾后鳞茎内的养分几乎消耗殆尽，故

生长后期应适当施肥。从孕蕾开始，换水时向盆内施少量磷酸二氢钾（每次0.5克）或者采用0.2%的磷酸二氢钾喷洒叶面。在水仙花盆中加入含量0.3毫克的阿司匹林1/4片或者谷维素1片，也可适当延长花期和延缓花朵枯萎。

如何控制水仙疯长？

①阳光控制法　将水仙花放置于露天或阳台，在充足阳光下水养，夜间再收回室内，阴雨天气可以使用日光灯补光。

②化学控制法　在花初绽前，在盆内加入1%～2%的食盐水，这样可控制疯长，而且花期也较长；根长至2～3厘米时将抑牙丹（丁酰肼剂、嘧啶醇、多效唑等）定量灌注在水养盆内，必须连续试用2～3次才能取得最好的效果。

## 2. 最近有哪些新的年花？

（1）灯笼百合　又称宫灯花，百合科灯笼百合属植物，原产南非、纳塔尔等地，性喜冷凉，忌高温高湿，生长适温为15～22℃。在华南地区适合中海拔地区种植。株高40～70厘米，地下有块根，叶披针状长卵形，花腋生，花梗细长，有花8～12朵，花冠宫灯形，金黄色，花姿十分优美，可盆栽也可做切花观赏。年花市场上的灯笼百合主要从日本等地进口。

（2）嘉兰　嘉兰又称火焰百合、印度百合、蔓百合等，原产我国云南省、亚洲热带地区和非洲。为百合科嘉兰属蔓性草本植物。喜温暖、湿润环境。嘉兰根状茎横向生长，叶卵状披针形，翠绿色，花单生或数朵生于茎顶，花被片6枚离生，条状披针形，向上翻卷，边缘皱波状，极为奇特。花被片上部为红色或紫红色，下部黄色，对比鲜明、强烈。色彩十分艳丽，花期较长，是热带地区垂直绿化的理想材料，也可以用作室内盆栽观赏。

（3）春石斛　春石斛为兰科石斛属多年生附生植物，目前市场出售的春石斛均为栽培种，花色繁多，作为年宵花的后起之秀，国内已批量上市。挑选时选择叶片少、着花多、假鳞茎金黄并有透明感的植株为佳。开花株对环境条件要求不高，不用施肥，可置于阳光较强的地方养护。花谢后换盆，脱盆后，将原来的基质去掉，剪掉枯根及过长的根系，基质可选用木炭或树皮块加少量碎石。开过假鳞茎不再开花，待新芽长至10厘米可将其剪掉，并插入铁线绑扎扶正。春、夏为春石斛的营养生长时间，施用含氮较高的肥料，10天一次，入秋后增施磷、钾肥，促进假鳞茎成熟，施肥浓度以1 200～1 500倍为宜。经冬季低温后花芽分化，花芽长出后，切忌置于高温处，否则花芽可能转为叶芽。春石斛为喜光植物，除夏季适当遮光外，其他季节尽可能多见光。

(4) 蝴蝶兰　有白花系，红花系，斑点花系，黄花系，条纹系。花期2～3个月。

①选购　叶片宽厚色深绿，无病斑、菌丝虫体，叶片无撕裂、破损和脱水。花莛粗壮，直立，花朵大小均匀，颜色鲜亮，无斑点、污渍。根系发达，无折断，外露根表面光滑，无发黑、干瘪，基质疏松，透气。

特级：10朵以上，6叶，叶间距大于30厘米。

A级：8～9朵花，5～6叶，叶间距30厘米。

B级：6～7朵花，4～5叶，叶间距25～30厘米。

C级：4～5朵花，4叶，叶间距20～25厘米。

价格：常见品种25～30元/株，黄花系30～45元，斑点系30～45元。

②养护　性喜温暖湿润，生长适温18～28℃，花期温度15℃左右，不能低于10℃，湿度60%～80%。春夏遮光50%～70%，秋季遮光30%，开花期散射光。基质发干后浇水，冬天5～7天一次水，春秋天3～4天一次水，夏天1～2天一次水。喷水冬天2天一次，春秋天每天一次，夏天早晚一次，花期水不能喷到花上，盆土湿润而不积水。

生长期7～10天一次20-20-20复合肥1 000～1 500倍液，

花前 9-45-15 催花肥每周一次。花蕾形成后停肥。主要病虫害有叶斑病、细菌性叶斑病、真菌软腐病，真菌性病害可用多菌灵、百菌清或甲基托布津防治，细菌性病害用农用链霉素。

③花后处理　花谢后剪花莛，保温，清明后换盆，换基质。

(5) 大花蕙兰

①选购　春节前 15～20 天选购，选 3～5 个健壮花序，其中 1～2 个花序上有数朵花已绽放，可赏花 40～50 天，花期 12 月至翌年 4 月。品种有红色天使、红公主、新世纪、新月、钢琴师。要求花瓣上无病虫斑，无水渍和霉点，叶片上挺不披散，叶翠绿叶面有光，叶尖无枯焦，正反面无病斑。塑盆栽 2 个花序 80 元，3 个花序 120 元，4～5 花序 150 元。

②养护　性喜较高的湿度和充足的水分，宜冬季温和，夏季凉爽、昼夜温差大的气候，需光照充足、通风透气的条件，基质疏松、透气、肥沃、酸性。生长适温白天 25～28℃，夜间 10～15℃，越冬室温 8～10℃，夏季置于凉爽湿润半阴环境，不高于 28℃。花芽分化 6～7 月，适温 20℃左右，夏季遮光 50%～60%，冬季 3～5 天浇水一次，盆土偏干，室内干燥每天叶面喷水 2～3 次。夜间不能喷水，夏季每天浇水一次，每天喷雾 2～3 次。4～10 月施水溶性有机肥，也可埋少量多元素缓释复合肥。

③花后处理　当每一花序有 90%花谢时从基部剪去，移入 10～15℃环境中，春天转暖后换新鲜、疏松肥沃的植料，置于半阴湿处，有条件在高山越夏更好。生长季节，每月追一次稀有机肥加 75%百菌清加 50%多菌灵 600 倍液，防叶部病害。

此外还有宝莲灯、金钱树、栗豆树、帝王花、石楠杜鹃等。

## 3. 什么叫年橘，如何选购与养护？

年橘是四季橘、金橘等小型橘和柑的统称，都属芸香科的灌木或小乔木。

年橘选购：春节选购年橘时，首先要按照家庭居室环境来选择大小适中的植株，要求株形丰满、健壮、果实多、株形好、生长一致、叶色浓绿、果实金黄鲜润。其次还要查看植株的盆土，看盆土是否为原装盆栽。

年橘寓意着“财源滚滚、大吉大利”，与中国传统的美好祝愿一致，春节将至，无论自己居家装饰还是送给亲朋好友，都是不错的选择。

(1) 四季橘　四季橘为芸香科柑橘属常绿灌木或小乔木。树型直立，枝叶稠密，叶色深绿，花洁白芳香，一年开花多次，果实橘黄色，果圆形或扁圆形，果肉 8～11 瓣，味道很酸，果熟后金黄色，极具观赏价值。

四季橘喜欢温暖湿润、阳光充足的环境，忌干旱。要求肥沃、排水良好的微酸性土壤，家庭种植时，盆可用素烧盆或紫砂盆种植，盆土可用腐殖土、园土、煤渣按 1∶1∶1 混合配制而成，最好用腐熟的饼肥和人粪尿作基肥，长江流域可以清明左右上盆。换盆则一年换一次为宜。每次换盆时，要依照树的大小来选择盆的大小。注意对根部进行处理，除去 1/3 左右的旧土，换上 2/3 的新土，有利于四季橘的开花和结果。

四季橘在每年春梢萌动前，要进行一次重剪，剪去枯枝、弱枝、病虫枝和过密枝，保留健壮枝，注意每枝至少要保留 2～3 芽，以促进抽生健壮的春梢。当春梢长至 15～20 厘米长时，要进行摘心处理，以形成整齐的树冠，使树冠丰满，树体健美。注意春节过后，要及时剪除老果，以免植株消耗过多的养分，影响其后的生长。

四季橘一般以施农家肥为主。果后施磷钾肥，并于落果前 1 个月喷 50 毫克/升的赤霉素，以利于坐果和延长观赏期。四季橘忌积水，但喜温暖湿润，在它的生长期以保持土壤湿润为好，特别是夏季温度较高时，每天应喷水 1～2 次，还要向地面喷水，以降温和提高空气湿度。要经常冲洗叶片，花芽分化期要对树体进行控水，以促进花芽分化。四季橘生长旺盛，需控水时间长，为避免由于过度干旱而引起的落叶，一般情况下需 3 天浇透水一次。

(2) 金橘　金橘为芸香科金柑属植物。常绿灌木，高 1～3 米。枝叶茂密，节间短，无刺，果实球形或长圆形，前圆后狭，果皮光滑，初时为青绿色，成熟时为金黄色，有香味，汁多味美，可连皮生食，夏季开花，秋冬果熟。

金橘应选择肥沃、疏松的腐叶土，掺拌腐熟的饼肥作为基质，如果买回来的时候是塑料盆，应及时换成土盆或陶盆，注意要带土上盆；初栽到盆中要浇透水，并适当遮阴，待缓苗期过后，再充分见光。

在春季金橘萌芽前进行一次重剪，并结合对其进行整形，除去枯枝、死枝、病枝和重叠枝，尽量使健壮枝条都不同程度回缩，有利于萌发新枝。等春梢生至约 20 厘米时进行摘心，并施一次速效磷肥，以利于花芽分化。家庭栽培时，如果植株生长旺盛，一年可进行两次摘心，既可培养丰满的冠形，还可增加坐果率。还要注意对秋梢及时摘除，避免再次结果。

家庭种植金橘时，要注意做到薄肥勤施，以施饼肥为最好，一般间隔时间为 7～10 天 1 次，有规律地施用。花期和坐果期的肥水要求尤为关键，在此期间要多施磷、钾肥。金橘喜湿润的环境，但是忌积水，如果长期处在水分较多的环境下，其叶、花、果容易变黄或脱落。特别是夏季，如果遇上温度太高或太旱，应多向叶面喷水淋湿，结果后要注意增加浇水量，做到“干花湿果”。

春季要将金橘移出室外，置于光照充足处，光照不足、环境荫蔽会造成枝叶徒长、无花或少花。夏季光照强度大、高温炎热时，要对植株进行遮阴，过后再置于向阳处。冬季置于室内光照充足处，植株不要常常移动，不然会使植株光照系统发生紊乱，影响树势和开花结果数量。

## 4. 万代兰有哪些品种，如何养护?

①品种　万代兰为附生兰，有单轴类茎。中生一条向上直立茎，叶革质，在茎中呈两列互生排列抱茎而生，花序由叶腋抽出，5～10朵质地厚实的花，色蓝、红、黄、白。木框式吊盆栽或瓦盆栽。新加坡、马来西亚、泰国原产，其品种有：

蓝狄龙　花8～10朵，花萼、花瓣淡红色，满布紫红色斑，唇瓣深紫，矮化，紫堇色，花序多生，质厚，花期较长。

罗氏可爱　红花系品种，花朵密生，全花除蕊柱白色外全部深褐色，花瓣质厚，耐开。

绿色豪华　绿花系品种，花朵密生，花枝粗壮，除蕊柱浅黄色外，其余部分均为绿色，气质雍容华贵。

米卡萨公主　紫花系，花多而密，花朵除蕊柱为浅黄色外，其余呈紫蓝色。

福氏可爱　红花系，花枝粗壮，除蕊柱头呈浅黄色外花朵深红色，质厚而耐开。但亦有属紫色花系，着花8～10朵，花萼花瓣蓝紫色，网纹深，唇瓣小，紫黑色，蕊柱白色，花期夏秋。

松河　紫花系，花小，多而密生，小花深紫蓝色，密集排列于花枝上，外形呈松果状。

蓝网万代兰　株高60厘米，附生性，叶片舌形或线形，深绿色。总状花序，高30～90厘米，着花7～20朵，花萼花瓣淡蓝色，有天蓝色格式网，春末至冬季开花。

三色万代兰　高1米，叶线形，2列呈皱裙状，长45厘米，绿色。花茎高30～90厘米，10朵以上花，花径5～7厘米，花萼花瓣柠檬黄，淡红褐色斑，唇瓣白色，具紫色斑，花期秋至夏。

费黄迪南德　黄花系，花5～16朵，花萼花瓣黄色，基部有红褐色斑，侧萼大，密布褐红斑点和网纹，唇瓣小，黄色，基部有红褐斑，花期夏秋季。

多尘　白花系，总状花序，着花10朵以上，花瓣与萼片白色，密生红斑点，唇瓣深红色，喉部白色，花期秋季。

艾格尼斯乔昆小姐　红花系，短棒与棒叶万代兰杂种，花5～8朵，花大，花径8厘米，花萼白色，具玫瑰红色晕，花瓣较大，紫红色，唇瓣宽、紫色，喉部黄色，具红色斑点，花期全年。

②养护　全年保持20～30℃，冬季15℃以上。叶质厚，耐阳光直射，忌夏日艳阳，遮光30%。春夏秋天早晚浇水一次，常喷水维持高湿。冬季2～3天一次水。生长旺期每周1次稀液肥，每月用花宝加磷酸二氢钾喷布。

③花后处理　花后剪去花梗放阳台半阴处。早上宜照射阳光，保持高湿、通风，来春再开花。如太高，在离茎顶30～40厘米处，带气根茎剪断另栽。留下断头株亦可长出新芽，形成新株。

## 5. 年花牡丹如何选择品种，购后如何养护?

①品种　一定到正规的花圃、公司及商店购买。春节催花的品种有洛阳红、胡红、乌龙棒盛、肉芙蓉、赵粉、银红巧对、缨络宝珠。要花红叶绿，选红、紫红、粉红的花朵，叶色要翠绿、浓绿。造型饱满匀称，花枝高低一致，分布均匀，每盆有5朵以上，叶舒展、挺拔。基质疏松、搬运方便，盆土上有小草或青苔，白塑料盆或瓷盆，盆上有竹松鹤图案。不同的地区，选择不同的品种，兰州以西、沈阳以北应选西北品种群或中原品种群，如美人面、粉狮子、青心白、三转、大耦、绿蝴蝶、金花状元、佛头青、玛瑙盘、粉妆楼等。长江以南应选江南品种群，如玉楼、凤尾、西施、云芳、微紫、钢炉焰等。盆栽应选中原品种群

的桃红献媚、国色无双、银红巧对、珊瑚台、明星、蓝田玉、冠世墨玉、冠群芳、洛阳红、紫瑶台、玉玺映月等。

②养护　喜温暖，不耐酷热，较耐寒，喜光忌夏季烈日暴晒，宜种在肥沃、排水良好的背风向阳处。生长期适温15～20℃，花后5～15℃，散射光，每2～3天浇200毫升清水，花期不施肥。一次花开过，在春暖时，剪去1/3～1/2枝叶，定植在光照充足、通风的庭院内，初植适当遮阴，花前肥在2～3月，花后肥在5～6月，11～12月结合封冻水施一次腐熟堆厩肥，2～3年后可开花，落叶后剪去枯枝，细弱枝、交叉枝，每盆定干5～8枝。注意褐斑病、白粉病、根腐病及介壳虫的防治。

## 6. 红掌如何选购与养护？

（1）选购　春节前两周购买。常见的品种有阿拉巴马、达科他、华伦天奴、甜梦、托金、翡翠、幻想、亚利桑那、粉冠军、加利亚特兰大、克罗拉多、北京成功、甜心红、雄心、卡丽、美女、大橙及亚马逊等。选株形匀称，叶片挺立，叶色碧绿光洁，无破损，无病虫害，佛焰苞3～5个，1～2个已充分展开，2～3个半开，即“三苞一箭”，一苞可观赏一个月。佛焰硕大、红润、蜡质光泽，肉穗花序粗壮、直挺。一般塑料盆套青瓷盆。

（2）养护　喜高温高湿，半阴，不耐寒，生长适温日温25～28℃，夜温19～21℃，光强17～25千勒克斯，怕干畏碱，忌强光暴晒。基质结构稳定，不烂，疏松透气，保水保肥性好，用泥炭、珍珠岩、河沙按5∶3∶2配制成。pH 5.5～6.5。白天25～30℃，夜间21～24℃，春节不低于13℃，湿度70%～80%。上盆时，小苗用12厘米×10厘米盆，中苗用15厘米×14厘米盆，盆底放3～4厘米粗基质，上放2～3厘米栽培基质，上盆当天喷800倍75%百菌清，3～4天后施低浓度液肥。浇凉开水或纯净水，不能用硬水，夜间不能喷水。定期放少量多元缓释肥，生长期用氮、磷、钾、钙、镁为3.6∶2.3∶6.7∶2.5∶1.3的肥料，成花开花阶段用氮、磷、钾、镁为1.9∶2.3∶6∶0.8加微量元素。可喷0.2%磷酸二氢钾加0.1%尿素。室内光线要好，放在离窗1米处。夏季放在半阴、凉爽、湿润处，黄叶时可喷0.1%硫酸镁，对敌敌畏、乐果敏感，慎用。

陈列过程中，出现黄叶及时摘去，花色变淡时即可剪去，气温20℃以上可切割分株，栽在泥炭、珍珠岩3∶1的基质中，28℃以上时移到凉、润、半阴处养护。

## 7. 蜡梅如何选品种、选桩及养护？

（1）选购　在冬春花初开时购买，如春节用，在春节前20天左右选购，枝上花有10%左右裂口开放，可鉴别品种，选素心、罄口、虎蹄、十月黄、荷花等优良品种。花冠大，花瓣圆润，不为窄尖状，色纯黄不杂它色，香浓烈，花期耐久。选桩：选主干斜横、嫁接部位低，枝干舒展、树干粗老的芽接或切接苗，不选靠接苗。盆栽苗，干粗2～4厘米以上，外观紧凑，高40～60厘米，着花短枝多，花蕾密集，均匀。以原装盆，带土坨直径不少于主干直径的7倍，土坨苗要随起随栽，否则成活率很低。砧木选实生砧的2～3年生以上嫁接苗，不能购柳叶蜡梅砧（特点叶很窄，叶背被白粉，易识别）。

（2）养护　蜡梅喜阳光，耐半阴，喜凉爽，耐高温严寒、耐旱、畏风、忌涝，开花时切忌放在风口。生长适温15～30℃，能耐−8℃低温，−10℃花会受冻。喜疏松、排水良好的酸性土，忌盐碱、重黏土。萌发力极强，耐反复修剪，喜空气清新，忌烟熏捂闷，宜用疏松、肥沃、排水良好的砂壤土。应放在光照充足、通风良好的场所。为延长开花时间，室温不高于8℃。开花时不能将水喷到花瓣上，否则会出现黑丝。蜡梅喜光耐高温，只要水分供应充足，即使40℃的高温，亦可不遮阴，但湿度过低高温干旱，叶尖会枯死。浇水不干不浇，浇则浇透，宁干勿湿，忌积水。7月花芽分化要控水，多喷水少浇水，保持盆土湿润即可。在翻盆时，在盆底加含磷钾肥的鸡粪、骨粉、芝麻饼等，在新芽萌发后，施一次催芽肥，每隔半月施一次稀的全元素饼肥水或矾肥水，叶厚大、浓绿，枝粗少施，叶小薄、色淡多施，催花肥在6～7月施1～2次稀磷钾液肥，8月后施保花肥，可连浇2～3次0.3%磷酸二氢钾或饼肥水，促进花芽分化。在清明前后10天，叶芽萌发至麦粒大小时用切接、腹接或皮下接，成活率很高。

（3）花后处理　当花株上80%花朵开谢后，可以从枝条基部1～2厘米处，将1年生枝留2～3对叶短剪，新芽萌发后，新枝长到3～4对叶时，留2～3对芽，摘去顶芽，新芽长到3～4对时又留2～3对芽摘芽，反复数次到秋凉，同时疏除枯瘦枝、乱型枝。换盆1～2年一次，在开花后，叶芽抽出前翻盆换土，培养土用园土∶腐叶土∶河沙∶有机肥按4∶4∶1∶1混合，外加2%过磷酸钙，1%氯化钾。换盆时去土坨外围1/5～1/4宿土，剪去坏死根系，栽好浇透水，半个月后转入正常管理。

## 8. 西鹃如何选购与养护？

（1）选购　花期2～5月，传统品种皇冠、锦袍、天女舞、四海波等。市场尚有红口杯、绿牡丹、春之舞、桃花浪、世纪曙光、银边四季、白佳、桃雪、红双喜、玉蝴蝶、黄比利、红宝石、彩花牡丹、赛牡丹、赛贵妃、彩蝴蝶、黄云、白锦袍、铁红双色及里狮子等。在开花前10月下旬至翌年3月上旬购买。营养钵栽培的花径15～30厘米，4～20元，30厘米以上25元。大盆嫁接苗花径45厘米30元，60厘米60元。要选叶色浓绿，株型丰满匀称美观、花多、有1/4花已开放，花蕾多生长健壮，无黑斑病、白粉病及介壳虫，叶片、花无破损，盆土疏松、透气、肥沃，根系发育良好。盆径比冠径小10%左右。

(2) 养护　生长适温10～25℃，超过30℃低于5℃停止生长，花期保持8～12℃。夏季、春末、秋初遮光40%～50%，要遮阴而明亮。pH 4.5～6，大于6影响生长与开花。基质用腐叶土：河沙3：1或山园土：腐叶：糠灰5：3：2。调节好空气湿度，特别是北方，最好的方法是盆底放上托盘，盘底铺3～5厘米的沙，上铺青苔，水浇上后不积水。在花盆上做一高于植株的圆形支架，除夏天外罩上塑套。浇水要用矾肥水，春秋生长季见干就浇，见干见湿，浇则浇透，冬夏季保持盆土稍湿而不积水，开花前要施磷肥，10天一次，连施2～3次，花蕾露色至开花停肥，开花后补氮肥，7～8月高温停肥，秋凉后7～8天一次磷肥，施肥后第二天浇一次水，稀释肥料浓度。对早、中花品种，将花蕾旁叶芽摘掉，花太多时，可疏掉一些，防止芽、花竞争养分。

(3) 花后管理　花谢后及时换土，要求用山泥土与腐叶土混合，pH 4.5～5.5，栽上后摘去残花，修去蘖枝，徒长枝，在通风遮阴处养护一周。每10～15天一次稀液肥。5月后遮阴50%左右。

## 9. 石楠杜鹃与高山杜鹃是否同种花，如何养护?

石楠杜鹃别名高山杜鹃、树型杜鹃、洋石楠，为杜鹃花科杜鹃花属的小灌木。

石楠杜鹃是原产我国的高山杜鹃，与欧美杜鹃的杂交种。多年生常绿灌木，植株多分枝，株型丰满紧凑。叶互生密生于枝顶，椭圆形或披针形，革质，绿色有光，叶面有金黄色斑纹与镶边，叶背色浅，密被茸毛。总状伞形花序常数朵聚于枝顶，盛开时球形，直径15～20厘米，花朵钟状，有紫红、红、粉红、橙红、桃红、紫、蓝、白、黄等色，还有金边、金斑白花。花期3~5月，单株花期1个月。

石楠杜鹃为温带高山植物，性喜凉爽湿润的半阴环境，怕酷热与烈日暴晒，有一定耐寒性，不耐旱怕积水，生长适温 15～25℃，超过 35℃低于 0℃会受害，适于疏松透气富含腐殖质、排水性好的微酸性沙质土。

每 1～2 年花后换盆一次，用腐叶土（或泥炭）加蛭石（河沙）混合，pH 为 5～6。上盆后不要将基质压得太实，等顶芽开始生长后再修剪促分枝。

每年花谢后剪去残花，花后将枝条剪短，使叶芽生长，移至光线明亮又无直射光处养护。浇水掌握“不干不浇，浇则浇透”，避免盆土积水和干旱，如空气过干可喷水增湿。生长期每 10～15 天施一次矾肥水或复合肥浅埋。

冬季放在室内阳光充足处，温度宜在 15℃以下，夏季宜放通风凉爽的荫棚内，温度太高时喷水降温，停肥，最好移至高山冷凉处栽培，一般家庭，花后丢弃来年再购新株。

夏季炎热潮湿易生茎腐病，发病时树皮呈褐色，由枝顶向下蔓延，死亡率高。5 月开始每 3～5 天喷 600 倍 70％甲基托布津，及时剪除病枝。褐斑病初期叶上现褐色小点，扩大成褐色大斑，上生黑色小点，最后叶片脱落，可用多菌灵防治。虫害有红蜘蛛、军配虫，可喷 40％氧化乐果 1 500 倍防治。

如想春节开花，可选花期早的品种，花芽发育良好，株型好，先在低温处理 2～3 个月后，放白天 25～30℃，夜间 15℃左右，光照充足，30 天可开花。

可用扦插、压条及组培繁殖。扦插在凉爽春秋进行，选当年生、节间短、基部木质化、健壮充实的枝条，每段长 6～10 厘米，插前蘸 $B_{12}$液，晾 3 分钟后插于蛭石中，喷透水覆膜，在无直射光 20℃2 个月生根。压条在花后选 1～3 年生壮枝，环剥后绑上塑料袋，内装湿砂保湿，3～4 月后生根，明春剪下栽种。

选购　来源于德国、丹麦，选购时要株型和盆体和谐，花蕾要多，花蕾要大，宜在春节前购买，冠幅 20～30 厘米 150～200 元。常见品种有红粉佳人、福星高照、富贵红、白雪公主、花仙子、嫣红、大展鸿图（红）、红宝石、花之梦（黄）紫霞、绸缎丽人（深粉色）等。

## 10. 山茶有哪些优良品种，如何选购与养护？

（1）购买茶花最有学问，要做到花不开不买即11～12月始花期买，花蕾焦边也不买，不是原盆不买，株型细高的不买。特别是买进口品种，香型品种，更要仔细。在购买时，先看盆土，是否是红黄沙壤，盆上青草、苔藓长势如何。区别原盆还是新上盆。二要看叶片，不同品种叶片形状、叶脉、叶肉、叶色、叶尾、锯齿、大小不一，要弄清品种的叶片特点，如皇冠、金边济公扇、金边可娜、鱼尾茶叶片奇中见美。三要看花朵的大小，花型、花色、瓣数、花期香味及瓣面丝绒感等。四要看植株，3～4年生植株主干直径2～3厘米，4～7个分枝，40～70厘米较适合。枝干叶片无病害，枝干灰白光洁，粗壮，叶片深绿油亮，没有黑斑焦边、须根白、无霉根、无介壳虫。优秀品种有新查、云斑大元帅、帕克斯先生、毛绿墨玛瑙、可娜。近期进口的有客来邸、大庄香园及香型品种粉香变、烈香、香神、玛丽安、加州来客、香太阳等。年宵花卉中有小桃红、吉祥红、状元红、赛金光、花槟榔、狮子笑、点雪等。

（2）养护　生长适温15～25℃，喜夏季凉爽、湿润、冬季温暖的环境。喜湿润、怕干旱、忌积水。喜弱光、散光、畏骄阳，夏季遮阴度为50%左右。喜疏松酸性土，畏黏重、碱性的介质。pH以5～6.5为宜。喜薄肥勤施，畏浓肥，忌生长旺盛期施生肥。5月中下旬开始花芽分化。4月上旬新梢开始生长，可2天一次矾肥水，并开始追施以加氮为主的腐熟10倍的饼肥水或粪肥水，3～5月花后，10～15天一次稀有机液肥，使新梢长得快，长得粗。5月下旬至6月花芽分化期，可追施磷钾肥。立夏以后，气温渐高，每天一次20倍矾肥水，并在叶上喷水。

7～8 月雨季，注意排水防烂根。冬季放在全日照里，3～5 天一次水，在中午进行，每月温水洗叶一次。6～7 月花蕾黄豆大小时，开始疏蕾，一般枝条留一蕾，内膛枝、弱枝不留蕾，成株留蕾8～20 个，3～4 年生植株留 4～5 个蕾，保持盆土不干不湿，不施生肥浓肥，防止落蕾。防治好炭疽病、灰斑病及枯枝病。

最近浙江等地用 18～20 年生的油茶，嫁接进口的大卡特、林肯、舞女、太阳神，成活率达 90%以上，嫁接玉带红、大红袍、紫袍、松子鳞、凤山茶、菊瓣、大玛瑙、狮子头、菊片、大理茶成活率 70%～90%，婴儿面 20%。以 4～6 个大枝作接穗，砧木高度 1 米左右。用撕皮嵌接或切接，接后 2～3 年开花，5～6 年成大树。

## 11. 情人节选的玫瑰与月季、蔷薇如何区分，有哪些品种？

在国外月季、玫瑰、蔷薇不分，统称 Rose（玫瑰），其实三者是有区别的，第一叶片形态不同，月季花由 3～5 小叶组成，平坦无皱纹；蔷薇由 5～9 小叶组成，有柔毛不皱；玫瑰花由小叶 5～9 组成，叶脉凹陷，有皱。第二花型、花期不同，月季花单花顶生，花开 2～3 次；玫瑰单生或簇生，5～6 月开一次；蔷薇花簇生，4～5 月开一次。第三枝条上刺不同，玫瑰有两种刺，细密无钩，月季与蔷薇都是一种刺，大而尖有钩。玫瑰主要用作情人节送礼或作插花用，地栽玫瑰都作采花提炼香精用，玫瑰作盆栽观赏的不多。切花玫瑰有甜蜜（桃红）、彼帕降（金黄）第一夫人（淡黄紫边）、黑色魅力（黑红）奥赛娜（柠檬黄）、萨布里斯（淡粉）那不勒斯（柔粉）及汤涛斯、考菲迪（金黄）。最近又推出法兰西、达拉斯、卡罗拉、贵族、莎莎 90、香槟、红柏林、黑魔法、大丰收、摩尼卡、婚礼白、阿斑斯、红柏林、富豪及先红等。要求生长健壮，叶色绿、花初开、花大、无斑点。

盆栽玫瑰有重瓣（紫红、鲜红、白色）复瓣（紫红、大红、粉红、白色）及蔷薇型。

玫瑰喜阳光、耐半阴、生长适温15～25℃，耐干旱忌积水。适于生长在疏松肥沃、团粒结构的沙壤土中。玫瑰喜肥，种前施入有机肥作基肥，早春施一次催芽肥，5月份施一次催花肥，花后施一次补肥。在第一批花开放后从花枝基部向上留15～20厘米短截，使发新枝开花。早春发芽前每株留4～5个枝条，离地面40～50厘米短截，如有侧枝，每枝留2个芽剪。玫瑰常见病虫害有白粉病、锈病、黑斑病、巾夜蛾、茎蜂、刺蛾等，注意防治。

## 12. 梅花如何购买和养护？

（1）选购　在冬季花初开时购买，春夏秋不买，因为这时真假难分，品种难分，上市量少，不易选到好的桩形、花形，闻不到香味浓淡。年花在春节前15～20天购买。

“疏影横斜水清浅，暗香浮动月黄昏”，“梅以曲为美，直则无姿，以欹为美，正则无景，以疏为美，密则无态”，这是选购梅花的三条准则。梅桩主干斜横的比直干好，粗老的比细嫩的好，嫁接点低的比高的好，枝干疏展的比杂乱的好。梅桩的砧木杏、梅比桃砧好。梅花有宫粉、朱砂、玉蝶、绿萼、垂枝、龙游、照水等类型，还有杏梅系的送春及樱李梅系的美人梅。美人梅是由重瓣粉型梅花与红叶李杂交而成，叶片卵圆形，长5～9厘米，花粉红色，花梗长，垂直丝状花繁密美丽，是梅中珍品。盆梅在选购时，除注意花型、花色外，还要看香味、木质部的颜色、枝条的弯度，对病虫害的抵抗力和扦插的成活率等。

株形选高度30～50厘米，干粗3～5厘米，主干粗壮，分枝自然，侧根抓土有力的植株。花蕾标准是花朵密集圆润，已有少量花蕾开始裂嘴或花蕾端部已露小孔。客厅可选热色的宫粉、台阁宫粉、骨红、朱砂等品种，书房选素洁高雅的玉蝶、绿萼、素白台阁等。选瓦盆原装，可套紫砂盆。

上盆前根据桩形对梅桩进行强修剪，有碍造型的枝干全部剪去，花枝适量保留一些花后再剪，然后仔细观察一下桩土，如是原桩把压实地方松动一下，去掉多余的土就可栽到合适的盆中。如是捏成小泥团（江苏沭阳的花农常捏成小泥团，影响成活率），千万不能硬掰，可将泥团放在水中浸泡一会，抖去部分泥土再栽。梅桩用中深的宜兴紫砂盆栽培，盆形依桩形可选马槽盆、方盆、圆盆或签筒盆，盆花因花色而异，要有鲜明的对比，协调，增加观赏效果。翻盆在花谢80%时进行，将一年生枝从基部1～2厘米处剪去，盆土用园土∶腐叶土∶厩肥∶沙＝5∶3∶1∶1配制。栽好后放在避风向阳处，浇透水，养护7～10天后转入正常管理。

（2）养护　梅花喜温暖湿润，较耐寒，可耐－15℃低温，生长适温18～26℃，开花适温10～15℃，花期可耐－6℃低温，花蕾0℃以下易脱水，盆栽可耐－10℃，要求7℃ 900～1 200小时通过休眠。梅是喜光树种，应放在窗前接受自然光，光补偿点为2.6千勒克斯，光饱和点为40千勒克斯。梅花耐干旱、怕水涝、忌大风，以疏松、肥沃、排水良好，pH5.5～6.5的沙壤土生长良好。新梢5月下旬停止生长，花芽分化在6月中旬开始。梅花对水分十分敏感，切忌盆内积水，早春换盆时浇透水，4月天旱新梢开始生长，要保证水分供应，新梢长到25～26厘米时应控水，新梢稍萎蔫时再喷水浇水，一直控制到花芽分化（5月中旬至6月中旬），并用0.3%磷酸二氢钾每半月一次，喷2～3次，入秋后减少浇水量，秋后到花蕾开放，保持盆土湿润，促进花芽发育，冬季严格控水。梅花喜肥，在上盆时应施腐熟饼肥或粪尿，新梢长到5厘米时，施一次以氮为主的速效肥，放叶后施一次氮磷肥，枝条长到25厘米时控水节肥，6月花芽开始分化后施一次磷钾肥，寒露后施一次磷肥，梅桩禁止使用化学氮肥，防止烧根。

盆梅的修剪在花后剪去细弱枝、过密枝，对新梢留2～3芽短剪。4月上旬新梢长到15～20厘米时，留8～10片叶子摘心，可使剪口2～3芽抽梢，分生成粗壮短枝，5月中旬新梢生长最快，对长15～20厘米新梢行第二次摘心，6月上旬对旺枝还可进行第三次摘心。入秋后对着生叶芽的长枝留5～6芽短剪，冬季修剪留10厘米长最为适宜。盆梅的修剪分类进行，对发枝力强已开花的品种，修剪可重一些，但对主秆垂卧、曲枝的要慎重，掌握枝强多剪，枝弱少剪，骨干枝长留，侧陪枝短留，老桩注意复壮更新。

梅花要防三害，即涝害、烟害及药害。梅花对乐果、敌敌畏、硫酸铜很敏感，一般不要使用，防止落叶。早春缩叶病用65%代森锌600倍防治，炭疽病、穿孔病、褐腐病用70%甲基托布津加50%多菌灵600～800倍防治。10～15天一次，连喷2～3次。锈病用0.3～0.5度石硫合剂防治。流胶病涂抗菌剂402农药100倍。蚜虫在花前、花后喷1 000倍吡虫啉防治。

## 13. 我从江西买回来金边瑞香，不知如何养护？

金边瑞香产江西大余县，叶金边整齐，金黄色带要宽，叶光亮，花淡紫色，先端白色，基部紫红色，花期1～2月，花香纯浓。叶深绿色，厚而有光，株高30厘米。在春节前1～2周购买。选购时一定要注意，不能买裸根苗，否则不易成活。2003年，我们从江西大余购一批金边瑞香，当时是为减少途中运费，进的是不带土球的苗木，结果成活率不到10%。因为瑞香根肉质，根系愈合力差，带土球一般要求是冠径的80%～100%，最好是原盆。

金边瑞香养护技术性很强，瑞香的翻盆宜在群体花期将近结束，新芽未萌发前进行为宜，栽后要放在通风阴凉处服盆。水要少浇，可多喷雾，瑞香根散发香气，易受地下害虫及蚯蚓毁根，盆底要填上绿纱或棕片阻隔。

金边瑞香喜温暖，凉爽的半阴性植物，生长适温 18～25℃，温度超过 30℃，低于 0℃处于半休眠状态，－5℃即会冻死。5 月中旬为花芽分化始期，属于高温分化花芽、低温开花的植物。喜肥沃、湿润、排水良好的微酸性土壤，忌积水。萌发力强，耐修剪、易造型。

金边瑞香花期 3 月上旬结束，花后发芽时，要浇水使盆土湿润，在花将结束未结束，大量新芽萌发时不能施肥，一定要在新芽萌发后生长时，施入以氮肥为主的植物性稀液肥，以供新芽生长之需。夏季气温超过 30℃以上，进入半休眠状态，这时不能施肥，少浇水，做到宁干勿湿，但周围环境要增湿降温，喷水度夏。秋季进入孕蕾期，先扣水，待花蕾孕育后见干见湿，否则不易成花。秋季（10～11 月）施 1～2 次磷肥，12 月花蕾露色时停肥。

金边瑞香怕高温高湿，防雷阵雨、太阳雨，中午前后要遮阴，忌大肥大水全日照，盆土要稍干勿湿，通风透气，才能安全度夏。

金边瑞香一年多次抽枝发叶，顶端优势明显，在 3 月中旬至 5 月上旬，和 9 月上旬至 11 月下旬为春、秋梢生长期，在 5 月上旬，要适当短截，剪下枝条可扦插用，进入秋季要扣水、停肥、控光，抑制秋梢生长，促进孕蕾。

茎干腐烂是常见病，6～8 月是高发期，高温闷热，盆土表面紧贴茎干处，最易发病。可用 50%多菌灵 1 000 倍液，每 7～10 天一次，连喷 2～3 次，要注意介壳虫的防治，在幼虫期用 80%速扑杀 1 000 倍喷杀。

## 14. 佛手如何养护，它与代代、香橼、柠檬如何区分？

从秋季佛手果实绿中透黄开始至元旦均可购买，越冬期室内温度不低于4～5℃就可以购买，否则会出现低温落叶，影响明年开花。在长江以北、淮河流域，无加温设备，冬季不宜购买。

要求株高30～45厘米，冠径25～30厘米，分枝均匀具3～5杈，叶色苍绿，叶表光洁，叶片无破损，无病斑，无卷叶、落叶。有佛拳般硕大果实3～5个，果实大小均匀，无小果，果实金黄且有油脂光泽，闭佛手，无虫洞、破损或病斑，用手抚摸有清香味。盆高为株高的1/3～1/2，盆口径15～20厘米，紫砂盆，青花瓷盆或棕红色、白色塑料盆。盆土上有青苔或小草，盆底孔有根系外出，要注意果实是否绑上去的，要将嫁接口塑料薄膜带解开，看砧穗愈合是否良好。

佛手性喜温暖湿润，不耐寒，生长适温22～26℃，冬季低于3℃大量落叶，喜阳畏灼日，幼苗尤怕烈日，不耐阴。喜肥沃、疏松、排水良好的微酸性土壤，怕干燥，越冬温度为5～15℃。

购回后要放在室内光线较好的地方，冬季室温保持5℃以上，维持盆土湿润，通风良好，杜绝有毒气体及烟的散失，平时多喷水，少浇水，果实可挂到明年4月才脱落。上年结果的植株，北方地区第二年不易再挂数个大果。

秋冬购买的植株，特别大的果实都用红绸绳绑于粗硬枝条上，要防止果实碰落，也不要折损枝叶。

明年春天室外气温15℃以上时，可移到室外翻盆换土，培养土用园土、泥炭、沙、厩肥4∶4∶1∶1混合，还可加点磷钾肥。早春施一次腐熟的饼肥，以后每隔10～15天施一次腐熟的饼肥水或矾肥水。4～5月以磷肥为主，促进花芽分化，开花期停肥。当幼果长到蚕豆大小时，每周施一次有机液肥，入冬前施一次浓肥，第二天浇一次水，用堆厩肥壅土越冬。

佛手落果较重，防止落果可采取留花心发绿的壮花，着果期对萌发的新芽进行抹芽，喷防落素2～3次，保持盆土不干不湿等措施。

春季2～3天一次水，夏季要控水，从开花到果实成熟要不干不湿，不积水。

修剪时留3～5根基础枝，一般春梢少留，留夏梢摘心促发秋梢，留作结果母枝，6～7月结的伏果数量多，质量好，可适当多留。

在花木市场上，往往分不清香橼、香园与代代，柠檬、黎檬与北京柠檬，甚至将其混淆。现将其主要性状比较如下，正本清源。

**表2-1　柑橘类其他花木区别表**

| 科类 | 叶形 | 叶翼 | 花色 | 花香 | 果形 | 果皮 | 乳突 | 香 |
|---|---|---|---|---|---|---|---|---|
| 香橼 | 长椭圆 | 无节、无翼 | 淡紫 | 微 | 卵圆 | 粗有肋黄 | 有 | 微 |
| 香园 | 卵圆 | 倒卵三角形 | 白 | 香 | 扁圆、椭圆 | 极粗、黄 | 短 | 香 |
| 佛手 | 长椭圆 | 线形 | 紫红、白 | 浓 | 拳状 | 鲜黄 | 无 | 浓 |
| 代代 | 卵状椭圆 | 倒卵三角形 | 白 | 浓 | 扁球 | 橙黄变绿、粗 | 无 | 清 |
| 柠檬 | 椭圆 | 不显 | 紫红 | 香 | 卵圆 | 皮粗、淡黄 | 有 | 香 |
| 黎檬 | 椭圆 | 线形 | 淡紫 | 微 | 球形 | 果小、黄 | 有 | 微 |
| 北京柠檬 | 椭圆 | 显 | 淡紫 | 微 | 椭圆 | 皮光、黄 | 微突 | 微 |

## 15. 一品红很好看，但不好养，其栽培的关键有哪些？

又名圣诞花，日本人称猩猩木，是冬令装点室内的盆花，万绿丛中一点红。将一品红，配以康乃馨，银柳插于瓶中，似火树银花。

优良的一品红花盖度35%～45%，植株高35～45厘米，冠幅40～50厘米，花冠直径20～24厘米，高18～20厘米，苞片纯正，红或黄，不发皱有光泽，叶片无病虫斑，下部叶片完整，无少叶和低温伤害，株形丰满，要有4～5分枝，冠形圆满。常见的品种有彼得之星、自由之神、瑞迪、倍利、千禧及矮巨人等品种。

一品红原产墨西哥，将苞片当成花，有红、白、粉色。性喜温暖湿润，不耐寒。喜光，典型的短日照植物，生长期需40～60千勒克斯的光强，最适日温21～27℃，夜温16～21℃，5℃

即受冻。相对湿度70%～75%。基质要求洁净，排水良好，低盐分，以泥炭为主，加入珍珠岩、蛭石、陶粒、木屑、树皮及沙，pH 5.5～6.5。

如要换盆，要选花盆底部有多个排水孔的，盆底铺一层石子，然后放一点草炭（纤维长10～30毫米）加珍珠岩，将原土坨与盆上沿持平稍低一些，填实轻压，浇透水不施肥，2周后缓苗开始施肥。

一品红怕旱又怕涝，对水分十分敏感，浇水要均匀，夏天每天早晚浇一次水，但水量少些，春秋天1～2天一次水，冬天5～7天一次水，一般不等土壤干透就适当补水。一品红喜肥，可用市场上的专用肥或速溶肥。生产上在生长初期适当控肥，旺盛生长期，7～10天一次饼肥水，8月至开花，7～10天一次氮磷液肥。一品红喜光，忌阳光直射，尽量放在阳光充足处养护，如阳台上，夜间移到温暖处，防止冻害落叶。侧光使茎干弯曲影响美观，盆间不能太挤，以利通风，防止徒长，盆位置定好后不要移动，否则会造成黄叶。

10月中旬要移入室内，初入室开窗通风，白天保持20℃以上，晚上不低于15℃，否则会黄叶。要防止灰霉病、根茎腐病、白粉病、腐叶病的发生，及时喷布75%百菌清，或70%甲基托布津800～1 000倍。

## 16. 铁兰的特征是什么，如何养护？

铁兰属又称空气凤梨属、第伦丝属、木柄凤梨属等，产于中、南美洲，附生于树上或石上。附生种外形似莺歌凤梨属，具有漏斗状或莲座状的叶丛，中央有蓄水槽。气生种具多肉或革质叶片，表面密被白色鳞片或白粉呈灰白色，下垂或直立生长。地生种高1～2米。穗状或复穗花序生于叶丛中央，花穗由红色、黄色或绿色花苞片密生而成，小花生于花苞片之外，有多种颜色，花瓣2片，开放时伸出花苞片之外。

要挑选无黄萎叶片，花枝粗壮，无任何病虫害的植株，尤其是空气草类铁兰，要选多株丛生或单株粗壮的植株，如植株由原来的灰白色变成棕色，说明这株空气草在运输途中因闷热致病而死，不要购买。盆栽铁兰要仔细看花序的花苞片有无发黑现象，如有表示受冻伤，买后会很快枯萎。宜在春节前一周购粗壮花株，置于室内光亮处。

铁兰附生类生长适温15～30℃，冬季需10℃以上温度越冬，空气草类适应性强，可耐0℃低温，40℃高温。空气草要阳光充足，尤其是叶革质呈灰白色者。附生种类要求高温高湿，生长期内每隔3天左右浇1次，冬季可暂停浇水，每半月喷湿盆土一次。空气太干燥时，可喷水在植株上。在生长旺期，盆栽铁兰每隔2个月施用稀释液肥1次。空气草类用0.1%磷酸二氢钾加0.03%尿素喷洒，冬季和花期停肥，直至春暖和花期结束恢复。

附生类花后老株死亡，由吸芽长大的子株取代，一般花后弃去，空气草类铁兰花凋谢后，立即将残花枝从基部剪除，以利于侧芽的产生和生长。

## 17. 果子蔓有哪些品种，如何养护管理？

又名锦叶凤梨，为凤梨科果子蔓属植物。流行品种有红星、火炬、紫星、黄星、丹尼斯、中未、莺歌、多彩凤梨、铁兰等。要求花序直立，色泽鲜丽、长度、大小能体现品种特性，处于最佳观赏期。叶片15～20枚生长均匀，叶片有光泽，无破损，花色鲜艳，株高25～30厘米。进口：80～300元，如中未、火炬、丹尼斯。国产50～150元，如红星、黄星、铁兰。

果子蔓原产巴西南部，喜光，温热环境。生长适温18～28℃，开花季节温度不低于18℃，不超过35℃，冬季不低于10～15℃，低于5℃受冻，顶端叶片出现皱缩卷曲，逐渐焦枯，

35℃仍能正常生长，温差10℃最佳。若冬季温度低于10℃将叶筒内的清水除去，待气温升高时再加。相对湿度保持50%～60%。喜明亮的光照和散射光，家庭栽培放在光线充足的地方，但忌长期暴晒，在适度光照下，内层叶中心部分色彩鲜艳持久。夏季光强太强会灼伤叶片。凤梨有趋光性，3～5天转盆一次。

凤梨用分株繁殖，花后基部长出新芽，长到10厘米时切下，插入蛭石、沙、泥炭基质中，保持25～28℃，20～25天会生根。再上盆正常管理。

盆株应放在阳光充足和远离阳光直射的地方，室内可放在东西窗口，夏天置于北窗，冬天置于南窗。冬天温度能达到22℃，漏斗里可留些水，3～4天可浇一次心水，低于16～18℃时不宜存水，相对湿度50%～60%。温度较高超过30℃以上时可以喷水，水宜用软水，pH 4.1～4.5，水中可加少量的食醋，如浇水过凉或到晚上植株上尚有水，易造成植株腐烂。4～9月每月施一次液肥，漏斗里浇淡液肥。

家庭栽培最常见的是蚜虫危害，可用40%氧化乐果1 000倍喷杀或灌根。如发生叶斑病，可用50%多菌灵800倍防治。

## 18. 猪笼草如何繁殖与养护?

猪笼草简称“猪”，种类繁多，大部分是荷兰进口，关键是笼子齐全新鲜，颜色鲜艳，样子漂亮，笼子褪色、脱落的不要买。

原产亚洲东南部和澳大利亚热带地区，性喜温暖、湿润、半阴、遮风的环境，不耐寒，怕干燥和强光，生长适温25～30℃，低于15℃停止生长，10℃以下受冻。在高温高湿的环境生长才能旺盛。

猪笼草对光照的需求较特殊，喜光又怕强光，光照不足生长弱小。

常见品种有：士巴猪笼草、小叶猪笼草、马达加斯加猪笼草及大猪笼草等。

（1）繁殖方法　猪笼草可用扦插、压条和播种繁殖。

扦插宜在春末夏初进行，从生长健壮的植株上选取粗壮枝条，剪取2～3节茎段作插穗，将叶片剪半，基部剪成45度斜面，用水苔将插穗基部包扎，装进有水苔和盆底垫有小卵石的扦插盆内，用塑料大口袋连盆和接穗包起来，保持100%空气湿度和30℃的温度，或将基部切口浸入1 000毫克/升的吲哚乙酸中，插入粗砂上，保持充足光照和高温高湿的环境，3～4周即可生根，直至新芽长到2.5～4厘米，1～2片叶时便可上盆栽植。

压条选成熟、粗壮的枝条，先在枝条基部作一环状剥皮，涂上生根粉，用湿水苔包裹，再用塑料薄膜包扎，并扎住上下开口，待2～4月新根长出后，即可剪下，除去外包裹的薄膜后即可上盆栽植。

生产上都用播种繁殖，经人工授粉后获得种子，种子采后即播。播种宜用育苗穴盘并放在温室内培养，基质用泥炭、蛭石和珍珠岩配制成培养土，每穴播1～2粒种子，播后覆细土，使种子呈半隐半露状态，喷水湿透，置于27～30℃，85%～90%遮光的环境中培养，85%～90%遮光率遮阳网遮阴，保温保湿，6～7周后即可发芽。小苗不耐移栽，也不间苗。待小苗长大显得拥挤时再上盆。幼苗一般栽培3～4年才能产生叶笼。

（2）栽培技术　栽培用吊篮、吊盆、木框及漏空花盆中，用疏松、保水力强的基质，常用的有水苔、泥炭等量混合或水苔、蕨根、粗砂（陶粒）或泥炭、水苔、木炭和冷杉树皮屑混合物，pH调到4～5。栽后每隔2～3年需换盆1次。换盆在春季新根尚末生长时进行。

猪笼草对水分特别敏感，生长期间需经常喷水，春秋季每天浇水1～2次，夏季每天3～4次，冬季1～2次，始终保持较高的湿度，并经常在叶面及周围喷水，如过于干燥，捕虫囊就长不出来。

猪笼草对光照的要求因种类而不同，可通过捕虫囊外表色泽来判别。强光下捕虫囊色红，在弱光下除纤细外，表面多暗绿色，或无光泽。一般在夏季用遮阳网遮阴，秋冬季置于阳光充足处莳养，有利于叶笼的生长发育。

猪笼草对肥料要求严格，每年春末至仲秋的旺盛生长期，每月淋施 1～2 次稀的有机液肥（牛粪腐熟液）或高稀释的商品液肥，如奥绿肥、花宝、施达、多木、喜硕等，效果良好。施肥不足，营养不良，捕虫囊少又小，色暗，观赏价值降低；施肥太多，生长太旺，使捕虫囊长不出来。

猪笼草苗期生长较慢，常有红蜘蛛、蚜虫、叶斑病、黑斑病和炭疽病等危害，尤其通风不良、低温、荫蔽时，危害更加严重，需及时防治。

## 19. 粉苞酸脚杆是什么花，与宝莲灯是否是一种花，如何养护？

粉苞酸脚杆又名宝莲灯、美丁花，为野牡丹科酸脚杆属的多年生常绿灌木。株形茂盛，枝杈粗糙坚硬，原产在菲律宾、马来西亚等热带雨林，高 1.5～2.5 米。茎有四棱或四翅，分枝扁平。单叶对生，无柄，叶卵形或长圆形，灰绿色，革质有光，叶脉基出，叶主脉有明显的象牙白色凹陷。花序似风铃，花蕾抽出后先露粉红色苞片，花序上绽出珍珠状粉色小圆花，花形独特，花期超长，可达八九个月，自然花期 2～8 月，单株花期可持续数月，可实现终年开花。盆栽高不超过 70 厘米。高档花国庆至春节上市，为花卉中的贵族，售价 500～1 000 元。大部分从欧洲进口，2004 年开始从荷兰引进而国产化，不耐运输。

性喜温暖湿润，生长适温 18～22℃，不耐寒，喜散射光明亮充足的环境，稍耐阴，忌暴晒，不耐旱，要求土壤、肥沃、排水良好的基质。以草炭为主的混合基质，pH 宜 3.5～4 之间。白天温度宜 21℃，夜间为 19℃，湿度保持 80%左右。

主要用扦插或播种繁殖。扦插在初夏 6～7 月或秋季 9～10 月进行，选半木质化嫩枝，长 15～18 厘米，插于泥炭苔藓中，20～25 天愈合生根，当年可移栽上盆。盆栽于 8 月采种，采后即播或翌年春播。

每年春季换盆，去掉宿土，增加肥沃、排水良好的腐叶土，适当遮阴。生长期保持土壤湿润，2～8 月花期，湿度不宜过大，以防落花。冬季室内栽培，增加光照，减少浇水量。

春季多氮肥，夏季多钾肥，每周加施一次，生长季节氮、磷、钾比例均衡。

病害有叶斑病和茎腐病，可用 70%甲基托布津 800 倍喷洒。虫害有粉虱和介壳虫，可用氧化乐果 1 000 倍喷杀。

宝莲灯豪华美丽，适合宾馆、厅堂、商场橱窗、别墅客室中摆放。

# 第三章 草 花

## 1. 五一、国庆两大节日常用的草花有哪些？

五一、国庆节常用花有一串红、矮牵牛、鸡冠花、孔雀草和彩叶草。

（1）一串红 常见的品种有野火、红霞、火娃、红娘、皇帝、火焰、皇后、太阳神、展望、红孩儿、红宝石、莎莎、红景、瑞迪、沙哈拉沙漠、烈火 2 000 等品种。一串红有 9 个变种，有一串白、一串紫、丛生一串红、变色一串红等。花色更是多变：有纯色的玫红，红冠白萼的桑格力亚，白冠白萼的阅兵典礼，淡紫色的串紫，蓝白双色的蓝带，复色串红莎莎，花冠花萼媚红色的一串粉等。花期 5～11 月。从现蕾到开花 20～30 天，单花 4～7 天，严格自花授粉花卉。壮苗应该是分枝多，节间短，茎秆粗壮，叶色正绿。

如果要五一节开花，能生产出矮壮、花枝多、花穗多的一串红，技术性很强。一般 10 月中下旬至 11 月上旬在大棚内播种，幼苗 6 片真叶时留 3 片叶摘心，待新芽长到 5～6 片叶时第二次摘心。播后 40 天上盆，盆径 10～20 厘米。如果是要国庆节开花，4～6 月（江淮地区在 6 月中旬）播种，在防雨棚加遮阳网越夏，最后一次摘心在 8 月上旬。

一串红性喜温暖湿润，不耐严寒和酷暑，喜阳光充足，忌干燥。生长适温 20～32℃，发芽适温 20～25℃，高于 30℃会落花，低于 10℃会黄叶。播种期 4～5 月或 9～10 月，12～13 天出苗，种子喜光，不覆土，幼苗6片时留3～4片叶摘心。5～6叶后再留2叶摘心，可摘心2～3次，促使分枝，气温15℃以上，6～7月结合打头取条扦插（穗长6～10厘米），15～20天生根，上盆时一盆多株。

一串红花期长，需肥料较多，生长期每隔7～10天施一次粪肥水，到现蕾时，增加磷钾肥（0.02%磷酸二氢钾）。对水分很敏感，水多会徒长，久湿久旱会黄叶。浇水秋天3～5天一次，夏天1～2天浇水一次，要防积水，防烈日高温灼伤叶片。高温时喷水降温，适时转动花盆。注意疫病、花叶病、红蜘蛛、蚜虫、粉虱的危害。

（2）矮牵牛　如需五一节开花，在10月下旬至12月上旬温室播种，因种子较小，发芽温度20～22℃，6～7天发芽，基质用园土与泥炭按1∶1或泥炭＋椰糠＋珍珠岩2∶1∶1比例混合，1%高锰酸钾消毒，密闭48小时后通风待用，用浅盆或温床育苗，穴播，每穴种子一粒，如播在苗床上培养土厚15～20厘米，将基质喷湿后用种子与细沙按1∶20掺匀撒播，覆草木灰，盖遮阳网，小苗长到6～8片叶时上盆，基质用沙壤土与泥炭按2∶1移栽上盆，大棚中温度保持18～25℃，7～10天追肥一次，多施磷钾肥，每次追肥每盆复合肥1～2克，放在盆内沿边处，矮牵牛喜干怕湿，需充足水分，夏季保持盆土湿润。常用的品种有玫瑰红、大红、梦幻兰、国旗红、纯白等株矮早花的品种。如果国庆节用花4～5月播种，25℃温度7～10天出苗，真叶4～5枚时移植一次，间距5厘米×5厘米，此时进行摘心，经2～3次移植后可上盆。这时要注意用防雨棚加遮阳网遮阴，使其安全越夏。其他管理同上，矮牵牛一般不摘心，有些品种，可在苗高5～6厘米时摘心，常用品种有黄金时间、小鹰、跳圈、交响乐、名誉、大风车、阿拉丁、幻想、霜、佳期、棱柱、极美、流畅、疯狂、地毯、超越、花王、彩虹、风云、狂欢节、荣光、庆典、蓝摩林、林波舞、沙漠、绿洲、冰橙、冰红、甜蜜的惊喜、黄色极品、急速阳光、晏波、波浪及漫步系列等。矮牵牛亦可用扦插育苗，一般在花后取顶端嫩枝，长2～3节，去掉下叶，大叶剪去一半，用根太阳生根剂400倍蘸插穗基部，基质用粗沙，温度20～25℃，插后8～10天可上盆。

（3）彩叶草　市场上有奇才、墨龙、水彩、猎豹、佳人、微波、关老爷、王妃、天鹅绒、航路等品种，叶彩色斑斓，有黄、红、褐色、黄白色等不规则斑纹，株高30～50厘米。圆锥花序，花朵小，淡蓝色或带白色。元旦、国庆、春节用花。露地栽培夏秋开花。温室栽培元旦、春节开花。

彩叶草性喜温暖湿润和向阳的环境，怕水涝。生长适温15～25℃，种子发芽适温18～20℃，越冬温度15℃左右，土壤pH 4.5～5.5。种子在11～12月温室或3～4月露地播种，基质用腐叶土、腐殖土、山泥、河沙及堆厩肥等量混合，覆土以盖住种子为度，10～15天发芽，3～5片叶分苗，6～8叶定植于12～15厘米花盆中。3～4月气温15～18℃扦插，成活率高。

要有好株形，高30～40厘米，苗高10厘米第一次摘心，并追复合肥壮苗，第二次6月中旬进行二次摘心。从新芽萌动，每周施6～8∶1的有机肥，夏季施减半的磷钾肥，秋季施全元素复合肥。彩叶草喜湿润，不耐旱，春秋1～2天浇1次水，夏季早晚浇水，冬季保持盆土干润。

（4）鸡冠花　头状鸡冠花有亚美高、绣球、阿迷哥、红顶、东方2号、波浪、娃娃、宝盒、珊瑚、满堂红、黑美人、二乔、新世界、红云及重奏等品种。羽状鸡冠有新目、和服、城堡、世纪红叶、飘逸、潮流、红色火焰等品种。要求株形矮壮紧凑，分枝多、花大、色泽鲜艳纯正，浓淡适宜，外观新鲜，生长健壮，叶片排列整齐，匀称、形状大小完好，色泽正常，无褪色，无病虫害、折损、擦压伤、冷害、水渍、斑点和药害。

鸡冠花原产印度，喜温暖干燥、阳光充足的环境，生长适温20～32℃，幼苗生长温度15～20℃，开花温度25～32℃，夜温

15～18℃。五一节开花在11月上旬、十月一日开花在6月下旬播种。4月上中旬播种，8～9月开花，基质用腐叶土、山泥、园土、堆厩肥3∶2∶3∶2配制而成。20～25℃7～10天出苗。苗高5～8厘米，5～6叶时定植。露地栽培株行距20～30厘米×60厘米。生长期每10～15天追一次6～10∶1的有机液肥，孕蕾开花期行浑水浇花。地栽不要浇水，盆栽盆土见干，土表发白，用手指按压有硬度时，把水浇透，最好施肥前松土，施肥后浇水。盆花一定要放在阳光充足的地方莳养。

（5）孔雀草　孔雀草又名小万寿菊、杨梅菊、臭菊、红黄草，为一年生菊科畏寒草本花卉。株高30～40厘米。羽状复叶，小叶披针形。花梗自叶腋抽出，头状花序顶生，单瓣或重瓣。花色有红褐、黄褐、淡黄、杂紫红色斑点等。花形与万寿菊相似，但较小而繁多。开花时，黄橙橙的花朵布满梢头，显得绚丽可爱。孔雀草有很好的观赏价值，适宜盆栽、地栽和做切花。常见的品种有金门、浪花、迪阿哥、鸿运、探险男孩、巡游、杰妮、曙光、英雄、小英雄、吉娃娃、归燕、曲鸣蝉、春晓及夏令营等。

孔雀草原产墨西哥、喜阳光，但半荫处栽植也能开花。它对土壤要求不严。既耐移栽，又生长迅速，栽培管理又很容易。撒落在地上的种子在合适的温、湿度条件中可自生自长，是一种适应性十分强的花卉。在我国南方，它的开花期为3～5月及8～12月。

孔雀草的繁殖，用播种和扦插均可。播种11月至翌年3月间进行。冬春播种的3～5月开花。播种可在庭院直播或盆播，大面积用穴盘播种。盆栽的，播种后约1个月即可挖苗上盆定植。扦插繁殖可于6～8月间剪取长约10厘米的嫩枝直接插于庭院，遮阴覆盖，生长迅速。直接插于花盆亦可。夏秋扦插的8～12月开花。扦插不论插地或插床（盆）均可成活。

由于一串红承受不了“五一”的低温，又经不起“十一”的早霜，盛夏的酷暑可使大多植株呈半死状态。因此，孔雀草已逐步成为花坛、庭院的主体花卉。

最近引入白孔雀草，又名硬枝满天星，姿态优美，四季开花，种植条件简易，经济效益高。原产美国，地上茎高 0.2～1 米，多分株，幼茎嫩绿色，花后茎枯，地下茎生蘖芽。幼株近基部叶片较大，披针形，花茎向四方分枝，花圆锥形，每枝有花 150 多朵。

白孔雀草，适应性强，喜冷喜光，喜土层深厚、肥沃、排水良好的沙壤土，短日照植物。

用扦插、分株繁殖。小苗 4 根丛植，株行距 30 厘米×30 厘米。前期薄肥勤施，以氮为主，7 天一次。从生长旺盛期，到花芽分化及现蕾期，要重施肥，每 667 平方米施复合肥 50 千克，每周喷叶面肥一次，现蕾后停肥。秋后，白孔雀草不会长高，作切花用在栽后一个月加 100 瓦灯泡加光 4 小时，连续 40 天。切花最佳时间在顶蕾约开 10 朵时。

## 2. 春节期间常用草花有哪些?

春节常用花有羽衣甘蓝、瓜叶菊、报春、蒲包花等。

(1) 瓜叶菊　市场上常见的品种有礼品、感星、温馨、喜庆、春潮、金星、水星、喜洋洋、雅致、童话、花旦、春汛、神户、普选、奇才、小丑、完美、新星、勋章、浓情、娇娃、福娃、积斯等。要求株形紧凑，花朵数及开花数较多。

性喜温暖湿润，喜光又怕强光，不耐高温，怕霜冻，生长适温 12～15℃，开花适温 10～15℃，因此，瓜叶菊忌强光，忌大肥，忌积水，忌温度过高，忌过湿过干。元旦至 6 月均可播种，20℃温度 7～10 天发芽，真叶苗移栽，2～3 片真叶上小瓦盆，4～5 片叶上 10 厘米盆，5～6 片叶摘心留 3～4 个侧芽，7～8 片叶定植在 15～20 厘米盆中。基质用腐叶土、园土（泥炭）、沙＝

4∶4∶2配制而成。上盆时加腐熟的堆厩肥。瓜叶菊叶大而薄，生长期2天1次水，现蕾后控水。每周施1～2次畜粪水，花前2个月为花芽分化期，应增施磷钾肥。小苗期半阴，4～5片叶后要充足光照，温度保持12～15℃。要有一定盆距，并定期转盆。越冬保持12℃左右。注意白粉病、灰霉病的防治。

（2）报春 报春种类较多，有欧洲报春，多花报春，藏报春，报春花及四季报春等。常见的品种四季报春有大合唱、花仙、春风、庄重、匹诺；欧报春有新秀、绣女、情火、极限、文艺复兴、庆典、蔷薇、杰美尼、至高、节日；多花报春芳蓉、神鹿等品种。选叶片多，叶面健康整洁、排列整齐，手摸无软蔫感，无烂叶、病斑的健壮植株，一般冬季购买，可欣赏到春季。每盆3～5元。

为延长观赏期，购买后最好换土换盆，基质用泥炭、腐叶土、沙3∶5∶2配成。报春喜阴怕热，畏严寒，喜散射光及凉爽的环境，生长适温15～25℃。种子4～5月成熟，熟后即播，在15～21℃7～8天出苗，3～4片叶时分栽于7厘米小盆，每盆1～3株，入秋后入12～18厘米花盆中。栽时土刚好埋在莲座状叶柄下，太浅会倒，太深会烂叶。生长期保持盆土湿润，相对湿度75%，浇水不宜太多，尤其高温季节，否则会烂根、烂叶。要薄肥勤施，忌浓肥，不要把肥撒（洒）在叶上。9月进入旺长期，用1∶6～8饼肥水，每周一次，肥后第二天浇水，10月后花葶出现可施2～3次复合花肥。花谢后，剪去残枝，施氮素液肥，放凉爽处越夏，秋后浇水施肥入冬后开花。

（3）羽衣甘蓝 常见品种有鸥、鸽子、红白鹰、帝王、京华、秋舞、大阪、名古屋、东京、孔雀珊瑚、波浪、红鸥等。要求叶短圆状倒卵形，宽大、平滑，被白霜，边缘有细波状折叠，心叶有紫红、粉红、淡黄及蓝绿色。江苏农科院育成暖阳，深红，雪，粉红，旭，绿雁，冬春20、21、22号，冬春羽叶1、2、3、4、5、6号等新品种。

羽衣甘蓝性喜冷凉湿润阳光充足的环境，耐寒性强，生长适温15～25℃，越冬最低温－3℃，是深秋和黄河以南冬季的观叶花卉。

7月中旬至8月上旬种子播种，在20～25℃5～10天出苗，出苗后温度保持白天15～18℃，夜间不低于10℃，2～3片真叶时移栽，5～6片真叶时上盆。盆土用园土、堆厩肥、河沙6∶2∶2配成。每盆栽一株，浇足定根水，进入莲座叶期，要供应充足的肥水，每7～10天一次粪肥水或0.2%尿素液，心叶有一定数量后，结合浇水，重施1%尿素。11月中下旬后，可减少浇水次数。整个生长期，要保证充足的阳光。9～10月易生黑腐病，秋季注意菜白蝶的防治。

（4）蒲包花　花期2～5个月，盛花期4～5月。在2～4月，花朵初开1/3时购买，每盆5～10元。欣赏时间1个月，花谢后无观赏价值。花色有黄、米黄、橙、橙红、深红、大红、紫红等。

性喜温暖而冷凉的环境，既怕高温炎热，又不耐严寒，生长适温15～21℃，幼苗生长适温12～15℃，开花时温度保持8℃，可延长花期。不耐0℃以下低温，越冬最低温5℃左右。要求空气湿润，土壤半干半湿，忌土壤潮湿积水。属长日照花卉，不耐强光和荫蔽，要求中性到微酸性、肥沃的沙壤土。8～9月播种，一周发芽，2～3真叶分苗，栽于15厘米×15厘米花盆，基质为腐叶土∶沙3∶1，加1%～5%磷酸二氢钾，阳畦中株行距8厘米×8厘米，5～10天缓苗，缓苗后10～15天浇一次矾肥水，见干见湿，11～15时遮光60%以上，温度20～25℃，4～6真叶上盆，基质为腐叶土、园土、沙3∶6∶1，加1%～5%磷酸二氢钾。浇水要清洁温水（8～15℃），只能浇根部，不能浇到花苞内，要不干不浇，浇则浇透，肥水不能沾到叶上，否则会烂心。生长期每隔10天施一次腐熟饼肥水，出现花葶时，施一次1%过磷酸钙。

## 3. 适合北京奥运会的草花有哪些？

北京奥运会在2008年8月8日开幕，这时北京温度高、干燥，因此要选耐高温干旱，适应性强，管理粗放，繁殖容易的花卉。

（1）繁星花　又名星形花、雨伞花，为茜草科，繁星花属的一年生草花。

繁星花，单叶对生，羽状脉，全缘，聚伞花序顶生，小花筒状，先端五裂，形如星星，花色红、玫红、粉、白等。

喜温暖，向阳环境，耐热，耐旱，不耐寒，略耐半阴。越冬最低温不低于7℃，喜肥沃、湿润的沙壤土。

穴盘育苗，种子35 000粒/克，介质要求清洁，无菌，排水良好，pH6.5～6.8，播种不覆盖，发芽温度20～26℃，发芽天数6～9天。光照100～1 000勒克斯，生长适温10～30℃，育苗周期8～10周，从播种到开花20～22周。发芽后给10～30千勒克斯光照，通风，加大昼夜温差，调节株高，防止徒长。必要时可喷500毫克/升矮壮素控制株高。发芽阶段介质保湿90%～100%，空气湿度100%，发芽后介质湿度降到60%～70%，空气湿度50%～60%，防止过湿表面形成青苔。2叶展开后喷施氮浓度50～75毫克/升20-10-20或14-0-14交替使用，真叶2～3片后氮浓度提高到100～120毫克/升。

盆花管理：介质以疏松、透气沙壤土为佳，pH为6.5～7。喜强光，上盆后光强控制在30～50千勒克斯，30℃以下，上盆前介质内添加全元素复合肥，上盆后7～10天后开始，喷氮浓度<150～200毫克/升的叶面肥，每2周喷一次硝酸镁或硝酸钙。pH低于6.2易铁中毒，施肥时注意生理酸性与碱性肥交替施用。防止叶斑病，灰霉病，可用800倍多菌灵、50%扑海因1 500倍或瑞毒霉2 000倍或速克灵1 000倍喷洒。

（2）金光菊　菊科金光菊属一年生或宿根草本。全株被粗毛，头状花序单生茎顶，舌状花金黄色，管状花紫黑色或黄绿色，花期7～10月。

品种：

①草原阳光　株高70～80厘米，花大，单瓣，花径10～15厘米，舌状花金黄色，管状花黄绿色，长势强健。

②玛雅　株高45～50厘米，重瓣，花径10～12厘米，舌状花黄色，管状花紫黑色。

③滔滔　株高30～38厘米，株形紧凑，开花早，花量大，花径5～7厘米，舌状花黄色、黄红双色，管状花紫黑色。

穴盘育苗：介质要求无菌、排水良好，pH6～6.2，用草炭、粗粒蛭石按2∶1混合，播种后蛭石覆盖，发芽温度18～24℃，育苗周期6～8周，播种到开花15～19周。子叶充分展开后开始喷20-10-20种苗专用肥，氮浓度50～75毫克/升，与13-2-13交替施用。以后氮的浓度提高到100～120毫克/升。介质适当干燥利于扎根。育苗期控制湿度，防止灰霉病，腐烂病发生。控制温湿度，增加光照控制株高，或用矮壮素控制，穴盘满盘后及时上盆。

管理：盆栽介质要求无杂草、无菌、无虫籽，pH为6.2～6.5。上盆前介质中可加少量有机肥或缓释肥，并与介质拌匀，上盆7～10天后喷水溶性叶肥，氮浓度为100～120毫克/升，上盆不宜过深，防止介质埋心，保证通风透光。

（3）皇帝菊　菊科美兰菊属一年生草本，株高20～30厘米，叶对生，叶缘具锯齿，头状花序顶生，花径2～3厘米，舌状花金黄花，花期6～10月。有金童、莽汉、金白万等品种。性喜温暖，阳光充足，也耐半阴，耐热，耐高温，不耐寒。对土壤要求不严。

育苗基质用草炭、蛭石（或珍珠岩）混合，pH5.5～6.5，发芽温度18～22℃，育苗期5～7周，播种到开花10～12周。

子叶充分展开后喷施 50～75 毫克/升种苗专用肥 20－10－20 或 14－0－14 交替施用。第一真叶展开后提高到 100 毫克/升。缺镁叶片黄化，可施镁肥 1～2 次，控水、肥或激素（多效唑）控制株高。

盆花基质用草炭、蛭石、园土 2∶4∶4 混合，pH5.5～5.8，用氮磷钾缓释肥作底肥，上盆一周后喷全元素叶面肥，每周一次。

（4）绵毛水苏　唇形科水苏属一年生或宿根花卉，株高30～50 厘米，全株密生银白色绢毛，叶片银白色，叶二型，基生叶长椭圆形，具柄，茎生叶椭圆形，无柄，轮伞花序，紫红色，花期 7～9 月，喜光、耐热，可耐－18℃低温，喜排水良好的沙壤土。适合于大面积地栽作为色块及容器配材。

育苗基质 pH5.5～6.1，发芽温度 18～24℃，播后蛭石覆盖，空气湿度 95%直到子叶出现。基质湿度 90%～95%直到胚根出现，发芽天数 5～6 天，生长温度 18～22℃，育苗期 5～7 周，播种到上盆 12～14 周。胚根穿透包衣后降低基质湿度。子叶出现后施 50～70 毫克/升 15－0－15 种苗专用肥，子叶展开后氮浓度提高到 100～150 毫克/升，快速生长期与 20－10－20 交替施用。

上盆基质 pH5.5～6.2，氮磷钾缓释肥作基肥，每周叶面喷一次 200 毫克/升全元素复合肥。移栽 2 周后喷一次 3 000～5 000 毫克/升多效唑，以后重复喷 2 次。

（5）堆心菊　堆心菊为菊科、松叶菊属一年生草本花卉，头状花序，舌状花黄色，单轮，分枝性强，花量大，地栽株高30～35 厘米，冠幅 50～70 厘米。喜热、喜光，耐高温高湿，也耐干燥，适应性强，养护简便。

育苗基质用草炭、蛭石，pH5.8～7。穴盘规格为 400、288、128，播后蛭石覆盖，18～22℃，3～5 天发芽，生长温度 20～22℃，发芽不需光。子叶出现后光照逐渐由 1 000 勒克斯提高到30千勒克斯，湿度90%～95%，保持潮湿到胚根出现。胚根穿透基质可降低湿度，子叶出现后可用氮：磷：钾=10：5：15的肥料，浓度50～75毫克/升，子叶展开后浓度为100～150毫克/升，可与20-10-20交替使用，育苗周期4～6周。

基质用草炭、蛭石（或珍珠岩）、园土以1：1：1配制，pH5.5～6.5，加适量氮、磷、钾缓释肥，适宜温度19～30℃，可耐35℃高温。喜日照充足和长日照，日照少于12小时植株长不高出现莲座化，需补光。除施底肥外，每周浇1～2次200毫克/升全元素复合肥，如长得太高可用3 000～5 000毫克/升比久控制株高，播种到开花12～14周。

病虫害较少，有粉霉病，茎腐病，可用65%代森锌600～800倍液或50%速克灵1 000倍液。如蚜虫与蓟马可用吡虫啉1 000倍液防治。

堆心菊花色纯黄，花期3～4个月，是夏季花园地栽或容器组合栽植不可多得的花材。

（6）香彩雀　玄参科一年生草花，盆栽株高25～30厘米，地栽株高40～60厘米，冠幅30～35厘米，株型紧凑。花有紫、粉、白色。

性喜温暖，耐高温，对空气湿度适应性强，喜光。生长温度18～26℃。

穴盘育苗用草炭：蛭石=2：1配制，pH5.5～6.5，穴盘规格400、288、200，播后覆盖，发芽温度20～24℃，发芽需光100～1 000勒克斯，子叶展开后10～25千勒克斯，炼苗30～50千勒克斯。相对湿度子叶露出前90%～95%，子叶展开后60%～75%，胚根露出前介质湿度80%～85%。子叶露出就降低介质湿度，后期每次浇水前使介质轻微干燥。子叶露出开始喷施50～75毫克/升的氮肥，随叶片展开及叶数增加提高到150毫克/升。硝态氮与铵态氮可交替施用，可用3 000～5 000毫克/升比久控制株高。发芽天数4～7天，育苗周期6～7周。

盆栽介质为草炭：蛭石（或珍珠岩）：园土2：1：1，pH5.5～6.5，适当加氮、磷、钾缓释肥，温度16～28℃，32℃以下光越强越好，每周喷1～2次200～250毫克/升复合肥，上盆2周后施用2500毫克/升比久和750～1 500毫克/升矮壮素混合液，亦可用5毫克/升多效唑灌根，温度高时可浓些。控制株形，播种到开花需14～16周。

香彩雀花朵虽小，色淡雅，花量大，观赏期长，对高温适应性强，可地栽，盆栽，容器组合栽植。

（7）桂圆菊　桂圆菊属菊科、金钮扣属，花形奇特，观赏期长，株形丰满，是花坛和组合盆栽的佳品，耐高温湿热，是夏季观赏花卉。

一年生草本，株高30～40厘米，冠幅30～60厘米，花序橄榄状，初开为酒红色，盛开黄色，在全日照下叶棕绿色。性喜温暖，耐热，喜光也耐阴，要求微酸性排水良好的基质。

育苗基质pH5.5～6.2，无菌、排水良好，播后用粗蛭石轻微覆盖种子，发芽期光照100千勒克斯，温度22～24℃，育苗期光照10～30千勒克斯。子叶展开后用50～75毫克/升的15-0-15氮钾肥，后期提高到100～150毫克/升，用通风、降温、增光控制株形。育苗期4～6周，播种到开花12～14周。

上盆盆径10～15厘米，每盆1株，基质pH为5.5～6.5，添加氮、磷、钾全元素缓释肥，光照35～60千勒克斯，温度15～30℃，保持湿润而不积水，每周喷1次200毫克/升全元素复合肥，上盆2周后用15～30毫克/升多效唑控制徒长。第一次摘心在使用多效唑后一周，待4对真叶长出后留2叶2次摘心，使花期延迟1～2周。第一批花芽形成前主茎有一定的方向性，后恢复自然生长。

花芽形成及开花时注意红蜘蛛和蚜虫，及时防治。

（8）土人参　土人参为马齿苋科土人参属花卉，保健药品，叶黄绿鲜亮，耐热、抗旱、养护易，适于地栽或大容器组合栽植，在林荫下叶色更鲜亮。

一二年生花卉，株高50～60厘米，绿色，叶互生，根肉质。圆锥花序顶生或侧生，花淡紫色，花瓣5枚。蒴果球形、黑色光亮，花期5～7月，果期8～10月。性喜温暖湿润，可耐36℃高温，不耐寒、耐旱、喜光也耐阴。

育苗用400、288、200穴盘，基质用草炭、蛭石以2∶1混合，pH为5.5～6.0。种子细小，播种用蛭石轻覆盖，20～24℃，湿度80～90%5～7天发芽，生长适温18～22℃，发芽期不需光，子叶展开后光照提高到20～40千勒克斯。根系露出后基质湿度降低，每次浇水前使基质轻微干燥。子叶展开后用75～100毫克/升的硝态氮为主的肥料，后期提高到150～175毫克/升，育苗期5～7周。

上盆基质用草炭、粗蛭石，园土2∶1∶2配制，pH为5.8～6.2，加适量全元素缓释肥，温度17～18℃，光照35～50千勒克斯，氮的浓度175～250毫克/升，湿度不能过干过湿，要保持合适盆距，从播种到成形需10～12周。

有食叶害虫，可用10%氯氰菊酯4000倍防治。

此外，尚有芙蓉葵、莲子草、火焰花、大花金鸡菊、蛇莓及连钱草等作奥运用草花。

## 4. 怎样种好转枝莲？

又名重瓣旋花、缠枝牡丹、旋花科旋花属多年生草本。茎蔓性有棱角。单叶互生，箭形或戟形，暗绿色，叶长4～6厘米，宽1.5～2.5厘米，花单生于叶腋，淡粉红色，花径5～8厘米，花期7～9月。

选购时选花大，花多，色泽鲜艳的品种，叶色正常，无病虫害，无污斑，最好选16～20厘米的深筒盆。

转枝莲用地下茎繁殖，选直径3～4毫米白色的地下茎，切成长10～20厘米，每段具潜叶或芽痕3个以上，横埋于土中。盆土用40%园土，20%细沙，40%腐叶土另加8%～10%腐熟农家肥，上盆时放在盆底1～2厘米，填土至盆高2/3～3/4处，将2～3条地下茎均匀横置于土面，填土至水口，放阳光充足处浇透水，表土见干后浇水。苗高20～30厘米立支架，同时开始追磷钾肥10～15天1次，亦可用单面支架如扇形、球形、卵圆形，2～3日转盆一次。生长期间易生白粉病与叶螨，注意防治。

## 5. 家庭常用新的盆栽草花有哪些？

（1）紫芳草　紫芳草又名德国紫罗兰，紫星花。花粉色、紫色和白色。原产也门索科特拉岛。

选购时要选株形紧凑、丰满，高不超过30厘米，直径2厘米盘形的花朵。紫芳草环绕花盘有亮丽的黄色花粉，橄榄绿色的卵圆形的叶片，花量大、花期长，蓝、白色的花阵阵飘香。春播夏秋开花。夏播春天开花。香气与小苍兰一样。

紫芳草性喜温暖湿润，生长适温18～25℃，冬天最低温度7～10℃，喜欢充足的阳光，夏季要避免强烈的日光暴晒，适当遮阴。以播种繁殖为主，在18℃温度下，7～10天发芽，春夏均可在苗盘中播种，种子非常细小，覆土很浅，2～3片叶时移栽到直径8厘米花盆中，移时要小心勿碰到幼嫩芽茎。长满盆后移到直径13厘米的花盆，基质用疏松、排水良好的沙壤土，亦可用泥炭、园土、沙或珍珠岩4∶4∶2配成。生长期10～15天施一次专用复合型多效液肥。当基质表面变白时，及时浇水。及时摘除残花，可延长花期。有矮生种和白色矮生种。

（2）金鱼草　常见的品种有阿波罗、摩纳哥、花铃、花雨、冬季、花坛、自由、钟铃、丝带等品种。基叶对生，上部叶片互生，披针形或矩圆椭圆形，总状花序，长20厘米，花似金鱼，有红紫、黄、白、粉、复色。花期5～9月，秋播可开到翌年

4月。

一般3月或9月播种，10～15天发芽，苗高10～15厘米时上盆或定植，株行距20厘米×30厘米。扦插9月下旬取健壮稍硬的新枝，长6～7厘米，入土3～4厘米，7～8天生根，5～6片叶上盆。盆栽基质用腐殖土、腐叶土、园土、沙、堆肥按3∶3∶2∶1∶1配制而成，上盆后以氮为主，苗高15～20厘米，以磷、钾为主，花前施2次复合肥。一般用1∶6～10的畜粪水，10～15天一次。生长期1～2天浇一次水，初夏后每天一次水，保持土壤湿润。

(3) 长春花　常见的品种有清境、云河、幻影、心语、清风、春风、初吻、眼镜蛇、热浪、花城、太平洋及夏恋等。叶对生，长椭圆至倒卵形，聚伞花序顶生或腋生，花玫瑰红、黄色、白色，花冠高碟状，中心有深色洞眼。在初花期6～8月选购。

长春花性喜温暖稍干燥、阳光充足的环境。怕严寒，忌水湿。气温10℃以上的3～4月播种，生长适温15～30℃，发芽适温20～25℃，3～5对真叶时定植，株距20厘米。春季取嫩枝3～4节扦插，成活率高。苗高7～8厘米左右开始摘心，生长期可摘心2～3次，促进分枝。在生长期中，每月追施1∶10的畜粪水，5～6月现蕾时，追施磷钾肥。保持盆土湿润偏干，春秋2～3天一次水，夏季每天浇1次水，但不能积水。盆栽冬季需防寒，阳光充足，其他季节散射光易成功。

垂吊长春花：

垂吊长春花如地中海品种喜温暖湿润，阳光充足的环境，生长适温20～30℃，发芽适温15～25℃。垂吊长春花叶片易发黄、花寿命短，必须注意要挂在阳光强的地方，见不到光，花量就会少，不能淋雨，否则易感染茎腐病。盆土偏干，干透才能浇水，如盆土潮叶片萎蔫，要将植株从盆中取出，尽快晾干盆土。盆土要偏酸，特别是北方，要定期浇柠檬酸水或埋1%硫酸亚铁加硫磺。定期浇施0.1%复合肥水，喷0.1%磷酸二氢钾。盆土要疏松肥沃，用泥炭、园土、珍珠岩按4∶4∶2配成，不要买以泥土掺园土基质，只要养护好，可一直开到整个夏季。

（4）半支莲　花单生或数朵簇生枝端，花径2.5～4厘米，花色繁多，有红、黄、蓝、白、紫色，花期6～8月。新品种有秒表、热力四射等。

原产巴西，性喜温暖、阳光照射又干燥的环境，见阳光开花，早、晚、阴天闭合，故又称太阳花。诗人称“日烘苋花红，雨过茎叶绿”。生长适温20～35℃，低于15℃生长缓慢，10℃以下肉质茎干枯。8～9月种子成熟，春夏秋均可播种，20～25℃，8～10天发芽，按5厘米×6厘米分栽。扦插在6～7月，选茎段长6～8厘米扦插，15～20℃经15～20天即可开花。

半支莲耐瘠耐旱，管理粗放，露地栽培宜施入腐熟堆厩肥，盆底宜放干禽粪或过磷酸钙，生长期从春到秋6～7月，可追3～4次1∶10或1∶15的饼肥水或0.3%尿素加磷酸二氢钾。盆栽保持盆土干燥，1～2周浇一次水，施肥后次日浇一次透水。

（5）万寿菊　市场上有发现、世纪、鸣奏曲、丰盛、完美、安提、拳王、哲学家、虚无、球娃、优秀、安提瓜、瑞雪、街舞等品种。花有黄、橙红、乳白、橘红等色。花期6～10月。要求植株外观新鲜，花朵数量大小正常。叶片整齐匀称，形状大小完好，色泽正常，无褪色，无病虫害，无折、压、擦伤，无斑点。初花者占10%～15%，购买期5～11月。

万寿菊性喜温湿，向阳，略耐旱霜，对土壤要求不严，对二氧化硫、氯气、氟化氢抗性强。3月下旬至4月上旬播种，苗高5厘米移植，当长到6～9枚叶时上盆。7月下旬至8月上旬播种，50～60天即可开花。

生长期每隔10天施5～10倍的畜粪水，春秋天2～3天一次水，夏天每天一次水。在长到4～5叶时摘心，可增加分枝。注意蚜虫的防治。

（6）金盏菊　常见的品种有黎明、正午、夕阳、欢乐、加力骚、圣日、棒棒、金杯、吉祥、橙星、金星、佳丽、塔奇、美丽太平洋、加力骚F1等。株高20～30厘米，花径6～10厘米，黄、橙、橙黄、浅橙色，有的有黑心。要求株形紧凑，分枝多，生长健壮，叶排列均匀整齐，无病虫害及焦斑。

性喜温暖干燥的环境，较耐寒，喜阳光充足及肥沃的土壤中生长。9月中下旬播种，20～25℃10～14天发芽，2～3片叶移栽，6～7片叶时上盆。株距30～40厘米。生长期间保持土壤湿润，每15～30天施10倍腐熟畜粪水，施肥时间至2月底。在4～5片叶时，进行摘心，促进侧枝发育，增加开花朵数，花期2～4月。每一茬花谢后抹头，促发侧枝开花。如将种子在0℃处理24小时，阴凉处播种，8月中旬发芽，每周施腐熟3∶10粪水，9月下旬即可开花。注意蚜虫、红蜘蛛的防治。

(7) 圆叶旱蕨　中国蕨科旱蕨属，又名钮扣蕨，开心果。

钮扣蕨叶轴上有许多褐色的毛，叶片小圆，很容易造成复叶折断，小叶缺尖，购买时取下塑料袋，选株形丰满，复叶长，小叶完整，顶叶健在，叶片比肾蕨、铁线蕨厚，有革质感，如缺水后小叶会缩成一团，轻摇花盆，小叶纷纷落地的不要购买。

喜温暖湿润及半阴的环境，生长适温20～25℃，越冬最低温5℃以上，空气湿度50%～70%，适于生长在富含腐殖质、疏松、通气，pH5.5～6.5的基质中。购回后要放在离光源稍远的半阴环境中，一周后移到散射光处养护。较耐旱，可将花盆放在水盘中来增加湿度，还可经常喷水，5～9月每15～20天施一次稀的饼肥水。北方要离暖气远一些，防止叶片失水干枯。

(8) 狐尾兰　兰科钻喙兰属，又名钻喙兰、海南钻喙兰、狐狸尾兰。

多年生附生草本。根肥厚，茎直立，具数节，不分枝。叶肉质、宽带状、外弯。花序腋生，下垂，花密生，数多。原生种花白色带紫红色斑点，质地厚，花瓣圆形，唇瓣肉质，深紫红色。栽培种花色有白、粉红、红、橘红及白色带斑点等，花色多变。

狐尾兰原产我国海南及东南亚各国，生于海拔 1 000 米的山上疏林中的树干上。喜充足的光照，冬季可见直射光，其他季节适当遮阴。不耐寒，越冬温度 10℃以上。栽培基质可选用树皮块、蛇木屑、木炭等，适合盆栽，也可直接固定在树干或蛇木板上。需较高空气湿度，炎热季节要及时补充水分，冬季低温减少浇水，防止烂根。以扦插为主，把长有气生根的茎剪下另栽。狐尾兰具浓香，花色艳丽，栽培管理简便，适于家庭欣赏。

与狐尾兰相似有指甲兰，总状花序，花瓣淡白色，上部具紫红色，唇前半部紫色，后半部白色带紫色斑点及条纹。

（9）天兰龙胆草 属龙胆科龙胆属的多年生草本，株高10～20 厘米，地下根状茎多条肉质，茎匍匐状，基部分枝多，斜生，无毛。叶对生，条形或长圆状披针形。花单生，近无柄，天蓝色，长约 5～6 厘米，花期 9～11 月。产于云南、西藏、四川、青海、甘肃海拔 2 800～4 500 米的高山草地，草甸或高山松林边，花色美，有很高的观赏价值。

选花色鲜艳，花形完整、草姿优美，生长健壮无病虫害的母株，经人工授粉后当蒴果黄色时连子房柄采下。繁殖用无菌播种。出苗后行增殖培养，产生丛生芽。

将丛生芽转入改良 MS 培养基＋3%蔗糖＋0.8%琼脂，pH4.5 加花芽诱导剂与矮化剂。在 22～25℃，3 000 勒克斯培养 7～10 天使生根，经 30～40 天，每株形成 4～6 个叶芽，2～3 个花芽分化，再培养 30～40 天，花蕾开始着色成蓝色，13～20 天后试管苗开始开花。观赏期只提供光照，不要施肥与浇水。2 个月再移栽。

开花结束后，将龙胆草从容器中取出，洗净根部琼脂，剪去干枯花朵和枝叶，移到盛有炼苗基质的花盆中，基质为 6 份园土，2 份河沙，2 份珍珠岩混合而成。花盆上方用塑料膜覆盖保湿，在荫凉处炼苗 10～15 天后敞开薄膜，但仍需遮阴保湿，培养 1 个月后将小苗移到富含有机质的酸性土中，作盆花栽培，年年开花。

(10) 雏菊　雏菊品种中国农科院有秀红、巨山红、碧雪抱心。秀红，株高20～35厘米，花径2.5～2.8厘米，全重瓣、深红色，花期6月底至7月初。碧雪抱心，株高20～25厘米，丛径20～25厘米，花径4～5厘米，重瓣，花白色，6月底～7月初开花。巨山红，株高20～30厘米，丛径25～35厘米，花径3.4～4.5厘米，花亮红色，6月底至7月初开花。还有紫、黄色苏塔品种，4～5月开花。选购时要选茎秆粗壮，叶片手感硬挺，基部分枝多而枝叶茂密的植株，黑色软盆。

雏菊喜冷凉，忌炎热，较耐寒，购后将土团从软盆中脱出，栽入新盆，浇透水，头3天接受半日照，若无萎蔫可转入正常管理。播种8～9月，枝插2～6月，分株9～11月。4～5片叶定植上盆，对土壤要求不严，以肥沃、富含有机质的壤土为宜。生长期每2～3周一次10倍腐熟的粪水或0.05%硫铵水，开花时停止施肥。

(11) 羽扇豆　又名鲁冰花。总状花序硕大，蝶形花似豌豆，花色白、蓝、黄、紫红等，热点品种有尖塔、拉塞尔、日出、标枪、画廊、彩链及总督等。

原产北美，喜凉爽、湿润、阳光充足的环境，可耐－15℃低温，生长适温13～20℃，夏季怕高温水湿，宜肥沃、疏松、排水良好的微酸性沙壤土。

10月秋播，15～18℃，15～20天发芽，种子坚实，播前用0℃处理48个小时，再温水浸种24小时，播种至开花要4～5个月。生长期半月一次肥，花前增施磷钾肥。盆栽选矮生品种，用培养土、腐叶土、沙等量混合。不耐移植，出苗后及时间苗。易患叶枯病、白粉病及叶斑病，可用50%多菌灵1 500倍防治。

(12) 三色堇　在10月下旬至11月采购，有巨人F1（特大花型，花径9～11厘米）花玛F1（花叶肥厚，花径8厘米）、世纪、珍宝、帝国、大酒瓶、斗牛士、宾哥、花东F1、花毯及巨花系、皇冠、大花系、多花系等。要求每株带1朵盛开花，分枝整齐，侧芽多，茎秆粗壮，叶片厚而有光泽。

9月上中旬种子播种，覆土以盖没种子为度，5～6叶时上盆。盆土用腐叶土、园土、山土、堆厩肥、河沙等份配制而成。三色堇性喜凉爽，能耐寒，耐半阴，生长适温18～25℃，花期5～7月。幼苗温度10～15℃，光照充足下生长良好。

三色堇不择肥，生长期用1∶6或1∶8的饼肥水，每7～10天一次，施肥后浇透水。开花时停止施肥，可浑水浇花。谢花后用饼肥水多次浇灌，使种子成熟。它属于浅根性花卉，不耐旱，生长期保持盆土湿润，要见干见湿，以湿为主。2～5月，3～5天一次水，入夏后进入种子发育，每天早晚各浇一次水。

（13）金莲花　在10月底至11月初选购，挑选高15～20厘米，冠径20～25厘米，叶片翠绿，近圆形或盾形，酷似荷叶，花朵金黄、橙红为主，花冠5厘米，花瓣5个，基部相连接渐细形成尖爪状，盆高20厘米，盆径18厘米。花期3～5月，露地栽培夏秋开花，园艺变种有矮金莲，重瓣，半重瓣及花叶品种。

金莲花性喜温暖湿润阳光充足的环境，生长适温18℃，高于35℃低于5℃生长受抑，冬季白天15℃，夜温10℃，能忍受短期低温。以播种繁殖为主，亦可扦插。在15℃温度10天发芽，扦插12～15天生根。盆土用腐叶土4份、园土4份、堆厩肥1份、沙1份配制而成，上盆时加少量饼肥。生长期间每隔3～4周施一次10～15倍的饼肥水，秋末施一次30%全元素复合肥。金莲花喜湿忌涝，生长期小水勤浇，春秋天2～3天浇一次水，夏天每天浇一次水。现蕾后减少浇水次数。喜阳光，除夏季遮阴外，其余要阳光充足。北方10月中旬，长江流域11月上旬入室，保持10～15℃，适当控制肥水，定期转盆。幼苗3～4片真叶时摘心，30～40厘米喷多效唑，然后上架。3～5月花后留茎蔓3～5厘米长，使发新枝开花。

## 6. 家庭养花中的吊挂式栽培有哪些新品种?

(1) 空凤　又名空气花、空气凤梨、木柄凤梨，是铁兰属的多年生气生或附生草本。商品名有小精灵、小蝴蝶、大天堂、女王头等。叶色花色丰富，有绿、蓝、红、白、黄、紫等，花期8月至明年4月。主要品种有优生铁兰、气花铁兰、银叶铁兰、针叶铁兰、朱利亚、贝吉、仙人掌铁兰、康氏铁兰、虎斑铁兰、红开普、哈里斯、松萝、章鱼、海胆及鳞茎铁兰等。

空凤原产中南美洲热带亚热带地区，可依附在枯木、岩石、墙壁及浅盆里，基质为粗的砾石、石子，可吊挂起来。

空凤耐干旱、强光，宜在温暖湿润空气流通处生长，生长适温15～25℃，高于30℃，低于5℃生长受阻，0℃会死亡。靠白色盾形小鳞片吸收空气中水。生长期向植株喷水，宜在早、晚进行，不能积水。水忌钙质，用纯净水浇水，忌附在钙质较高的钟乳石上。生长期可每隔20～30天喷一次花宝+0.1%磷酸二氢钾+0.05%尿素。叶片灰白，较硬的品种喜阳光充足，叶片绿色的品种喜半阴。每年花后植株周围长出小株，小株长到3～5叶时用利刀切下，3～5天不喷水，等伤口干后进行正常管理。

(2) 新几内亚凤仙　又名洋凤仙，茎光滑、多汁、多分枝，叶梢长柄，卵形或披针形，叶色绿黄或红，花腋生，扁平，花色丰富，有红、洋红、鲜红、橙红、粉红、玫瑰红、白、淡紫和深紫等。花期6～9月。播种24～26℃7～14天发芽，从播种至开花需12～13周。扦插20～25℃20天生根，30天上盆。

商品生产有3苗栽在10厘米盆和5株栽在25厘米篮式盆。常见品种有探戈（深橙色）、火湖（粉红色）、暴风雨（白嵌红斑）、奇异（粉红色）娃娃、重间、神圣及瓜哇等。中国凤仙新品种有遥远的设计、特使、双上及漫步等。可盆栽置于阳台、窗台或制成花墙、花柱、花伞，还可摆放花坛。

购买要三看：看株形，盆花整体和谐，紧凑，冠径接近或大于盆株高，基部不能没有叶片，不能光秆。看叶片，叶色发亮有光泽，叶片水平或直立生长，叶片不能畸形，卷曲。三看花，花大，直径6厘米以上。

新几内亚凤仙喜温暖、湿润、阳光充足（40～60千勒克斯）的环境，不耐高温烈日暴晒。生长适温22～24℃，冬季不低于12℃，5℃以下受冻害，30℃以上会落叶。对水分十分敏感，苗期要保持盆土湿润，切忌脱水或干旱，夏秋空气干燥要喷水，盆内不能积水，还要注意水质，要采用处理过的水或雨水。夏季要遮阴（不超65千勒克斯），冬季要阳光充足，喜肥沃、疏松、排水良好的泥炭土或腐叶土，pH5.5～6.0。

幼苗期生长适温白天20～22℃，夜温16～18℃，在根系出现盘根时开花前换盆。生长期用卉友20-20-20通用肥或15-15-30盆花专用肥，半月施1次，花期增施2～3次磷钾肥。苗高10厘米时摘心1次，促进分枝，使株形丰满。成株每年春季修剪1次，促进多分枝。冬季雨雪天，减少浇水，室温低于15℃要控制浇水，否则茎会腐烂。花后要及时摘除残花，以免霉烂影响叶片生长。

春夏季灰霉病危害叶片，在发病初期用70%甲基托布津1 000倍液喷洒。长管蚜、红蜘蛛、菜粉蝶可用40%氧化乐果1 000倍防治。

**表3-1　几种凤仙的区分**

| | 中国凤仙 | 何氏凤仙 | 新几内亚凤仙 |
|---|---|---|---|
| 学名 | *Impatiens baisamina* | *I. holstil* | *I. hawberii* |
| 株高（厘米） | 70～80 | 15～30 | 20～30 |
| 分枝 | 少、茎粗 | 多、茎细 | 较多、茎中粗 |
| 叶片形状 | 披针形 | 心形 | 阔披针形 |
| 大小（厘米） | 7～11×23 | 5～8×3～5 | 4.5×2～4 |
| 花形 | 如凤 | 如碟 | 如小碟 |
| 花冠径（厘米） | 2～3 | 3.5～4 | 4～4.5 |
| 耐寒性 | 10℃以上 | 3～5℃ | 10℃以下 |

(3) 半边莲　半边莲又名翠蝶花、山梗菜、六倍利，为桔梗科半边莲属植物，包括一年生的山梗菜、多年生的红花半边莲、灌木如阿伯德山梗菜等。半边莲花序有直立或下垂似瀑布状，花朵精致，色花丰富秀丽，广泛用于边缘装饰、悬挂装饰，切花及地栽。

半边莲高10～25厘米，株幅10～15厘米，叶小卵圆形至狭线形，长1.5厘米，深绿色或青铜色。花总状花序，长5厘米，花管状有蓝、淡紫、白、粉、红紫等色，花径1厘米，具白或黄色的眼和宽的扇形唇瓣，花期夏季至秋季。其栽培品种有：

①瀑布系列　株高15厘米，下垂状，花白、粉红、洋红、红、紫、蓝等色，具有白色花眼的彩瀑和花红色的红瀑更为诱人，矮性，耐热，宜篮式和窗台式栽培。

②溪流系列　高10～15厘米，花最早，叶片青铜色，花深蓝色的半夜蓝；花亮蓝色具白色花边的蓝炫；花樱桃红色具白花眼的罗莎蒙德更突出。

③月亮系列　株形球状，开花较早。花堇蓝色的蓝月；花纯白色的纸月更受人青睐。矮性，耐热好，花期长，适于作花坛、花丛和组合盆栽。

④喷泉系列　植株下垂，高15厘米，早花，有花淡紫色的淡紫喷泉、白喷泉（白花）、蓝喷泉（蓝花）及花亮蓝具白花眼的蓝宝石。适合篮式、盆栽、装饰窗台、花槽。

⑤赛船会系列　早花，株高20厘米，植株下垂，花期长，花有蓝、粉红、洋红和白。适于篮式或盆栽。

⑥水晶宫　丛生性，植株紧凑，株高10厘米，叶深绿色，花序松散，花深蓝色。适于花坛镶边和盆栽。

⑦雪球　丛生，紧凑，株高15厘米，叶小，卵形，有光，中绿色，花管状，2个唇瓣，宽1厘米，白色，花期夏秋，花坛镶边或盆栽。

⑧凯瑟琳、马拉德　瀑布状，紧凑似球，叶绿色，花纯天蓝

色，重瓣，像月季花，花期夏季。适于盆栽花坛和篮式装饰。

半边莲以播种繁殖为主，一年生栽培冬末播，多年生栽培秋播。种子细小。种子进口。播种用土高温消毒，沙质肥沃园土、腐叶土各半混合，播后不覆土，发芽适温13～18℃，14～20天出苗，播后14～16周开花。分株多年生半边莲在春季，水生在夏季进行。深红半边莲仲夏用腋芽扦插或嫩枝水插，适温18～24℃，20～25天生根，成活率高。德国、新西兰还出售组培苗。

半边莲喜温暖湿润和阳光充足的环境，生长适温15～20℃，大蓝、深红、美丽及水生半边莲可耐－15℃，疏花、鲜红半边莲耐5℃，山梗菜耐0℃。耐半阴，怕高温干旱和强光。宜土层深厚、肥沃、疏松、排水良好的沙质壤土，盆栽用园土：腐叶土：沙＝2：1：1配制。

实生苗3～4片叶时可移栽或盆栽，用10～12厘米盆，栽1株苗。水生半边莲用pH5～5.5酸性土。生长期保持湿润，每半月施一次饼肥水或卉友15－15－30盆花专用肥。夏季遮阴可延长花期。花后剪残花，放凉爽处越夏秋季再开花。多年生半边莲秋末剪除地上部，培土越冬。大蓝半边莲叶斑病重，发病初期可喷75％百菌清800倍液或50％速克灵1 000倍液。鲜红半边莲易生病毒病，可用20％病毒灵或5％病毒清400倍液防治。蚜虫可用50％灭蚜松1 000倍液。蛞蝓用3％石灰水喷杀。

（4）藤本矮牵牛　藤本矮牵牛是90年代推出全新品系，枝蔓细长下垂，花朵密集，花期长，易栽培，可形成直径0.8～1.2米的花球。

国内引进有波浪系，枝条蔓生，盆上垂直高度15厘米，枝蔓水平，向下悬垂9～12厘米，适合盆栽，花较小，花径5～7.5厘米，有粉红、玫瑰红、白及紫色；还有好运、波浪，垂吊性更强，有紫红与粉色两种，在市场上还有梦幻、超凡、完美、二重唱、双瀑布等F1种子。在选购时不能秃顶，基部每一节位的叶片不能脱落或黄化。生长紧凑，节间长不超过2厘米，最佳的枝长略长于盆高，不能太长。藤本矮牵牛夏耐高温，冬耐严寒，炎热的夏大可露地过夏。冬季可耐1℃的低温，自然花期4～10月，因此选购以4月为宜。藤本矮牵牛包装起来较麻烦，运输时最好能挂起来。包在塑料袋运输注意使植株不受损，但恢复亦较快。

藤本矮牵牛种子大部分进口，基质为松针土、河沙3∶1混合，播前将基质用水浇透，播种喷湿种子，不盖土仅覆塑料薄膜，7～10天出苗，出苗后15～20天使基质略干，追一次低浓度营养液，30～40天后将幼苗移栽到10厘米直径的营养钵中，追肥2～3次，再长30～40天可栽于吊盆成形。

藤本矮牵牛喜欢光照，必须放在阳光充足的地方，阳光足越长越好。它喜肥，购来盆苗已施过缓释性肥，但生长2个月后，每日补充1～2次1 000倍水溶性复合肥或每周每盆施美国产“奥神”颗粒肥5～10粒，肥效20～25天。它耐修剪，一旦垂枝过长秃顶，偏冠或花量减少时，可把垂枝剪掉，促进新枝萌发。浇水遵循干透浇透的原则，它喜水，但盆土不能长时间过湿，会造成烂根，如太干会基部落叶，如手摸叶片有些黏乎乎时，就该浇水了。

（5）铁线莲　为毛茛科多年生蔓性花卉，花单生于叶腋，下部有一叶状苞片。白、乳黄、黄色，花径大的20厘米，小的为1.5～2厘米。花期6～9月，茎棕色或紫红色，节部膨大，二回三出复叶对生，小叶狭卵形。

可用播种，嫩枝扦插及分蘖压条繁殖。

耐寒、耐旱、耐半阴，要求肥沃、排水良好的石灰质土壤。铁线莲不宜移栽，盆栽时花前追肥2次，浇水要见干见湿，生长期及时搭架或垂吊。要注意枯萎病，特别是雨后放晴时。

（6）舞春花　又名百万小铃，为茄科小花矮牵牛属。叶对生，宽披针形、全株被毛，易分枝。植株高15～20厘米。花单生，漏斗状，花萼五裂。花色有白、黄、红、紫、橙、粉及复色等。花期春夏秋。

生长适温 15～32℃，冬季进入半休眠，家养基质用腐叶土、园土混合，上盆前加少量缓释肥。20 厘米花盆栽 3 株，摘心促分枝，生长期 10 天一次肥，前期用花多多，后期用开花专用肥。对水分求高，特别是夏季要及时补水。

不结籽，春秋用带顶芽嫩枝扦插，长 5 厘米左右，基质用泥炭土，20 天左右可生根。

## 7. 最近超市推出干花麦秆菊与龙柳，如何制作干花？

麦秆菊为菊科蜡菊属植物，花朵的总苞片如花瓣状，色彩绚丽光亮，有白、粉红、红、黄、橙等。常见品种有奇特、巨人及扞尔麦克等。苞片纸质坚硬，表面似涂上一层蜡质而又得名“蜡菊”、“铁菊”；麦秆菊头状花序，含水量极低，加上色彩丰富、不会腐烂、不易褪色的特点，是著名的干花材料，因此还冠有“不凋菊”、“稻草花”的美称。

麦秆菊常分高秆种和矮生种两类。如今，市场上对大花的矮生种尤为青睐，如“闪亮比基尼”，双色的“怪物”和“银色玫瑰”等已成为装饰花坛、花槽，布置景点、盆栽和组盆栽的热点花卉。

麦秆菊原产澳大利亚开阔的草原上和丛林地中，喜温暖、干燥和阳光充足的环境，不耐寒，忌酷热，生长适温为 18～25℃。对水分敏感，若排水不畅，植株极易萎蔫死亡。如果高温和光照不足，不仅生长不良，而且开花少，质量差。

麦秆菊主要用播种繁殖。种子细小，每克 1 500 粒左右。春季 3～4 月采用苗床播种或室内盆播，发芽适温为 18～25℃，种子喜光，播后不必覆土，约 7～8 天发芽，出苗后应及时间苗，幼苗经 1 次移植后，苗高 8～10 厘米时可定植或盆栽，从播种至开花需 130～140 天。目前，进口种子来自美国的泛美和鲍尔公司以及法国的康普托伊尔。

麦秆菊分枝性强，生长期摘心 1～2 次，露地栽培矮生种每平方米约 20 株。苗期或盆栽每月施肥 1 次，可用卉友 20-20-20 通用肥，但施肥不能过量，否则植株易徒长倒伏，叶片变薄，花朵变小，花色变淡；花期增施 2～3 次磷钾肥，对总苞的色彩和硬度极为有利。生长期有时发生茎腐病和线虫引起的根瘤病及蚜虫、叶蝉为害花茎和叶片，应及早喷药防治。花期从春末至秋季，长达 3～4 个月。种子易散落，成熟后需及时采收。如需加工干花，可在秋季采收后除去叶片，成束倒挂于阴凉、通风处干燥。2～3 年也不会坏。

龙柳是经脱皮干燥染色后，贴上人工做的各种颜色的花。干花家庭一般采用自然干燥或微波炉，生产上用烘干机，适用花卉有：麦秆菊、千日红、鸡冠花、二色补血草、忽忘草、情人草、山牛蒡、河八王、斑茅、芒、五节芒、南天竹等。经过漂白、染色、软化处理的有龙柳、绣球花、鸢尾果、白花泡桐、一枝黄花、百合果、唐菖蒲果。

还有低温干燥法，温度 0℃以上，10℃以下的干燥冷风，适于原产热带亚热带的花卉。重压干燥法用于三色堇、美女樱、矢车菊、波斯菊、八仙花等，象制植物标本，将植物材料放在吸水纸上，上压石头放太阳下晒。

## 8. 长寿花栽培上的特点有哪些？

长寿花又名寿星花、圣诞伽蓝菜，属景天科、伽蓝菜属。长寿花株形矮小，紧凑，花繁茂多彩，开花正值元旦、春节、圣诞节更受人喜爱。

茎直立，株高 10～30 厘米，叶肉质对生，椭圆状长圆形，深绿色有光，边缘稍带红，叶色随季节、日光强度的不同，有深绿、紫红褐、灰褐绿色。每年 12 月至次年 5 月从叶腋中伸出聚伞状圆锥花序，小花花瓣 4 枚，高脚碟状，花有桃红、大红、粉红、洋红、猩红、橙黄及黄等，十分美丽，花期长达半年。

长寿花原产非洲马达加斯加，性喜温暖、日光充足，抗旱力强，生长适温 15～28℃，高于 30℃、低于 10℃生长受阻，0℃以下受冻。耐半阴，怕水涝。

长寿花通常用扦插法，在春秋剪取具 5～8 片叶的粗壮枝条，插入沙床或蛭石盆内，10～15℃以上半月左右生根。成活后生出心芽后可上盆。叶插用成长叶带叶柄插入沙床，20 天生根。长寿花种子细小，与细土混合播种，但幼苗生长期缓慢，生产用得少。

长寿花喜阳光充足，宜放在有直接阳光的地方，夏季半遮阴。据试验每天 8～9 小时短日照诱导 3～4 周，即可现蕾。光不足枝细叶薄，花少而不艳，引起落叶。长寿花耐旱，平时每 3～4 天浇水一次，要保持湿润，不干不涝。冬季低温及雨季要控水，防止烂根。

生长季节每 2～3 周施一次稀复合肥，11 月花芽形成后，增施 1～2 次磷钾肥。冬季注意防寒，冬季室温不低于 12℃，以白天 15～18℃，夜间 10℃以上为好，夏季不超过 28℃。每年春季花谢后宜换盆，基质用腐叶土、园土、河沙 4∶4∶2 配制而成，另加少量骨粉，保持疏松、肥沃、排水、微酸性。

## 9. 紫叶酢浆草是怎么繁殖与养护?

紫叶酢浆草又名紫蝴蝶、感应草、三角紫酢草，属酢浆草科酢浆草属。

株高 15～30 厘米，地下部分有纺锤形或长卵形根状球茎，呈珊瑚状分布。叶丛生于基部，掌状复叶，具长柄，每个复叶由 3 小叶组成，倒三角形或倒箭形，艳丽紫红色，被少量白斑或蝴蝶纹，每天晚合晨开。2 片真叶以上时即可开花，花粉色或白色，花期4～11月，春秋最盛。伞形花序，5～8朵聚于花梗顶端，花瓣5枚、雄蕊10个，开放5～7天，果为蒴果。

紫叶酢浆草原产南美巴西，华南可露地过冬，长江流域要防寒，长江以北应盆栽。性喜温暖湿润、排水良好、富含腐殖质的沙壤土，生长适温15～25℃，夏季半休眠，要遮阴50%。春秋季在全日照均能生长。较耐旱，畏积水，冬季地上部枯死，根状球茎过冬，3月初发叶。

①繁殖　分株或播种。春秋将球茎分丛栽植，亦可切成3个以上芽眼的小块，埋在沙床上，13～18℃即会生根长叶。春播，种子小，用培养土盆、床播，覆膜15～20℃2周发芽，夏季遮光50%，2片真叶移苗，4～5片真叶定植。

②养护　喜半阴凉爽通风良好的环境，春秋全光照，夏季遮光，盆栽放在朝东、北窗前，叶片向光性强，要转盆。15～30℃生长良好，超过36℃叶片会卷曲枯黄，低于10℃停止生长，5℃受冻，0℃死亡。冬季低于5℃入室，地栽夏季喷水降温，盆栽遮阳。要求湿润通风环境，盆栽有排水层，春秋季水分充足，但不积水，16℃以上时宁干勿湿，浇水以不干不浇，浇则浇透为原则。避免泥、肥溅到叶片上。喜肥沃的微酸性腐殖质壤土，基质用草炭、珍珠岩2∶1配制，亦可用腐叶土、园土、沙、珍珠岩4∶2∶2∶2外加5%的腐熟的饼肥末或多元缓释复合肥。5～6月份每月施一次稀液肥。7～8月停肥，喜磷钾肥，可浇0.1%尿素加0.2%磷酸二氢钾。

在生长期如过密或出现黄叶，可摘叶，如出现叶缘不齐、发育不全可摘花，对叶柄近地处刈剪，每年6～7次，2周可恢复生长。

③病虫害　叶斑病5～9月发生，可用70%甲基托布津1 000倍或75%百菌清800倍交替使用，7～10天一次，连喷2～3次。灰霉病可用6.5%万霉灵喷粉，9～10天一次，与5%百菌清粉交替使用，连喷2～3次。根腐病，3～5天松土，增加透气性可

防病，可用65％敌克松600倍防治。蚜虫用10％吡虫啉1 000倍，红蜘蛛用20％三氯杀螨砜600倍防治。蜗牛用800倍灭蜗灵防治。

## 10. 非洲堇有哪些优良品种，如何进行栽培管理？

非洲堇又名非洲紫罗兰、圣保罗花，属苦苣苔科，非洲紫罗兰属。

多年生常绿草本，茎很短，叶基生，叶柄较长，叶片肥厚多汁，布满绒毛。花枝从叶丛中抽出，着花数朵，花径4～7厘米，每朵花期7～14天，一年开花3～4次。花有紫、红、白、蓝、黄及双色的镶边、缟花、喷点、混色等。花型有重瓣、半重瓣、单瓣及皱瓣等。

园艺品种有2 000个，常见的有：游会（紫红）、防盗床（紫堇色）、阿尔啤斯（粉堇）、维多利亚调情者（蓝皱边白心）、罗波道尔（白边红心）、旁塔家园（粉蓝）、小富（粉白）、桃红鸽（桃红）、安迷琴斯（红色）、小富女孩（堇色）、旋律女孩、费斯妮（白色）、吉斯拉（深红色）、玛丽娅（堇色）、卡门（堇色）、德福特（粉堇色）、西伯特拉（紫堇色）、茹可可（肉红色）纳他丽（蓝堇色）。

性喜温暖湿润，忌高温、干燥寒冷，生长适温16～24℃，越冬最低温10℃，开花适温15～25℃，空气湿度50％以上，宜散射光，夏天遮光70％，春秋天遮光50％，冬天全日照。

可用叶插或分株法，在春秋天选健壮的叶片，将叶柄从植株基部切下，柄长留2～3厘米，1/3～1/2斜插于泥炭、珍珠岩、蛭石的混合基质中，保持15～25℃，湿润1个月可长出数株小苗，小苗3～5叶时可分栽。

管理：以细粒魔肥当基肥，每次换盆时加入，追肥用花宝2号、3号5 000倍液作追肥，7～10天一次，浇水要适宜，浇水时不能沾湿叶片，水滴不能落在叶片上。冬季要保持10～25℃，光线充足。

病害有叶斑病、疫病、白狭跗线螨及根结线虫病。叶斑病以分生孢子或菌丝体在土中过冬，气流或水传布，发病初期可用50%苯菌灵1 500倍液防治或45%百菌清烟剂熏烟，每667平方米250克。疫病，褐斑水渍状，轮纹上有白霉，以卵孢子在土中越冬，雨水中传布。发病初期用25%甲霜灵100倍或64%杀毒矾M8粉剂400倍液或77%可杀得500倍液7～10天一次，喷2～3次。白狭跗线螨，造成幼叶、芽枯死，可用20%螨卵酯800倍液或氯杀400倍液。根结线虫用克线磷土壤处理，或病球在48.9℃水中浸30分钟。

## 11. 川赤芍如何育苗与养护?

川赤芍又名赤芍、山芍药、红芍、花叶红芍，毛茛科芍药属。

多年生草本，株高30～80厘米，二回三出复叶，小叶羽状，表面深绿色，背面淡绿色。花紫红或粉红色，单瓣、碗状、较平，2～4朵生于茎顶，直径4.2～10厘米，花期5～6月，果期7月。刚出土茎叶紫红色，开花繁密，可用于春花地被植物。

育苗可播种，分株或根插。播种在处暑前后果变黑时采下，晾干，9月下旬至10月上旬播种，当年只长根不发芽，第二年春发芽，到8月底至9月上中旬移栽，4年后开花。

分株北方在处暑至秋分进行，南方秋分至立冬为宜，3～5芽为一丛，顺自然纹理切开，晾干伤口结软疤时蘸硫磺粉后栽植。根插插穗长5～10厘米。

川赤芍肉质深根花卉，宜高燥，土层深厚、肥沃、排水良好，pH6～7.5，沙壤土，8月中旬至9月下旬栽植。一年追肥3次，出土展叶后施速效肥，花后肥及入冬前的长效肥。冬季

－10℃可堆土防寒，土厚 20 厘米。

病虫害有灰霉病，锈病及蛴螬，注意防治。

## 12. 茑萝在家庭养花中的应用与养护？

茑萝属于旋花科茑萝属，有羽叶茑萝（茑萝松、绕龙花、锦屏风）、槭叶茑萝（大花茑萝、大红茑萝、掌叶茑萝、红五星）、圆叶茑萝（橙红茑萝）和鱼花茑萝等 4 种。

原产美洲热带地区，生长攀援直上，可作篱笆、棚架及阳台上牵引，性喜温暖，忌寒冷、怕霜冻，种子发芽适温 20～25℃，要求阳光充足，对日照要求不严，鱼花茑萝要短日照才能开花。对土壤要求不严，喜肥沃疏松的壤土。

春季保护地育苗，终霜后定植，育苗期 45 天，种子千粒重 13 克左右，寿命 3～4 年，每一果实含种子 3～4 粒，要随熟随采。

普通育苗用营养土播种，每平方米苗床需种子 100 克，播后盖细土 1.5 厘米左右，地温 20～25℃，4 天可出苗。幼苗怕旱。移栽用直径 8 厘米育苗钵，每容器种 1 株苗，只移一次。用 72 孔穴盘播种要注意水分供给。育苗中后期水分要适当，但要防止缠绕。

终霜后定植，茑萝生长量大，应施足基肥，撒匀、深翻、整地后挖穴定植，每穴 1 株，细土盖上苗坨，浇水封穴，单行定植，株距 35 厘米左右，自播苗株距小些，育苗栽植或土壤肥沃要大一些。前期要人工引蔓到架上。茑萝自播能力强，但对种子无法选择，红花茎深红色，白花茎绿色，因为红花的种子亦会分离出白色花，注意选种。

## 13. 怎样才能种好虞美人？

虞美人又名丽春花，株高 30～80 厘米，全株被疏毛，叶互生，长椭圆形，不整齐羽裂。花单生，有长梗，含苞时下垂，开后挺立，花瓣4，薄而有光，花色有纯白、紫红、粉红、红玫红、斑纹等，花期5～6月。重瓣冰岛品种受青睐。

性喜温暖，阳光充足，通风良好，宜在疏松、肥沃、排水良好的沙壤土上生长，不耐移植，忌炎热高湿。

春季或初冬时直播，种子小，条播，行距25～30厘米，冬季覆草，发芽适温20℃，出苗后间苗，花前追肥1～2次，开花后及时摘残花，使花更大。忌连作。

## 14. 蟹爪兰、仙人指、假昙花如何识别？蟹爪兰有哪些优良品种？

（1）花期不同　蟹爪兰盛花期在12月，仙人指1月中下旬至2月中旬，假昙花在4月中下旬至5月上旬。

（2）花形不同　蟹爪兰、仙人指花筒较长，花瓣上下2～3层呈轮状排列；假昙花花形较短，花瓣较小，呈辐射状排列。

（3）变态茎不同　蟹爪兰有明显尖齿，象蟹爪，仙人指、假昙花较圆滑、无尖齿，假昙花变态茎有明显红紫色边缘，蟹爪兰、仙人指则没有。

优良品种有：超级肯尼亚（金黄色）、快乐新娘（大黄）、北国风光、白雪公主（白带红晕）、日本紫丽达（胭脂红）、柳叶大红玛丽、仙女（雪青）、贴夏娃（金边）、蕾报金秋（黄）、夏娃（玫红）、独伴残月（白、粉）、贝贝（粉红）、金光（金红）及羞芳神韵（胭脂红）等。

# 第四章　新潮花卉

## 1. 我家有养金鱼或热带鱼的鱼箱和鱼池，不知能种什么水生花卉？

（1）铜钱草　原产欧州，为伞形科天胡荽属，多年生挺水或湿生草本。茎顶端呈褐色，沉水叶圆盾形，直径 2～4 厘米，叶缘波状，草绿色，具长柄。花两性，伞形花序，白粉色，花期 6～8 月，每节一叶，地下横走茎生长迅速，繁殖力强。

分株法，每年 3～5 月进行，保持湿润 1～2 周即可发根。栽培基质为腐叶土、河泥、园土按体积比为 2∶4∶4。

铜钱草暖地可露地栽培，适于水盘、水族箱、水池、湿地及室内水体绿化，可选无排水孔中型花盆，取三片带茎节、叶柄的健康叶子，埋入栽培土中，每盆可放多株苗，灌水，在阴天进行，保持半土半水状生长最佳。

铜钱草对水质要求不高，在硬度较低的淡水中进行，盐分不能高，pH 以 6.5～7 为宜。需肥较多，生长期每 2～3 周一次肥，可用“翠筠”的必旺水溶液。喜光照充足，全日照生长良好，半日照时叶柄拉长向光线方向牛长，要使用专用荧光灯每天 8～10 小时补光。喜温暖，怕寒冷，生长温度 10～25℃，越冬温度不低于 5℃。一般不易患病，有黄叶及时掐除。

铜钱草多年生，生长迅速，成株连续种植不超过一年。要及时翻盆。盆栽可置于案头、窗台、几架。

（2）皇冠草　皇冠草是泽泻科皇冠草属，沉水观叶植物中易栽培最受欢迎的一类，丛生状绿色叶片，叶形叶色多变，叶形有长披针形、卵形、长椭圆形及心形等，可制作各式水族箱及模拟景观。

①皇冠草　又名亚马逊皇冠草，原产巴西。多年生丛生状草本。具匍匐根茎，株高30～50厘米，叶多呈莲座状，浮水叶长披针形，肉厚质硬，叶柄长，沉水叶长披针形，长30～40厘米，宽2～3厘米，叶质柔软，深绿色，花小，白色。

②大花皇冠草　原产南美，多年生丛生状草本，叶椭圆形，基部圆形或心形，全缘，主脉明显，革质且硬。

③绿皇冠　又名暗淡皇冠草，圆皇冠。原产巴西，多年生丛生状草本。叶基生，叶长椭圆或卵形，叶端尖，长10～15厘米，宽3～8厘米，革质较硬，叶面有波皱，深绿色，纵向叶脉伸展至叶尖，具叶柄。

④大皇冠草　又名九冠草，卷边皇冠。原产南美，多年生丛生状草本。株高20厘米，浮水叶狭长披针形，边缘呈波浪状，长20～30厘米，宽2.5～3厘米，黄绿色，沉水叶略长，柔软，薄而卷曲，半透明，绿色。花茎高达70厘米，花白色，黄蕊。

⑤卵圆皇冠草　原产南美。多年生丛生状草本，叶长宽卵形，全缘，叶脉明显，叶缘波状，绿色。

⑥奥赛里斯皇冠草　又名红蛋叶，美隆剑草。原产巴西，多年生丛生草本，株高30厘米，叶长椭圆形或线形椭圆形，叶黄绿色，叶脉纵横明显，叶缘波状，新叶绿色，带红晕，叶柄绿色。

⑦施吕特皇冠草　又名虎斑蛋叶，原产中美洲。多年生丛生状草本。叶卵形，全缘，中脉明显，叶面绿色，有紫红色斑点。其中红斑皇冠草品种，叶绿色有红斑点。

皇冠草原产南美巴西亚马逊河流域。喜温暖，光照充足的环境。水族箱栽培时，床底铺10厘米粗沙砾，并加入少量1平方厘米腐熟饼肥块作基肥，种苗栽后，水温保持22～26℃，冬季不低于18℃，夏季不超过30℃，光照1 000勒克斯，水质pH5.5～6.5。生长恢复很快。栽培初期光照要强，生长期以中度光照为好，生长期中有黄叶密叶及时疏剪。

皇冠草喜肥，每2～3天向水中注入3～4滴“杀来”水草液肥，定期换水，保持水质清洁。要防止低温、光照不足造成的黄叶腐烂及藻类为害。

皇冠草常用分株和播种繁殖。生长期将母株长出新芽的匍匐茎或花茎上不定芽剪下直接栽种。春季水温20～25℃，将种子撒播泥面，15天出苗，3～4片叶移栽。

皇冠草品种繁多，色彩艳丽，适于作水族箱布置。植株较高和叶片较大的心叶皇冠草，平展皇冠草、宽叶或卵叶皇冠草作后景布置。而植株矮小如柔弱皇冠草、施吕特皇冠草、四脉皇冠草用于前景布置。其他多数种类作中景为宜。

施吕特皇冠草与红蝴蝶草、红海带、矮珍珠、莫施等配置，放养3～4尾红印鱼，箱景简洁清晰，有天然清纯感。用皇冠草与水筛、狐尾草、大柳、叶底红、大水韭、矮珍珠和鹿角苔等构景，层次清晰，内容丰富，放养5～6尾红色樱桃灯鱼或红莲灯鱼助兴，是一幅赏心悦目的南美风景画。

(3) 梭鱼草　为雨久花科梭鱼草属多年生挺水草本植物。原产北美。常浅植水池中，在水景建设中广泛应用。

株高80～150厘米，叶基生，倒卵状披针形，橄榄色，叶柄绿色，圆筒形，穗状花序顶生，长5～20厘米，小花蓝紫色带黄色斑点，果实初期绿色后变褐色，种子椭圆形，花果期5～10月。地下茎粗壮，黄褐色，有芽眼。

性喜温暖湿润，阳光充足的环境，生长适温18～35℃，18℃以下生长缓慢，10℃以下停止生长，冬季灌水室内越冬。春季将地下茎挖出，去掉老根茎，切成具3～4芽小块分栽，亦可用种子繁殖。

(4) 再力花　原产于美国南部和墨西哥的热带植物。又名塔利亚，为塔利亚属多年生挺水植物。株高2米左右。叶卵状披针形，浅灰蓝色，边缘紫色，长50厘米，宽25厘米。复总状花序，花小，紫堇色。全株附有白粉。

再力花喜温暖水湿、阳光充足的气候环境，在微碱性的土壤中生长良好。不耐寒，入冬后地上部分逐渐枯死，以根茎在泥土中越冬。以根茎分株繁殖。

再力花植株挺拔秀丽，花、叶、梗均具观赏价值。可成片栽植于池塘水景中，与睡莲等浮叶植物配植形成壮阔的景观。也可几株点缀于山石、驳岸处，或盆栽摆放于门口、室内等处欣赏。

## 2. 什么叫花飞蝶，如何在建设社会主义新农村中应用?

花飞蝶是利用水面种植陆生植物专用器，又名湿式浮岛。根系直接接触水体，吸收水中富含大量氮、磷等化学物质，消除藻类生存的部分阳光抑制藻类生长，净化水质。

花飞蝶浮体为专利产品，大部分用塑料制成，有花飞蝶浮体(六角形，外六孔，中央有飞蝶)、神奇杯特殊人造橡胶及泡沫塑料板等。由于绿化植物采用浮床栽植，可以固定或漂浮，由定植篮、浮体、扣件组成，可分拆组合。大的可以用于湖、河，组成植物浮岛，边长2～3米，有四边形、三边形、六边形，小的在家做水池、水族箱，基质为椰子纤维、泥炭，亦可混入20%的土壤。除传统的浮水植物（浮萍、水葫芦）、浮叶植物（睡莲、红菱）及挺水植物（水葱、芦苇）外，还可种植：

草花：雁来红、金鱼草、雏菊、鸡冠花、一串红、花菱草、千日红、向日葵、矮牵牛、万寿菊、三色堇等。

宿根花卉：太阳花、郁金香、风信子、美人蕉、姜花、石竹、玉簪、石蒜、水仙、鸢尾、四季海棠、夜来香、兰花草。

小型植物：凤梨、吊兰、虎耳草、麦冬、鸭跖草、虎刺、仙人掌等。

水生植物：石菖蒲、黄菖蒲、千屈菜、水芭蕉、香蒲、睡菜、茭白等。

## 3. 新农村建设中，急需一些新的地被植物，请能介绍些优良的品种？

（1）帚石楠　属杜鹃花科石楠属，又名苏格兰石楠。欧洲国家作房前屋后建筑物周围配置的植物景观，其矮生种是极佳的岩石园、庭园背景材料和地被植物，开花时清香宜人，其高秆种作切花，常与杜鹃、马醉木、欧石楠等配植，全年开花不断，十分壮观。

常绿灌木，株高10～60厘米，株幅75厘米。叶线形，绿色或灰绿色，长1～3厘米，总状花序，密集，长1～10厘米以上，花钟状或筒状，有红、紫、粉或白色，长4厘米。花期5～9月。

原产欧洲北部、西部至西伯利亚、土耳其、摩洛哥等。性喜凉爽、湿润和阳光充足的环境，耐寒，冬季能耐－15℃的低温。生长适温3～10月为7～13℃，10月至翌年3月为4～7℃。怕高温，不耐干旱。土壤以富含腐殖质、排水良好的酸质壤土为宜。

常用扦插繁殖，初夏取半成熟枝，插穗长5厘米，插前用1 000毫克/升生根粉浸30秒，基质用酸性的沙壤土、泥炭、蛭石按1∶1∶1配置而成，插后浇透水，保温保湿，30～40天后即可生根。春季亦可用堆土压条或分株繁殖。

露地栽植在春季，株行距70厘米×100厘米，宜栽在土壤肥沃、疏松透气的酸性沙壤土中。盆栽的基质可用园土、沙、厩肥按5∶4∶1配制而成，pH调至5～6。生长期要保持土壤湿润，每月施薄肥1～2次，一般用饼肥水或卉友21-7-7酸性肥。

盆栽植株，春季适当短截，使多萌发枝条，多开花。

生长期易发生灰霉病和根腐病。在发病初期可用50%多菌灵1 000倍防治，7～10天一次，喷3次。根腐病用70%五氯硝基苯粉剂800～1 000倍灌根数次，每次间隔1周。

（2）宿根福禄考　宿根福禄考属于花葱科、福禄考属，共有67个种，原产北美。可分成①多年生春花型；以针叶福禄考为代表，作地被，有甜蜜来克和密纳考尔文两个品种；②多年生夏花型，以宿根福禄考为代表；③一年生类型，以福禄考为代表，作绒毡花坛及切花用；④高山型，以道格拉斯福禄考为代表。

多年生草本，高60～120厘米，单叶对生，长椭圆状披针形至卵状披针形，顶生圆锥花序，花冠粉紫色，花期6～7月或9～10月。

要选美国的白色品种大维特和中科院植物园培育出来的4个色系10个品种。它们是①红色系：红艳（深粉红色）、猩红（鲜红色，抗热抗病）、茜草红及胭脂红等；②复色系：粉眼（深粉色，管喉部有红圈）；泰尔红紫（红紫色管部有深红圈）、粉晕（白色管喉部红圈渐向瓣边浸染）；③紫色系：石竹（紫色、花期早）及堇紫等；④白色系：白雪（洁白色）。

性喜冷凉，耐－26℃低温，忌夏季炎热多雨，要求阳光充足，喜肥沃、深厚、湿润、排水良好的pH为6.5～7.5的土壤。

盆栽选2～3年生苗，容器直径21厘米，基质为沙壤土、腐殖土、河沙按3∶3∶1混合，再加入0.5%全效缓释肥。上盆前将地栽苗打头（4月5日），地上部保留2～3节，5月7日上盆，短剪茎高的1/3，6月13日保留地上部1～2对完整叶片打头一次，7月25日花序肉眼可见，8月10日初花。生长期追1～2次稀液肥，追2～3次叶面肥，花后剪掉残花。夏季注意排水，保持充足的光照。注意叶斑病的防治。早春嫩枝插，基质用泥炭、粗沙、珍珠岩1∶1∶1配制，在地温22～24℃20天生根。硬枝插在秋季选健壮充实的枝条，3～4 节插穗，在日光温室扦插，成活率 70%。

(3) 蓝眼菊 为菊科蓝眼菊属多年生宿根草本或亚灌木，又名非洲雏菊、非洲万寿菊、海角雏菊。原产于南非，有李树苗、星云、莱翠女士、奥兰尼亚陶、墨玛撒、夏日日出、夏日日落、愉悦、海伦、双子座、蓝带、亚力斯、纳马夸、西乐维亚和米拉等品种。

蓝眼菊株高 20～50 厘米，篮状花序，中间有圆形的花盘，周围有勺形的舌状花，盘色有蓝、黄、紫，舌状花有白、乳白、黄、粉红、紫、紫红。花期 2～7 月。作盆花选紧凑密矮的株形，地被植物选匍匐性品种，北方要选抗逆性强的耐寒品种，如李树苗、星云、莱翠女士，可耐－13℃低温。在秋冬或春季进行播种，扦插在秋冬插于温室内。

蓝眼菊喜阳，气候温和、耐干旱，大部分品种不耐霜冻。喜疏松肥沃的沙质壤土，分枝性强，不需摘心。栽培时会出现浇水过多引起的烂根，水分管理要偏干。还会出现黄叶，造成黄叶的原因有幼叶出现斑点是 pH 过低造成，可浇石灰水解决，或育苗夜温太低及氮肥不足造成。如有蚜虫，可用吡虫啉防治。

(4) 红花草莓红熊猫 粉红熊猫是由英国的杰克用草莓栽培品种，与近缘的欧洲红色委陵菜的属间杂种。可用于露地栽培和室内盆栽。露地栽培可用于地被绿化和花坛美化，观赏期从春到秋，绿叶红花，观赏性强。繁殖速度快，能迅速达到绿化美化的效果。盆栽可放在居室阳台。观赏期从 2 月到 10 月，花期长，花粉红色，艳丽怡人。还可吊养，匍匐茎悬垂长达 0.5～2 米，制作成非常漂亮的红花草莓吊盆。

株高 10～15 厘米，三出复叶，叶片小，深绿色有光，卵圆形，先端平楔，匍匐茎红色，幼苗边抽茎边开花，繁殖力强，每株当年可繁殖 40～200 株匍匐茎。花瓣粉红或红色，花蕾期花色最深，随后花色变浅。花大，直径 2～3 厘米。1 年生单株 80

朵，2 年生每株 380 朵，单花 5～7 天，5 月上旬开花，10 月底停花。果小，单果重 5～10 克，有草莓香味，味酸，可溶性固形物含量 8%，含可滴定酸 1.3%，以观赏为主，亦可食用。

盆土用腐叶土：堆肥：沙=6：3：1 或园土：堆肥：沙=5：4：1 混合。要求盆土肥沃、疏松、透气、微酸性。根据花盆大小可栽单株、双株或多株。在花果期，要经常浇施稀的矾肥水或磷酸二氢钾加尿素，追肥时不能污染果实和花，沿盆边浇入。旺盛生长期要勤浇水，做到浇则浇透，花果期更不能缺水，防止植株萎蔫，花瓣早落。要保持盆土疏松，及时摘除老叶、病叶、做好蚜虫、红蜘蛛、叶斑病、灰霉病的防治。花后用匍匐茎重新栽植，并换盆土。

露地栽培宜选疏松、肥沃、无杂草、排水良好的沙壤土，忌黏土和盐碱土。北方在春季栽植，南方在 8～9 月栽植，株行距 0.5 米×0.5 米，当年即可布满空间。红花草莓根系浅，叶多、蒸腾强，干旱时要及时浇水，它不耐涝，忌长时间渍水，遇大雨要及时排水。北方冬季低温需防寒，其方法灌封冻水，覆盖地膜，上盖草帘或稻草，在沈阳、长春可安全越冬。长江流域无需覆盖安全过冬。4 年后要重植更新。

在栽培过程中，在整地时施足基肥，消灭杂草，一般不需施肥，在花果期可喷 0.1%磷酸二氢钾加 0.5%尿素。要及时摘老叶、病叶，防治病虫害。特别是夏季高温多雨时，叶片易感染叶斑病，防治可用多菌灵或百菌清喷雾。

(5) 大吴风草　菊科大吴风草属。多年生常绿草本，高约 30～70 厘米。叶多为基生，亮绿色，革质，肾形，径 15～20 厘米，边缘波角状；花茎直立，头状花序顶生，组成松散复伞状，舌状花 10～12 枚，金黄色，晚秋开花。花期 8～12 月。

喜半阴和湿润环境，有一定的耐寒性，在江南地区能露地越冬，能忍受一定程度的直射阳光。适宜大面积种植作林下地被或立交桥下地被。

(6) 石菖蒲　天南星科菖蒲属，原产我国和日本。

多年生常绿草本，株高 30 厘米，全株具香气。根茎多分枝，质硬，横卧。叶细长，剑形，长 30～50 厘米，宽 0.5～0.8 厘米，质韧而平滑，有光泽，中脉不明显，边缘膜质。花葶高10～30 厘米，扁三棱形；佛焰苞叶状，圆柱形肉穗花序渐细而微弯，长 3.5～10 厘米，花小密集，黄绿色，花期 4～5 月。

喜温暖，阴湿的环境，自然界常生于山谷溪流中，具一定耐寒性。

石菖蒲株丛低矮，叶色油绿而芳香；性强健而耐荫，为良好的林下地被植物。又可做为水边、花境配置材料。

(7) 嚏根草　毛茛科铁筷子属，多年生常绿草本，高约 30 厘米，基生叶 1～2 枚，有长柄，叶片鸟足状分裂，裂片 5～7，长圆形或宽披针形，上部边缘有齿，茎生叶较小，无柄或有鞘状短柄，3 全裂。花单生，有时 2 朵顶生，粉红色，萼片 5，绿色，基部有粉红色晕；雄蕊多数，花期 3～4 月。花后结果，成熟时开裂，种子细小，黑色，6 月份成熟。

喜温暖湿润、半阴环境，较耐寒，忌干冷，适于做林下地被或花境栽植，植株低矮，花虽不引人注目却别有特色。

(8) 赤胫散　蓼科蓼属，多年生草本，株高 50 厘米，植株丛生，春季幼株枝条，叶柄及叶中脉均为紫红色，夏季成熟叶片绿色，中央有锈红色晕斑，叶缘淡紫红色。茎较纤细，紫色，茎上有节。叶互生，卵状三角形，基部常具 2 圆耳，宛似箭镞，上面有紫黑斑纹；叶柄处有筒状的膜质托叶鞘。头状花序，常数个生于茎顶，上面开粉色和白色小花，7～8 月开花，花后结黑色卵圆形瘦果。喜光亦耐荫，耐寒，耐瘠薄，适宜布置花境，路边或栽植于疏林下。

(9) 白芨　兰科白芨属，多年生草本，陆生兰。株高 30～60 厘米，叶 3～6 枚，广披针形至狭长矩圆形，长 8～29 厘米，叶片基部下延呈鞘状抱茎而互生，平行脉明显而突起使叶片形成皱褶。总状花序顶生，着花 3～7 朵，花被片 6，不整齐，花淡紫红色，花期 3～5 月，蒴果圆柱形。

在自然界常野生于山谷林下或山坡林丛中，性喜温暖而又凉爽湿润的气候，干旱、高温会使叶片枯黄，喜光而又耐阴，喜凉爽气候及腐殖质丰富而排水良好的沙壤土。园林中多与山石配置成自然式栽植于疏林下或林缘边上，亦可点缀于花径或庭院中。

(10) 穗序木蓝　蝶形花科木蓝属一至多年生草本，花冠青紫色，花果期 4 月至翌年 1 月，荚果，根部根瘤菌明显，是热带地区优良的豆科饲料作物和绿肥。喜强光，耐瘠薄，耐干旱，抗逆性极强。种子撒播或扦插繁殖，分布于台湾、广东、云南等省份。穗序木蓝花叶兼美、荚果丰硕，小枝强健密集，地面覆盖厚实，适合坡地绿化或在水体旁与山石搭配。绿期超过 10 月，高度可控制在 5～20 厘米以内。

(11) 三点金　蝶形花科山蚂蝗属，多年生平卧草本，茎纤细，花单生或 2～3 朵簇生于叶腋，花冠紫红色，花期 8～11 月，荚果，根部有根瘤菌，有一定固氮能力。喜光耐旱，抗逆性强，种子撒播或分株繁殖，分布于浙江、福建、江西、广东等省区。三点金质感细腻，叶色青翠，花朵艳丽，枝叶纤细密集，地面覆盖均匀紧凑，可作为缀花材料与草坪及地被植物混植，绿期 10 个月，高度可控制在 2.5～10 厘米以内。

## 4. 平安树是什么花，栽培技术要点有哪些？

兰屿肉桂别名平安树、红头屿肉桂、芳兰山肉桂、台湾肉桂、大叶肉桂。

属樟科樟属，原产我国台湾省的兰屿岛的红头屿，商品名平安树，是树报平安的雅称，因其皮可入药，有祛风散寒、止痛化瘀、活血健胃之功效。体内含肉桂醛，能散发出吸收异味、净化空气的香味，迎合人们崇绿爱美、企盼平安的消费心理，被商家抄得沸沸扬扬，售价不菲。

与肉桂类的相似种有天竺桂、肉桂、香桂及锡兰肉桂等。

兰屿肉桂为常绿小乔木，树皮黄褐色，高10～14米，小枝黄绿色，光滑无毛。叶对生，卵状长椭圆形，先端尖，革质，长10～22厘米，宽5～8厘米，亮绿色，有金属光泽，离基三出脉明显，上凹下凸，侧脉自基部1厘米处伸出，有时近叶缘一侧各有条小脉，网脉两面明显，呈浅蜂窝状。叶柄长1.5厘米，红褐色至褐色。果卵圆形，长1.4厘米，直径1厘米，果托杯状，边缘有短圆齿，无毛。果梗长约1厘米，无毛，果期8～9月。

兰屿肉桂性喜温暖湿润，阳光充足的环境，喜光又耐阴，喜暖热、无霜雪，多雾高湿之地，不耐干旱、积水、严寒和空气干燥。生长适温20～30℃。大树可耐短期0℃低温。当气温超过32℃时要遮阴降温。兰屿肉桂好光但较耐阴，需光性随年龄增加而变化，幼树耐阴，3～5年生在蔽荫下生长快，6～10年需充足的光照，盆栽在盛夏遮光40％～50％。

兰屿肉桂用播种繁殖。在华南地区9～10月果实变紫黑色时采收，采后去皮、肉，晾干，随采随播，亦可湿砂贮藏待种粒裂口，露白后再播。未经沙藏的种子，播前用0.3％福尔马林浸种30分钟，倒出多余药液后密封2小时，清水洗净，用40℃温水浸种，可提高发芽率。

用条点播，行距20～25厘米，粒距5～7厘米，覆土厚1.5～2厘米，加湿稻草，20～30天即可出苗。种粒出土1/3后分2～3次揭草，随即搭荫棚，保持苗床湿润。幼苗3～4片真叶时，每月追液肥一次。秋后停肥，做好防寒工作，在5℃以上温棚内越冬。由于须根较少，要及早移栽，或用芽苗移栽袋植，效果特好。

栽培技术要点是：

（1）土壤　兰屿肉桂喜疏松肥沃，排水良好，富含有机质的酸性土。盆栽或袋栽宜用疏松透气，肥沃的酸性培养土或腐叶土，盆土 pH 高于 7 时叶片黄化，生长不良，影响萌芽更新。小株每年换盆 1 次，大株 2 年换盆 1 次，生长季每月松土 1 次，换盆宜在出房后萌芽前，要严防积水。

（2）肥水管理　兰屿肉桂喜盆土湿润，高湿多雾的环境，盆栽要保持盆土湿润，盆底不积水，空气相对湿度保持 80%以上。夏季高温或秋季干燥季节要经常给叶面及周围喷水。秋季要控水，冬季应多喷水少浇水。

兰屿肉桂需肥量大，盆栽时自仲春至初秋，每月追 1 次稀薄矾肥水或饼肥水。入秋后追施 2 次 1%的磷酸二氢钾，增加抗寒性，冬季停肥。

（3）管理　在长江流域霜降入室清明出房，防止晚霜与倒春寒。盛夏应遮光喷水降温。盆栽植株盛夏应放在疏荫下或遮光 40%～50%遮阳网下，在室内陈列较长时间后切忌立即搬到阳光下，春末夏初久雨初晴后、遇骄阳要做好遮阴工作。

（4）病虫害　兰屿肉桂常见的病虫害有炭疽病、褐斑病、褐根病、卷叶虫与蚜虫等。

炭疽病　主要为害苗期及成株叶片，以 2～4 月发病重。发病初期可用 25%炭特灵 500 倍液，或 75%甲基托布津 600 倍液，交替使用，每隔 10～15 天喷一次，连喷 3～4 次。

褐斑病　为害新叶，4～5 月较重。发病初期可用波尔多液 200 倍进行预防。发病初期用 50%多菌灵 500 倍液或 50%苯菌灵 1 000 倍液交替使用，每隔 10 天喷一次，连喷 3～4 次。

褐根病　病树叶片渐黄下垂，严重时变褐干枯，茎干失水干缩，根系变褐腐烂，病株短期内死亡。拔除病株烧毁，并用 50%多菌灵 600 倍消毒。发病初期可用 50%甲基硫菌灵、硫磺悬浮剂 800 倍液防治。

卷叶虫　多发生在夏秋间，将数枚新叶卷缩成巢，幼虫潜伏取食。可用 90%晶体敌百虫 800 倍液或 40%乐果 1 000 倍液防治。蚜虫可用 10%吡虫啉 2 000 倍防治。

## 5. 长阶花有哪几种，如何养护管理？

长阶花为玄参科长阶花属花卉，树形优美，全年常绿，夏秋密集的穗状或总状花序，盛开白、蓝、紫、粉红、红等管状小花，给人以高雅、清丽的感觉。在欧美常作小庭院和室内装饰，矮生种可盆栽或作地被植物，还可作树篱和花坛的镶边材料。

长阶花原产新西兰、澳大利亚、新几内亚和南美的常绿灌木，其主要种类有：

（1）长阶花　是美丽长阶花和柳叶长阶花的杂种。丛生状常绿灌木，树高 2 米。叶椭圆形至披针形，深绿色，长 10 厘米。腋生穗状花序，长 6～9 厘米，淡紫色，径 6～8 毫米。花期 5～9 月，品种有斑叶长阶花，叶中心灰绿色，边缘乳白色。冬季耐 0℃。

（2）秋丽长阶花　栽培品种。直立性常绿灌木，株高 60 厘米，株幅 90 厘米。叶宽椭圆形至倒卵形，深绿色，具红边，长 2.5 厘米。腋生或顶生总状花序，长 3～4.5 厘米，花密集，管状，外面白色，花小，深蓝紫色，花期 5～10 月。冬季耐－5℃。

（3）鲍莱斯长阶花　常绿灌木，株高 50 厘米，叶椭圆形，淡绿色，长 2.5 厘米，腋生总状花序，长 8～10 厘米，花紫色，径 6～8 毫米，花期 5～9 月。冬季耐 0℃。

（4）花叶长阶花　常绿灌木，枝条密集，呈圆头形。株高 60～120 厘米，叶倒卵形至宽椭圆形，深绿色，边缘乳白色，长 4～6 厘米，腋生总状花序，密集，长 5～8 厘米，花小，紫色带粉红晕，径 1 厘米，花期 5～9 月，冬季耐－5℃。

（5）查塔姆长阶花　原产新西兰查塔姆岛。矮生常绿灌木，株高 15 厘米，株幅 90 厘米，叶椭圆形至卵圆状长圆形，光滑，中绿至深绿色，长 3 厘米。腋生总状花序，长 4 厘米，密集，花白色带紫晕，径 6～8 毫米。花期初夏。冬季耐－5℃。在温暖地区是极佳的地被植物。

(6) 冈特利特长阶花　栽培品种。直立丛生状常绿灌木，株高1米，叶椭圆形至披针形，光滑，深绿色，长8厘米。腋生总状花序，下垂，长12～15厘米，花管状，外面紫色，花粉红色，花期6～9月。冬季耐0℃。

(7) 香长阶花　曾用名黄杨叶长阶花，原产新西兰。丛生状常绿灌木。株高1米，叶椭圆状卵圆形，光滑，深绿色，长1～2厘米。顶生总状花序，密集，长1～2厘米，花白色，径5～6毫米，花期4～6月，冬季耐－15℃。

(8) 肥叶长阶花　原产新西兰。常绿灌木，开始直立后呈平卧状。株高30厘米，株幅90厘米。茎紫色。叶倒卵状椭圆形，革质，蓝绿色，长1.5厘米。腋生穗状花序，密集，长2.5厘米，花白色，径8毫米。花期4～5月，冬季耐－15℃。是极好的地被植物。

(9) 美丽长阶花　原产新西兰。常绿灌木，树冠圆形，枝直立。株高1.2米。叶椭圆形，灰绿色，背面紫色，长5厘米。腋生穗状花序，宽阔，密集，长8厘米，花淡紫色至紫色，径6～8毫米，花期5～6月，冬季耐0℃。

长阶花用播种和扦插繁殖。播种时，种子熟后即播，常用室内盆播，发芽适温13～19℃，播后18～22天发芽。

扦插在夏末至秋季剪取半熟枝，用0.01％吲哚丁酸溶液处理插条基部24小时，或用加温沙床，可提高扦插成活率。

长阶花喜温暖冬季凉爽的气候，生长适温10～16℃。属耐寒或半耐寒性花卉。生长期宜阳光充足，也耐半阴环境。

长阶花生长较快，自春至秋的生长期间需充分浇水，夏季高温季节叶面多喷水。每月施肥一次，多用矾肥水或饼肥水。春季换盆时加入腐熟厩肥或饼肥，并加新的培养土。盆土用泥炭3份、园土5份、河沙2份混合而成。地栽时选土层深厚、肥沃、排水良好的沙壤土。

长阶花自然生长于砾石、草原、海岸至山地，分布较广，喜温暖，露地栽培不需修剪，能形成优美树冠，可稍作修剪，剪去病虫枯枝。

常见的病虫害有叶斑病，灰霉病和蚜虫。发生灰霉病、叶斑病，可用70%甲基托布津1 000倍防治。蚜虫可用吡虫啉1 000倍防治。

## 6. 诺丽（神果）是一种药用观赏植物，如何繁殖推广？

诺丽是属茜草科巴戟天属，又名热带海巴戟、海巴戟天、四季果、神果。一种新的药用观赏植物，据美国的 Heinicke R. M 博士的研究，除含生物碱外，还含有丰富的黏多糖、蒽糖、类黄酮糖甙等。它的主要成分为赛洛宁、赛洛宁原。据临床医学证明，抗病毒、抗癌（肺癌），对自身免疫不全（如风湿病），阻止和减少病症疗效明显。

常绿灌木，株高可达3米，最明显的特征小苗时叶小，长大后叶片明显变宽，深绿色，叶卵状，渐尖，放射叶脉明显，叶缘全缘少锯齿，节间明显。花乳白色，四季有花有果。聚合果浆果，大小约3厘米×5厘米，果肉似番石榴，未熟时硬，熟时软化酷似松果，一个果实有百粒种子，种子大小像小西瓜籽，但厚一半，棕褐色，未熟时绿色，熟后变白变软。

原产赤道带上如夏威夷群岛，南太平洋库克群岛及亚洲新加坡、马来西亚、菲律宾。以法属玻利尼西亚的塔西堤岛及摩利雅群岛的诺丽，最具医疗价值。我国的台湾省、海南已引进。喜温耐热，不耐寒，低于8℃即受冻。喜光照充足，光足时果大高产，但适度遮蔽叶片反而长得好。对土壤要求不严，以疏松肥沃的沙壤土最好。

常用播种和扦插繁殖：

(1) 播种　取充分成熟的果实，装入网袋，搓揉去肉取种洗净，即播，亦可阴干阴凉密封保存。在热带地区除冬季外，均可播种。用穴盘育苗或营养杯育苗，培养土用40%沙壤土加40%火烧土和20%腐熟牛粪混合配制而成，将种子每穴播2～3粒，保温（20～28℃）保湿，一个月种子发芽，幼苗生长半月可定植。

(2) 扦插　在气温20～25℃时进行，选当年生半木质化的枝条，具3～4节，去除下部叶片，留最上部半片叶，插入蛭石∶泥炭∶沙1∶1∶1的基质中，剪好后不要立即扦插，上午剪下午插，等浆液干后再插，插后保温保湿适当遮阴，经20～30天后即可生根。

作为工厂的制药原料宜大面积栽植，选地势高燥，阳光充足的疏松透气肥沃的沙壤土种植，株行距约1.5米×2米。为了保证制药质量，一般不施用化肥，故栽时一定要施足基肥，每穴可放几千克的有机肥。平时注意及时灌水，及时摘心，促发侧枝。果实成熟后要及时采收，它的茎叶果均可入药。

盆栽可作观赏用。可直播，可小苗移栽。盆栽基质要求透气肥沃，一般用泥炭、园土、沙、厩肥按4∶2∶2∶2配制而成。

常见的病虫害有蓟马、红蜘蛛等，可用2%阿维菌素液防治。

诺丽极不耐寒，必须做好防寒工作，即使在广东、海南和台湾省，冬季寒潮来时，亦要做好防寒工作。

## 7. 欧石楠有几种，如何繁殖与养护？

欧石楠属杜鹃花科欧石楠属，枝叶密集，花朵团簇，在圣诞节开花，极受欧洲消费者喜爱。盆栽可点缀窗台、阳台、显得新颖高雅。在欧美，花枝常作切花材料，钟欧石楠、圆齿石楠还可制作干花。

欧石楠属有700种植物，为树状常绿灌木，原产欧洲和非洲的潮湿的高沼地至干燥山荒地。

(1) 欧石楠　直立性常绿灌木，树高6米，株幅3米，叶线形，深绿色，背面具槽沟。总状花序，长20～40厘米，花钟状，淡灰白色，长4毫米。花期春季。

(2) 钟欧石楠　又名灰欧石楠。原产欧洲。常绿灌木，株高60厘米，株幅80厘米，叶线形，深绿色。总状花序，长5厘米，花壶状，有白、粉、紫等色，长7厘米，花期初夏至秋季。冬季能耐－15℃。

(3) 威尔士王子欧石楠　原产南非。常绿灌木，株高2米，株幅1米。叶线形，灰绿色。穗状总状花序，长8厘米，花管状，有白、粉/白、紫/白、红/白或红紫色，长1～2厘米，花期7～12月，冬季耐0℃。

性喜凉爽、湿润、阳光充足的环境，较耐寒，怕高温，不耐干旱。生长适温3～10月为7～13℃，10月至翌年3月为5～7℃。耐寒类型可耐－15℃，不耐寒类型可耐0℃。土壤以肥沃、疏松、排水良好的酸性沙壤土为好。

扦插在5～6月进行，选取当年生充实的半熟枝，用500毫克/升吲哚丁酸处理24小时，可促进生根。

播种在3～4月进行，室内盆播，基质用园土、泥炭、沙按1∶1∶1配制而成，播后保持15～21℃经10～15天即可发芽，幼苗生长缓慢，要加强肥水管理及病虫害防治。

地栽可开辟欧石楠公园，栽植在阳光充足、疏松、肥沃、排水良好的酸性沙壤土上，栽前要施足基肥，株行距1.5～3米。

盆栽宜用园土、沙、厩肥按6∶2∶2配制而成。在生长期要保持土壤湿润，每月施肥一次，可用矾肥水或卉友21-7-7酸性肥。

## 8. 马醉木有几种，如何进行种植养护？

马醉木属杜鹃花科马醉木属，株形优美，叶色多变，花序粉色，十分迷人。在欧洲、日本广泛用于室内盆栽和小庭院观赏，耐寒、抗风、抗污染，萌发力强，为城市中极佳的观叶性常绿灌木。在寒冬，以其特有的姿态和色彩，施展着醉人的魅力。

马醉木属植物有 7 种，原产喜马拉雅山、亚洲东部、美洲北部和西印度群岛的林下或坡地。

马醉木原产中国、日本。还有小欧石楠马醉木及斑叶马醉木。常绿灌木。株高 4 米，株幅 3 米。叶窄倒卵形至椭圆形，中绿色，长 9 厘米。顶生圆锥花序，花 15 厘米，花吊钟状，白色，下垂或半直立。花期冬末和春季，可耐－15℃低温。

性喜温暖、湿润和半阴环境。较耐寒，怕高温和强光暴晒，生长适温 3～10 月为 10～15℃，10～3 月 5～7℃。耐寒种可耐－15℃，一般种类可耐－5℃。土壤以肥沃，富含腐殖质，排水良好的酸性沙质壤土为宜。

播种在春、秋季盆播，发芽适温 13～18℃，播后 30～40 天发芽。

初夏用嫩枝扦插，中夏或夏末用半熟枝扦插，穗长 8～10 厘米，室温保持20～24℃，插后 25～30 天生根。若用 5 000 毫克/升的吲哚丁酸处理基部 2～3 秒钟，可促进生根。

马醉木幼叶呈彩色状，有红、粉红、粉绿、嫩黄、橙黄等色，在小庭院栽植时，宜选地势高燥，排水良好，肥沃的酸性沙壤土，株行距 2～3 米。冬季在树冠外围开沟施肥，覆盖一层树皮屑，保温越冬。

盆栽可用园土、沙、厩肥按 6∶2∶2 配制而成。生长期间要保持土壤湿润，每月施一次卉友 21－7－7 的酸性肥。夏季强光时适当遮阴。

室内通风不良，易患叶斑病和枯梢病，可用65%代森锌500倍防治，如发生介壳虫、红蜘蛛可用氧化乐果2 000倍防治。

## 9. 白珠树有哪些种类，怎样管理？

白珠树属杜鹃花科白珠树属，植株小巧玲珑，果实密集耐看，冬季果白、红、粉、黄色，久留不掉，是国际市场热销的观果植物。可栽于小庭园，配置于岩石园，亦可盆栽观赏。

白珠树属植物约170种，分布于亚洲东部，澳大利亚，美洲北部、中部和南部的林地或开阔、湿润的岩石地区。

（1）日本白珠树　原产日本。常绿灌木，株高30厘米。叶卵圆形至倒卵圆形，叶尖急尖锯齿状，深绿色，背面具网状脉，长4厘米。总状花序，短、密集，长2.5～5厘米。花壶状至钟状，白色。花期春末初夏。秋季结果，浆果白色，有粉红晕，直径1.5厘米，冬季耐－15℃。

（2）尖叶白珠树　原产智利、阿根廷。常绿灌木，株高1米，株幅1.2米。叶卵圆状椭圆形，深绿色，长2厘米。花壶状白色或粉红色。花期春末初夏。秋季结果，浆果白、紫粉、樱桃红色，果径1.5厘米。冬季耐－15℃。

（3）塔斯马尼卡白珠树　原产澳大利亚。常绿灌木，株高7厘米。叶窄椭圆形至椭圆形。腋生钟状花，白色。花期春季。果亮橙红色，亦有白色或黄色。冬季耐－15℃。

性喜温暖，湿润和阳光充足的环境。较耐寒，稍耐阴，不耐干旱，怕水湿和强光暴晒。生长适温15～22℃，耐寒种冬季可耐－15℃，一般种可耐－5℃，不耐寒种5℃。以肥沃，疏松和排水良好的酸性沙质壤土为宜。

扦插在初夏取半木质化枝条，长8～10厘米，床温保持20～24℃，25～35天可生根，若用500毫克/升的吲哚丁酸浸插条基部2～3秒，可促进生根。

播种在秋季浆果成熟后取种即播，盆土用消毒泥炭土，发芽适温 18～21℃，播后 15～25 天发芽。

白珠树地栽宜选肥沃、排水良好的酸性沙壤土，株行距 0.5～1 米。

盆栽宜用园土、泥炭、厩肥按 4∶4∶2 配制而成。生长期保持土壤湿润，每月施一次矾肥水或卉友 21－7－7 酸性肥。夏季高温强光宜适当遮阴，雨季要防止积水。

## 10. 亮叶厚皮香有什么特点，其主要管理技术有哪些？

亮叶厚皮香属山茶科，厚皮香属，又名亮叶猪血树、亮叶珠木树、亮叶红柴，是新兴的常绿乔木。原产我国广东、广西、福建、江西、浙江、安徽等省区。生长于海拔 300 米的阔叶林中。

叶薄革质，长椭圆形，上面亮绿色，侧脉上面明显。花白色，果实近卵形，直径 0.5～0.8 厘米。花期 5 月，果熟期 9～10 月。

性喜温暖阴湿，也喜阳光，耐干旱，根系发达抗风力强，较耐寒，忌积水。生长适温为 18～32℃，夏季气温高于 35℃以上时，盆栽叶片易焦边，应放荫棚下，冬季可耐－12℃低温，出现－10℃以上干冻时，叶片受冻脱落，冬季宜在冷室过冬。

喜阴湿环境，在园林种植时，宜选西北向有遮挡且通风良好的环境，不宜在烈日西晒处种植。盆栽植株春秋可接受全光照，夏季宜遮光 30％～40％，冬天，长江以南盆株可埋于背风向阳处，黄淮之间宜放在室内向阳窗前和光线好的大棚内。

亮叶厚皮香常用的播种、扦插、压条繁殖。

亮叶厚皮香宜用疏松肥沃、排水良好的沙壤土，盆土可用腐叶土 5 份，园土 4 份，沙 1 份混合而成。内加适量腐熟的饼肥末，pH 为 5.5～6.5。生长季节每月松土 1 次，以防盆土板结。

每2年换土1次，以春季出房时为宜。

生长季节每月浇施1次稀饼肥水或矾肥水，亦可定期埋施少量多元缓释复合肥，亦可喷0.2%尿素加0.1磷酸二氢钾混合液，高温（32℃以上）和冬季（15℃以下）应停肥。

生长季节要浇足浇透水，但盆内不能积水。气温达30℃以上时，勤在叶面及地面喷水。秋末后要减少浇水，维持盆土湿润即可。室内莳养，可放盛水的浅盘内，提高空气湿度。梅雨季节，要加强检查，防止盆内积水。

主要的病虫害有炭疽病和蚜虫。炭疽病6～9月为发病高峰。发病初期可用80%炭疽福美800倍或25%炭特灵500倍交替使用，每隔7～10天一次，连喷3～4次。家庭盆栽，可用达克宁涂在病斑上，效果较好。蚜虫可用10%吡虫啉2 000倍防治。

## 11. 山海带是怎样养护管理的？

山海带由蔡希陶教授在云南发现，属龙舌兰科龙血树属，又名柬埔寨龙血树、海南龙血树、小花龙血树，树脂有止血作用。直接用于室内或园林观赏。大型盆栽可布置会场、客厅，小型盆栽可点缀居室。

山海带分布于我国云南、海南等省区，属国家三级保护濒危种。生于背风区干燥砂土上。

植株为多分枝乔木，树皮灰白色，高3～4米。叶聚生于茎和枝顶，几呈套叠状，长、宽30～70厘米×1～4厘米，抱茎无柄，狭长带状，下垂似海带。圆锥花序顶生，长30厘米，由无数白色芳香的小花组成。浆果球形，熟时橙黄色。

喜高温、多湿、阳光充足的环境，耐寒性、耐阴性强。生长适温为20～28℃，冬季10℃以上仍能生长，能耐短期低温。山海带常规以扦插为主，大规模繁殖用组培法。

山海带对土壤要求不严，以疏松、排水良好、富含腐殖质的酸性或微酸性土为好。盆土用腐殖质、泥炭、河沙、腐熟饼肥5∶2∶2∶1混合。消毒用75%托布津500倍处理土壤。盆栽可用18～50厘米的塑料盆或紫砂盆。

春季在华南地区开始生长，要逐渐见光，在阳台浇水按盆钵的大小每周浇水1～2次，叶面喷水2～3次，防止过湿烂根。出室后1周，施少量复合肥和磷酸二氢钾作基肥。

夏季是山海带的旺长期，适当遮阴利于生长，可用75%遮阳网遮阴，并叶面喷水防叶尖枯死。浇水在早上9时进行，每天1～2次，喷水1～2次。每20天施一次1%磷酸二氢钾或10～20倍矾肥水，使叶片肥厚，翠绿有光。

秋季要多见阳光，放在光线充足处，晚秋少浇水，以3～4天浇一次水，停肥，10月下旬入室。

冬季山海带进入休眠期，少浇水，增强光照，放在光线最充足处养护，保持10～15℃，每周浇水一次，叶面喷水一次除尘。

山海带的病虫害有干腐病、叶斑病、红蜘蛛、介壳虫等。病害可用75%多菌灵600倍或70%甲基托布津800倍防治。介壳虫可用速蚧克乳油1 000倍防治，红蜘蛛可用5%噻螨酮乳油1 500倍喷杀。

## 12. 杜鹃红山茶有哪些优良品种？

杜鹃红山茶是国家一级保护珍稀植物。又名张氏红山茶、杜鹃叶山茶、四季茶、杜鹃茶。花期从10月到来年4月，即使气温达到38℃的7～8月，依然满树红花，十分可爱。叶狭长倒卵形至倒披针形，叶面深绿色，背面黄绿色，叶片全缘无锯齿，形状、密度、着生角度与杜鹃花相似。树形好，嫩枝红褐色，无毛，老枝光滑，黄褐色。蒴果卵球形，长2～2.5厘米，径2厘米，3室，每室有种子2粒，果皮厚，表面光滑，种子半球形，褐色，无毛。是茶花育种的好亲本。

抗逆性强，冬季能忍耐－5℃的低温，华东地区可露地栽培，夏季能耐38℃的高温，是制作茶花盆景的好材料。花鲜艳红色，花期又长，嫁接在茶花老桩、古桩上，很快就成活成形。几年后就是一盆花多，花期长，树形美的茶花盆景。

重瓣杜鹃红山茶是杜鹃红山茶的芽变。花色稍淡，外大瓣10枚，形狭长、大，瓣先端卷曲，中心细瓣密集整齐，开花时间长，单花寿命10天以上（一般茶花花期3～5天）。叶片比原生种要平展，稍小，花型为宝珠型。

根据温州云峰山茶研究所的试验，以华东山茶“红露珍”和青岛“耐冬”作砧木，成活率可达90%以上。

（1）长瓣杜鹃茶　花鲜红色，花瓣6～9枚，长7～8厘米，宽2～4厘米，倒卵至披针形，先端略凹，基中离生，中脉凹平，单生或聚生于枝顶，花密。叶浓绿，狭长，先端圆形，基部楔形，叶较大，叶缘光滑，无毛。

（2）宽瓣杜鹃茶　花比长瓣杜鹃茶红色稍淡，花型单瓣平型，花瓣6枚，长5厘米，宽3厘米，先端凹，基部连生，花柄短。叶浓绿，中长。

（3）双瓣杜鹃茶　花色艳红，花瓣短宽，6～8枚，呈两轮排列，基部与雄蕊连生，筒状，雌雄蕊发育正常，能结实。

（4）宝珠杜鹃茶　花色稍淡，花型托桂型，外一轮为大花瓣，平伸，花瓣中心的雄蕊几乎全部瓣化，成球形凸起，色形具佳。叶浓绿，较小，正面中脉凸起，先端凹。

（5）粉杜鹃茶　花粉红色，花瓣，花型、叶片与长瓣杜鹃相似，少数叶片黄斑。

（6）复色杜鹃茶　花鲜红色瓣上洒白色斑块和条纹，部分叶片黄斑。

栽培管理与山茶花相似。

## 13. 蜡花有哪些品种，如何采收切花？

别名：淘金彩梅、风蜡花、杰拉尔顿蜡花、松红梅、澳洲茶树。

蜡花属桃金娘科花卉。株高1～5米，枝条较细，茎淡褐色或赤褐色。叶互生，丛生状，线状披针形、绿色、全缘。花多单生，单瓣或重瓣，花色有桃红、红、粉红、深红或白色，花似梅，有淡香。蒴果，花心多褐色。花期春至夏或冬至夏。

淘金彩梅是商品名。澳大利亚、美国、以色列为主要生产国，除观赏外，还是蜜源植物。“孟纳克蜂蜜”即采蜡花蜜酿制而成，有很强杀菌功能，亦能促进伤口愈合。还可提取香精，有提神醒脑功效，用于口腔卫生和护肤剂。叶片作茶饮，有清热、利尿之功。新西兰毛利人常作茶饮。

品种：玛格路朴塔（淡粉色），紫色的自豪，粉色骄傲，深粉，克活粉红，普罗旺斯晨歌，阿克西拉，西里特木。欧洲喜粉白色。

蜡花耐旱、耐瘠，适应性强，生长适温15～35℃，能耐－3℃和40℃，不耐霜冻，花芽分化需4周低于12小时短日照，适于pH6的微酸性，排水良好的土壤。耐干燥。在澳大利亚花期6～10月，北半球10月及翌年春天5～6月。高15～20厘米种苗就可开花。一支40～90厘米的花枝6元以上。

蜡花苗期喜温暖湿润，全光照或半光照，适于坡地、干燥、通风良好的土地，平原要地下水位低、排水良好的沙壤土。种苗移栽在容器内，基质为田土2/3＋1/3河沙＋0.3磷酸二氢钾＋多菌灵，喷雾法进入。

种植密度80厘米×80厘米。一年生采2支，2年生采20支，3年生采100～200支，第四年隔株移栽。移栽在春秋进行，移前剪掉一定数量主侧枝，生根前遮阴95%。

如裸根小苗，要尽快入营养钵，遮阴10天，根脆易断，要保护好根系（关键!），每天中午喷水，早晚通风，10天成活。20天内保持叶室的水分和温度，遮阴控水防烂根，一月后去网接受充足的阳光，3天浇一次水，以后10天结合浇水施一次含氮液肥，每6天喷一次复合肥及微量元素的叶面肥。需肥少，可用硝酸铵和硫酸钾形式施用，花芽产生后停止施肥，可叶面喷施。

病害有疫霉和腐霉引起的根部或根颈部受害，灰霉为害叶和花；可用扑海因防治。

第一次修剪在花后，如花枝长，剪去叶量应少于总枝叶量的1/2～2/3，如花枝短可不剪。切花采收时应选取花蕾饱满，无黄叶和病虫害，20%～70%小花已开，花色正常的花枝。采在早上低温时进行，采后放入硫代硫酸银溶液，在0～2℃分级包装。美国市场按枝长（厘米）50～60、60～70、70～80、80～100分4级。日本市场60厘米为标准，60～70、70～80、80～100分3级。美国以400克为一束，日本前两者10支一束，后者5支一束。基部用橡皮筋绕八圈，上部枝叶松散，包装前将花束浸在含杀菌剂和溴氰氯菊酯混合液中，风干后进行包纸和泡沫箱装箱，3℃冷藏。

## 14. 金链树怎么繁殖与管理?

金链树属蝶形花科毒豆属，抗病性强，花期长，花色艳丽，是园林绿化的优良树种。

植株高6～9米，冠幅达9米以上。叶互生，三出复叶，圆锥花序顶生，下垂，长达45厘米，金色小花如金链，花期4月下旬至5月下旬，9月中旬果实成熟。

对土壤适应性强，耐瘠、耐黏、耐盐碱、耐寒、耐空气污染，喜潮湿、排水良好的酸性土，移栽成活率高，可耐－32℃

低温。

可用播种与扦插繁殖。播种时种子硬实率高，发芽缓慢，种子洗净后用800倍多菌灵浸泡15分钟，然后放入95%～98%浓硫酸处理20分钟，清水冲洗干净，浸泡过夜。或用200目细砂纸轻擦种皮，去黑色外皮不漏白为准，清水中浸泡，12小时换水一次，浸24小时，放在上、下湿滤纸覆盖催芽，待胚根长0.5～1.0厘米时播种。做垄畦，苗床宽1米，用溴甲烷熏蒸或多菌灵混合拌土。

春播在2月中旬，在大棚内进行，遮光率50%，将种子播入穴盘或8厘米营养钵内，覆土为种子高度的3倍，覆土用营养土（蛭石：黄土：松针土1：2：2）喷水保湿，放入苗床中。出苗后注意喷水，每周喷0.3%磷酸二氢钾和500倍百菌清（或多菌灵）防止幼苗猝倒病。种子出齐后，塑料膜早揭晚盖中午遮阴。苗高20厘米5～8片时定植。4月上中旬移栽，栽前少浇水，炼苗5～7天，小苗长到10～20厘米时，连同营养缽移至大田，株行距30厘米×40厘米，定植沟深5～8厘米，定植在无风晴天进行，栽后浇透水，覆黑色地膜，5月中旬后幼苗转入正常生长。

扦插于2月底3月初进行，选无病虫害，生长健壮、腋芽饱满当年生枝条，穗长8～12厘米，顶端距芽1.5厘米，斜面平滑，放入0.3%多菌灵中消毒，然后在ABT生根粉速蘸。插床宽100厘米，高40厘米，底部铺20厘米沙子，上覆一层黄土，株行距10厘米×20厘米，深度以插穗上部与基质面平，用手压实，保持28℃，湿度90%左右，20天开始生根，5月上旬开始炼苗，炼苗10天。

金链树树冠开张，平顶或圆顶，可整成独干型或多干型。

乔木状　用于城市行道树，干高2～2.5米，主枝3～4个，每主枝配侧枝2～3个。树体高大通风透光。

灌木状　用于公园或街头绿地的孤植。干高20～40厘米，无中心干，主枝5～6个，各主枝配2～3个侧枝，并在50～60厘米处短截，3～4年完成整形。

3月中旬叶芽萌动前浇大水一次，4月中旬新梢生长期浇水一次，5月下旬再浇一次，6～7月少浇水，注意排涝，9月上旬及封冻前各浇一次水。在整地前每667平方米施土杂肥2 000千克，幼苗期以叶面肥为主，每隔一周喷0.1%尿素一次。9月份后少施氮肥，避免降低抗寒性。生长期注意中耕除草。

## 15. 在市场上最近又推出哪些彩叶花木新品？

(1) 红叶木藜芦　杜鹃花科木藜芦属。常绿灌木，耐寒，喜潮湿腐殖土。枝叶茂密，幼枝略下垂，幼叶红色，嫩芽上有短柔毛，成叶光滑，有细锯齿，尖卵圆形或长披针形，互生，叶间距小，春夏绿色，秋冬深红色。花期4～5月，花白色，簇状。还有花叶木藜芦，成叶绿色具黄色斑驳。

(2) 花叶柊树　木樨科木樨属常绿灌木，生长密集。叶面光滑平展，椭圆形，硬革质，有5～7个长锯齿，幼叶红色，逐渐为黄红色并有小块绿色斑块，成叶绿色，上有浅黄色斑。秋季开白色小花，芳香。萌芽力强，耐修剪，耐寒，对土壤、水分要求不高，较耐烟尘污染。

(3) 金叶龟甲冬青　冬青科冬青属，常绿灌木，植株低矮。叶小，互生，长卵圆形，先期金黄色，逐渐斑驳为绿色。开小白花，花期5～6月，喜阳光充足，耐阴，萌芽力强，耐修剪。

(4) 蓝箭刺柏　柏科刺柏属。常绿乔木，树形紧凑如箭，枝叶蓝色，生长成型快，耐湿，耐瘠。

(5) 彩叶扶芳藤　卫矛科卫矛属。常绿爬行灌木，生长密集，叶小，椭圆形，叶缘是波浪锯齿。幼叶淡黄色，上有绿斑。成叶绿色，带乳黄色斑，背面粉红色，芽红色。较耐寒、耐瘠，喜阴湿。

(6) 荷兰黄枫　槭树科槭树属。落叶小乔木，幼叶橙色，渐变橙黄色，色彩鲜艳，叶掌状对生，5～7 裂。喜阳和温暖湿润环境，较耐旱，耐寒，耐半阴，对土壤要求不严。

(7) 金亮锦带花　忍冬科，锦带花属。落叶灌木，生长密集，叶金黄色，长椭圆形。花冠漏斗状钟形，深粉红色，3～4 朵组成聚状花序，生于枝顶或叶腋，花期 4～9 月。喜光，耐寒，适应性强，对土壤要求不严，萌蘖力强，发丛快。

(8) 欧洲小叶红叶李　蔷薇科李属。落叶乔木，叶片较小，紫红色，卵圆形，叶缘具细锯齿，枝叶茂密，分生力强，生长快。花期 4 月底至 5 月，粉红色，先开花后长叶，花多，较耐旱，耐瘠。

(9) 无忧树　属苏木科，又名佛诞树、娑罗树、紫凤尾。主要分布在广西亚热带山林中，据传印度佛教创始人释迦牟尼诞生于该树下，可与菩提树相媲美。

树干灰褐色，光滑秀颀，高达 6～10 米。叶革质，羽状复叶，由 4～6 对小叶组成，长 10～16 厘米，宽 3～4 厘米，叶缘波状，翠紫相映。新叶深紫、浅紫，似天鹅绒，如凤凰紫色尾羽。4～5 月开花，花细碎如指甲，4 片萼片，花瓣退化，伞形花序，似金橙色彩霞。

可用播种、扦插、压条繁殖。喜温暖、湿润的亚热带气候，对土壤适应性强，可生长在酸性—微碱性土壤，是优良的行道与绿化树种。

此外，还有红焰木、美国红荚迷、日本马醉木、红玫瑰合欢、胭脂火棘、美国红橡树、印度凤凰木及加拿大红樱等。

## 16. 菜豆树（幸福树）如何管护？

别名辣椒树、接骨凉伞、山菜豆树。商品名：幸福树、麒麟紫葳。原产中国台湾、海南、云南、贵州、广东、广西的 300～

850米山谷或平地疏林地。乔木，二回羽状复叶，小叶卵形，长4～7厘米，先端尾尖。花白至淡黄色，蒴果长85厘米，粗1厘米。菜豆树有小萼、广西豇豆树及滇菜豆树等。滇菜豆树叶面密生小白腺点，下面密生极小凹穴。

性喜温暖多湿，阳光充足，耐高温、畏寒冷、喜温润忌干燥。生长适温20～30℃，越冬最低温8～10℃，栽培宜疏松肥沃、排水良好、富含有机质的壤土或沙壤土，花期5～9月，果期10～12月。

菜豆树可用播种、扦插、压条繁殖。

盆栽的基质用园土5份、腐叶土3份、腐熟有机肥1份、河沙1份配制而成。气温30℃以上时要适当遮阴喷水，或在阴凉处度夏。冬季应放在光线充足的南向阳台，最低温度低于5℃即受冷害，会造成大量落叶。幼苗耐阴，夏季遮光。

菜豆树喜湿怕干，苗期保持苗床湿润，高温干旱季节，更应注意水分供应。为防徒长，春季抽梢时可控制浇水，保持盆土湿润，夏秋季节要定期喷洒，浇水不可太多，以免积水烂根。

盆栽每年4月出房翻盆，在培养土中加入适量的腐熟饼肥或3%多元复合肥作基肥，生长季每月浇一次饼肥水或埋多元素缓释复合肥。中秋可连追2～3次0.3%磷酸二氢钾，增加抗寒性，夏季气温高于32℃，冬季低于12℃，停止追肥。

叶斑病在高温高湿下易感染，可用50%多菌灵600倍，半月一次，连喷3～4次。介壳虫可用40%速蚧克1 500倍喷杀。

## 17. 老虎须是什么花卉，怎样种养?

老虎须为蒟蒻薯科蒟薯属的植物，又名大叶屈头鸡。多年生草本。根状茎粗大，近圆柱形。叶长圆形或长圆状椭圆形，长20～50厘米，宽7～14厘米，伞形花序有花5～7朵；花被裂片6，紫褐色，外轮裂片披针形，内轮裂片较宽，顶端具小尖头；

雄蕊6，花丝顶部为兜状，柱头3裂，弯曲成伞形，裂片较宽，每裂片有2浅裂。浆果肉质，椭圆形，具6棱，长约3厘米；种子肾形，有条纹，长约3毫米。花果期4～11月，单花观赏期约为15～20天。

在我国，老虎须产于湖南南部、广东、广西、云南海拔170～1 300米的水边、山谷或林下阴湿处。新加坡、老挝、越南、马来西亚、泰国等地都有分布。

老虎须性喜湿润、高温。冬季最低温度在13～16℃，白天相对高5～10℃，其他季节所需温度更高。我国大部分地区必须在温室内地栽或盆栽。维持潮湿的空气湿度是老虎须茁壮生长的另一个必要条件，一般应保持在80%～90%。由于原生于山谷或林下阴暗处，所以它比较喜欢阴暗的环境。在温室中栽培，除冬季外，其他季节都需要适当蔽荫。栽培介质也要经常保持湿润，但不能长时间积水。栽培介质一般用肥沃、富含有机质、透水性好的土壤。生长期间，每周要浇一次稀薄、腐熟的肥水。每2～3年于春季换盆一次，也可结合分株进行。一般品种采用种子繁殖，有些种类还可通过吸芽繁殖。播种时将种子播在过筛的素沙、泥土中，并维持21～27℃的生长适温和充足的空气湿度，约十几天即能萌发。

老虎须为国家重点保护植物，也是不可多得的观赏花卉。它不太适宜在干燥的环境栽植。其根状茎味苦、性凉，有清热解毒、消炎止痛的功效，不过全株有毒，应谨慎。

## 18. 神秘果是什么植物，如何才能栽培好？

是山榄科神秘果属植物，又名梦幻果、奇迹果。

原产非洲西部的热带地区。上世纪60年代传入我国，云南、海南、广东、广西、福建等地均有栽培。神秘果系常绿灌木或小乔木。株高2～4米，树冠馒头形，茎枝灰褐色，分枝部位低，分枝数量多，且短而密集。新梢暗绿色至浅红色，叶为倒披针形或倒卵形，多数丛生枝端互生，每枝有叶5～7片，薄革质，叶缘有微波浪形。花开叶腋，单生或簇生，极小，白色，花后结绿色椭圆形浆果，在原产地可以全年不断地开花结果，而从开花到结果通常只要3～4周。我国的华南大多数地区，每年也有2次明显的花果期。第一次是2～3月开花，4～5月果子成熟，第二次是4～5月开花，6～7月果子成熟。

神秘果的繁殖方法有种子繁殖、扦插繁殖、高压繁殖等，以种子繁殖为主。神秘果适宜在年均温21.5℃左右、年降雨量1 500毫米、土壤微酸性或中性、土层深厚、肥沃、排水良好的地区栽种，冬季最低气温在3～5℃时，叶片和嫩梢会发生冷害，但不会致死，我国的大多数地区需保温越冬。地栽宜选择微酸性砂质土，并保持良好的排水性，避免土壤过于潮湿而导致植株逐渐落叶直至枯死。盆栽宜用粗砂、炭化稻壳、人造土、椰糠等充当基质，pH 4.5～5.8为宜。栽培神秘果要选择使用一年生以上生长健壮、根系发达、无病虫害的袋苗或盆苗，春季或雨季来临前为定植适期。栽前施足基肥，栽后要浇足定根水，并注意保持土壤湿润，防止雨季积水。成活后追肥应坚持“少量多次，薄肥勤施”的原则，幼龄树速效氮肥为主，每月1～2次，成龄树则以有机肥为主，氮、磷、钾肥配合施用，并可结合中耕松土进行。每年4～8月间为换盆适期。修剪则需根据新梢抽发不同时期，采取不同整形修剪方法，如拉枝、撑枝、断顶等，从而达到增大树体冠幅，降低树体高度和萌发更多有用枝梢的目的，然后再剪除多余的、拥挤的和无用的枝梢，使树形在结果前期就能固定下来。成龄树则应依树整形，不拘泥于某一固定模式，只要做到树体内外部通风透光，各级枝条分布均匀有序，抑强扶弱即可。

神秘果既可地栽采果食用或作庭院、道路绿化种植，通常定植3～4年后便可开花结果，7年生植株结果量可达千粒以上，也可盆栽观赏，因其果实成熟时鲜艳美观、植株生长缓慢、枝条弹性好、耐修剪造型，观赏效果良好而备受人们的喜爱。

## 19. 马来葵有几种，如何莳养？

马来葵又名泰氏榈，苏门荅腊棕。为棕榈科马来葵属花卉。

马来葵原产泰国，株形优美，叶片硕大，形态特异，亮绿色，耐阴性强，是高档的室内观赏棕榈，可用来布置客厅、书房。

马来葵近无茎。叶长椭圆状倒楔形或菱形，近基出，不分裂，边缘有锯齿，羽状脉，侧脉明显延长，叶柄细长，有2.5米左右，基部有刺，叶色灰绿，多褶。肉穗花序，两性，三回分枝，果球形，有凹槽。

本属植物还有一种观赏价值较高的种，窄叶马来葵，无明显的地上茎，叶片小而窄，肉穗花序，两性，一回分枝，果球形。种子进行繁殖。由于其种子寿命短，不耐贮藏，宜即采即播，种子出芽快。用泥炭和沙作基质播种，播种1个月左右，发芽率可达95%以上，但播种苗生长较慢。

喜温暖、湿润的半阴环境和疏松、肥沃、排水良好的沙质土壤，性耐阴，不耐寒，生长适温为26～30℃。冬季白天温度25℃左右，夜间温度最好保持在15℃以上较好，室温保持在10℃以上才能安全越冬，长时间低于5℃，将受冻害，表现为叶片泛黄，叶尖干枯，并导致根部受损，影响来年的生长。马来葵能耐较阴暗环境，但要定期移至室外光线较好处养护，以利恢复，保持较好的观赏状态，在室内栽培观赏宜置于较强的散射光处。保持土壤湿润，并向叶面喷水，并经常擦洗叶面，保持叶面清洁。但切忌盆土积水，以免引起烂根。生长期每月施肥1次，以氮肥为主，有利于叶片翠绿，秋冬季可少施肥或不施肥。大苗移植时，要带完整的土球才能保证其移栽成活率。

## 20. 里樱花与樱花有什么不同，有哪些优良品种？

里樱花品种是日本指经过人工栽培驯化栽在庭院中的樱花园艺栽培品种。有百余个。花色白的如满月，淡红如鸳鸯樱，红色如关山，黄绿色如郁金，双色如松月。单瓣如千里香，复瓣如大提灯，重瓣如关山、菊樱。雄蕊瓣化的如御东返、关山，雌蕊叶化如普贤象。复萼如大村樱、姝背。绿芽如松月，黄芽如大芝山，褐芽如一叶，红芽如关山。

(1) 横滨绯樱　花先叶开放。花蕾红色，花红色，花瓣5～7枚，多5枚，花瓣近圆形，瓣上红脉明显，瓣尖微内凹，花径3.8～4.4厘米。雌蕊1个，长于花丝，花丝白色，花萼筒形，无毛，紫褐色，5片，花梗长1.6厘米，光滑无毛，花3～5朵一束，中花品种，花期3月中下旬。

(2) 御东返　花先叶开放。花蕾粉红色，花淡粉红色，花瓣为横向椭圆形5枚，雄蕊瓣化1～2枚，瓣质较厚，瓣尖内凹，花径4.4～4.8厘米。雌蕊一个与花丝等长，花丝白色。花萼淡紫褐色，筒形无毛，5片，花梗长2厘米，花2～3朵一束，中花品种，3月下旬盛开。

(3) 松月　花先叶开放。花蕾红色，花白粉红色，瓣色不匀，瓣缘色深，花瓣25～27枚，尖内凹，花径4.2～4.7厘米。雌蕊2个，正常或叶化。花萼筒形无毛，5片，绿色有紫红晕，萼顶尖。花梗长3厘米，花2～6朵一束。晚花品种，花期4月上旬。

(4) 杨贵妃　花先叶开放。花蕾红色，花粉红色，瓣色不匀，瓣缘色深，花瓣21～23枚，尖内凹，花径4.3～4.7厘米。雌蕊1个或退化。花萼筒形无毛，5片，绿色有紫红晕，萼顶尖。花梗长3厘米，花2～3朵一束，晚花品种，花期4月上旬。

(5) 普贤象　花叶同开。花淡红色，花心伸出由雌蕊叶化而成2片小叶，似普贤菩萨乘坐的象鼻子故名。花蕾淡绛红色，花粉白色，瓣色不匀，瓣缘色深，花瓣38～45枚，尖内凹，花径5～5.5厘米，花萼筒形无毛，5片，紫褐色，萼顶尖，花梗长5.3～5.6厘米，弯曲下垂，花1～3朵一束，晚花品种，4月上旬盛开。

（6）关山　花叶同开。花蕾红色，花红色，盛开粉红色，花瓣33～35枚，尖内凹，花径5.5～6.2厘米，雌蕊1～2个，有叶化现象，雄蕊短小，或退化或叶化。花萼筒形无毛，5～6片，紫褐色，萼顶尖。花梗长3厘米，花1～3朵一束，晚花品种，4月上旬盛开。

（7）郁金　花叶同开。花色淡黄绿色，15枚，花径3.8～4.2厘米，初开时花色一致，后来外层花瓣略带淡红色，晚花品种，4月上旬盛开。

## 21. 扶桑栽培时会落叶与落蕾，是什么原因?

在栽培中要防止扶桑异常落叶落蕾。扶桑落叶落蕾异常，主要是由于光照不足，浇水不当或温度不适宜而造成的。

扶桑是一种强阳光性植物，性喜阳光充足，如果将其长期放置在荫蔽的地方养护，致使阳光不足，同时浇水过多，使盆土长期处于潮湿状态，就会引起烂根，导致落叶落蕾，如果浇水过少，孕蕾期间盆土干燥，也会因供水不足，引起老叶黄化脱落，花蕾也易产生离层而脱落。尤其是冬季花在室内越冬期间室温偏低，扶桑处于休眠状态，如此时浇水过多，更易引起烂根落叶。

## 22. 袋鼠花与可伦花如何区分，有哪些品种，如何栽种?

袋鼠花是澳大利亚的特产花卉，分布于西南部冬季潮湿沼泽地、沙质平原、平阔的干燥林地和海滨中心地带。花形奇特，极像袋鼠的爪故名。花期长，从春到秋，黄绿色绒状花枝，生动可爱，呈现新鲜、新款的意趣，是国际上新的切花和盆花材料，在暖地作花坛或花境用。

多年生常绿丛生状草本，树高1～3米，叶披针形或舌状，橄榄绿色至绿色，长35～100厘米。花茎分枝，圆锥状，长4～7厘米，着花9～10朵，黄绿色至淡棕红色，长5厘米，裂片不下弯。花期春季末至中夏，冬季耐5℃。

袋鼠花属植物在全世界有8种，都分布在澳大利亚南部。但有的文献将苦苣苔科的可伦花，亦称为袋鼠花，这是不对的，它们主要区别是：

**表4-1　袋鼠花与可伦花对比**

| | 可伦花 | 袋鼠花 |
|---|---|---|
| 科 | 苦苣苔科　腊巨属 | 仙茅科　袋鼠花属 |
| 学名 | *Nematanthus globra* | *Anigzanthos flavidus* |
| 原产 | 中南美洲　巴西 | 澳大利亚 |
| 叶片 | 肉质对生卵状椭圆形,叶小 | 披针形,长35～100厘米 |
| 花 | 腋生，单生，花无绒毛 | 圆锥花序，长4～7厘米，有毛 |
| 花期 | 冬末至春季 | 春末至中夏 |
| 花色 | 橙黄、红黄、橘红 | 黄绿至淡棕红色 |
| 生长适温 | 15～28℃ | 13～25℃ |
| 繁殖方法 | 扦插 | 播种、分株 |

常见的栽培种类有：小袋鼠花、黄袋鼠花、红袋鼠花、绿袋鼠花、曼格尔袋鼠花及普通袋鼠花等。栽培品种有：

（1）黎明　株高1～1.5米，株幅60厘米。叶深绿色，长22～45厘米。花茎叉状，总状花序，长8～15厘米，着花100朵以上，花黄色，长3～4厘米，里面绿色，裂片下弯，被淡黄色毛，花期3～5月。冬季耐5℃。

（2）绿宝石　株高60～100厘米，株幅60厘米。叶蓝绿色，具白霜，长35厘米。总状花序，红紫色，长5～12厘米，着花

12～15 朵。花黄绿色，长 5 厘米，花期 4～5 月。冬季耐 5℃。

（3）迷你红　株高 30～40 厘米，株幅 10～25 厘米，花鲜红色。

（4）矮乐　株高 80 厘米，株幅 50 厘米，叶绿色，长 50 厘米。花茎直立，圆锥花序，长 5～12 厘米，着花 5～10 朵。花淡黄绿色，长 5～7 厘米，被红色毛呈橙红色，花期 3～5 月，冬季耐 0℃。

（5）国王魔爪　株高 50 厘米，株幅 40 厘米。花棕色有红色条纹。

（6）粉色小袋鼠　株高 50 厘米，株幅 40 厘米，花粉红色。

袋鼠花常用播种和分株繁殖。袋鼠花属鸟媒花，靠蜂鸟授粉，人工栽培需人工授粉。种子小而硬，灰棕色至黑色，采后即播，发芽适温 13～16℃，播后 20～25 天发芽，从播种至开花需 2～3 年。

分株 2～3 年 1 次，秋季或早春进行，将地下茎掰开，每丛必须带顶芽，盆栽以 2～3 株为宜。

规模化生产用组培法或扦插法。

生长期要充分浇水，保持土壤的湿润，一般 3～5 天浇水一次，开花期 3～4 天浇水一次，花后 6～8 天浇水一次，浇水时不能浇湿茸毛状的花瓣，防止腐烂。夏季高温呈半休眠状态，应减少浇水。冬季对枯花茎从基部剪去，用稻草或树皮屑覆盖地面保护根颈，利于春季萌发新花枝，要保持土壤干燥。

4～10 月生长期，每半月施饼肥水 1 次，花期增施磷钾肥。

常见的有叶斑病，可用 75％百菌清 700 倍液或 80％代森锰锌 800 倍液防治。介壳虫可用速蚧克乳油 1 000 倍防治。

## 23. 虎颜花（熊掌）有什么特征，它的技术要点有哪些？

虎颜花为国家级保护植物，属野牡丹科、虎颜花属，又名熊掌。原产广东阳春市，叶片硕大，叶形美观，耐阴性强，花蕾小巧玲珑，鲜艳欲滴，是高档的观叶植物。

多年生常绿草本，具近木质化的短匍匐茎，直立茎极短，叶膜质，心形，顶端圆，边缘具细齿，上面无毛，下面密被绒毛，叶柄幼小具红棕色毛。叶长 20～30 厘米，基部有 9 条平行的叶侧脉，与基出脉垂直。总花梗长 20～30 厘米，钝四棱，小花 5 数，组成腋生的蝎尾状聚伞花序，花期 1～2 个月，花瓣暗红色，倒卵形，一侧偏斜，雄蕊 5，花药线形，子房卵形，上位，5 室，蒴果漏斗状杯形。果期 3～4 月。

繁殖方式有播种、扦插和分株。播种因种子细小采后即播，浅播，基质用腐叶土 2，泥炭土 2，细沙 1 混合而成，消毒过筛，水浸透后均匀播种，盖细土或细沙，不见种子为度，18～25℃30 天发芽，2 个月盆栽。

分株或扦插法在春季换盆时将母株小心取出，不折断叶片，将匍匐茎切成每段 2～3 叶，切口晾干后分栽。伤口涂硫磺粉或草本灰。

栽培技术要点：

虎颜花野生于山谷密林阴湿处，喜高温、湿润的半阴环境，能耐短期 0℃，5℃以上安全过冬，生长适温 17～30℃，不耐干旱忌阳光直射。夏季遮光率 50%～70%。

（1）肥水管理　虎颜花对水分要求高，要高空气湿度，但不能积水，夏天每天浇水一次，水不能直接喷到叶片上，防止烂叶，生长期每周施一次以氮为主的复合肥，薄肥勤施。

（2）基质　以肥沃、疏松、富含有机质、透气的酸性土为宜，一般以腐叶土∶泥炭∶粗砂以 2∶1∶1 混合，并加腐熟的牛粪或鸡粪作基肥。

（3）病虫害　夏季高温多湿，易染茎腐病和根腐病，可用 25%多菌灵或甲基托布津 1 000 倍液防治，根腐病可用 1 000 倍链霉素泡根。虫害有蜗牛、蛞蝓及毛虫，注意防治。

## 24. 雪花莲有哪些品种，如何栽培管理？

属石蒜科雪花莲属，又名雪钟花。雪花莲株形矮小，花叶繁茂，色彩清丽，在粉绿色的叶丛中，悬挂着铃铛似的花朵，娇小玲珑，雪白的花瓣，顶端镶嵌着造型美丽的色斑，显得格外亲切可爱，是欧美庭园和室内盆栽的重要球根花卉之一，亦是国际上十分流行的切花材料。

（1）雪花莲　株高10厘米，株幅10厘米，叶狭带状，绿色，叶面具白霜，长5～16厘米。花小，长1.2～2厘米，在每个内轮花瓣的顶端具有一个倒V形绿斑，有蜜香。花期冬季。常见的品种有：

①金色萨维尔　外轮花瓣白色，带淡紫色晕，内轮花瓣白色，顶具“V”字状金黄色斑。花梗子房金黄色。花期冬末。

②布朗德·英奇　外轮花瓣白色，略带淡紫色晕，内轮瓣带淡黄色晕，顶端具“V”字状黄褐色斑，花期冬末。

③诺福克·布朗德　花瓣白色，内轮花瓣顶端具黄斑，内侧紫色，花梗及子房金黄色。

④重瓣雪花莲　株高10～15厘米，株幅5～8厘米，花瓣多数，白色，内轮花瓣顶端具绿色斑。

⑤绿瓣尖雪花莲　花瓣白色，花瓣多数，瓣尖绿色。花期冬末和早春。

（2）纤细雪花莲　株高10～15厘米，株幅5～8厘米，叶线形，微扭曲，具白霜，长5～15厘米。花小，白色，有香味，长1.5～2.5厘米，每个内轮花瓣顶端和基部各有一个绿斑，子房淡绿色。花期冬末和早春。常见的品种有：①普赖德·丰尔，外瓣白色带紫晕，内瓣黄绿色，边缘白色，子房淡黄绿色。②达格林·沃思，外瓣白色，内瓣基部黄绿色，上半部白色，顶端具2个黄绿斑，子房黄绿色。

（3）大雪花莲　株高12～30厘米，株幅8厘米。叶宽带形，灰绿色，稍扭曲，具白霜，长10～15厘米，花白色，有蜜香，长2～3厘米，内瓣顶端和基部具绿斑，花期冬末和早春。

在市场上还有许多杂交品种，例如艾氏雪花莲、福克斯汤雪花莲、小约翰雪花莲、芭蕾雪花莲及索斯·海斯雪花莲等。

雪花莲以分株为主，在地上部枯萎后挖起鳞茎进行分球，商品球分为周径4～5厘米、5～6厘米和6厘米以上三种规格。为了提高繁殖系数，可在初夏将鳞茎自基部向顶部交叉切6～8刀，用0.1%升汞液消毒，放在20℃繁殖床上培养，3个月后，每个碎片上可形成1～2个小鳞茎。

播种在种子采后即播，发芽适温13～18℃，出苗后应遮荫保苗，一般用于育种上。

雪花莲原产欧洲和亚洲西部，生长于林缘坡地。性喜凉爽、湿润和半阴环境，耐严寒，能耐－15℃低温，忌强光暴晒和干旱。宜富含腐殖质，疏松和排水良好的沙壤土。

在庭院栽培时，栽前施腐熟的厩肥，每平方米栽周径4～5厘米鳞茎50～60个，深度为5厘米。盆栽15厘米直径盆栽3～5个鳞茎，深3～4厘米。

盆栽在花前施一次磷酸二氢钾或卉友15－50－30盆花专用肥。地栽9～10月栽植，2～3月开花，一般不追肥。11月盆栽，栽后放室外，待萌芽生根后，放阳光充足处，50天即可开花。休眠鳞茎在15～17℃贮藏，促进花芽分化。

雪花莲以灰霉病最甚，使花梗、花蒂黑腐。在叶片萌发后，可用75%多菌灵1 000倍防治。虫害以水仙球蝇最重，可用循环热水（40～45℃）处理3小时，晾干备用。

## 25. 雪滴花与雪花莲有什么不同？

属石蒜科雪滴花属，又名雪铃花。雪滴花原产中欧及地中海沿岸，鳞茎球形，直径1.8～2.5厘米，花葶直立，中空，花单生或数朵伞形花序，花白色，广钟形，无筒部，花被片端具绿色、黄色或红色斑点。雪花莲鳞茎稍大具黑褐色皮膜，叶丛少，仅2～3枚，花葶单生。花被2轮，外轮3片大而分离，内轮3片，联合直伸，明显短于外轮。

性喜凉爽湿润，土壤以富含腐殖质，排水良好的中性土为宜，盆栽基质用园土，炭化稻壳8∶2混合而成，内加少量复合肥或骨粉。

地栽深5厘米，雪滴花春花种于8月中旬种植，秋花种夏季种植，雪花莲秋季种植。地栽地点在阳光充足的疏林下、坡地、草坪边缘。盆栽宜适当浅盆，放南向阳台，10天转动花盆一次，使受光均匀。株形良好。

喜湿润，忌干旱，怕涝。地栽要作畦开沟排水，盆栽注意基质的排水性，浇水要见干见湿，浇则浇透。营养生长期，每半月一次氮肥，1～2次即可。现蕾后，施翠康钙宝或0.3%硝酸钙，促进花葶生长，防止盲花，以阴天施较好，且不能将肥料溅到叶片上。花后将花葶除去，追施0.2%磷酸二氢钾，促鳞茎分蘖生长。

用分鳞茎法，在初花后叶枯萎前，将植株分开，3～4个球一簇分植，2～3年分栽一次。亦可采后埋于沙土中秋季再种。

## 26. 最近推出新的花坛用花有哪些？

（1）彩星花　品种有蓝星、粉红星、白星等。一年生草花，植株开展度20厘米，株高20～30厘米。叶绿色，互生，叶片狭长，有不规则锯齿裂纹。每株有花6～10朵，花瓣基部筒状，长3厘米，伸展出成5片狭长花瓣，花大小为2.5～3.5厘米，花有粉红、蓝、白色。分枝旺盛，茎基部分枝多，中部每张叶片都会长出叶枝与花枝，以花枝为主，为控制株高，生长期内可修剪，修后6周再次开花。适于花坛、花境和吊篮。

早春播16～18周为盛花期，4月初播种的10～11周为盛花期。12月至翌年4月初播种，花期为4月底至霜冻。可用于“五一”节和“国庆”节。

彩星花种子细小，每克种子6 000粒，可与细砂混合后撒播在方托盘里。基质为草炭3份、蛭石1份，播种后撒蛭石覆盖，也可播在128或288的穴盘里，不覆盖，播后在20～22℃，湿度90%～92%条件下催芽，发芽时间7～14天，开始7天之内在暗光下发芽，7天后在有光条件下继续发芽，出苗后适温15～25℃，光照充足。每隔7～10天交替使用50～100毫克/升的20-10-20和14-0-14水溶性复合肥。

种苗上盆成活进行一次摘心，促进分枝，每隔5～8天交替使用浓度200～250毫克/升的20-10-20和14-0-14复合肥，可采取干湿交替，适当控水促根生长。温度20～25℃，光照充足。

可栽于大树下，墙角边，布置在岩石中，按株行距10～15厘米植于花坛、花境中。

(2) 荷兰菊　为菊科紫菀属多年生宿根草本，高40～100厘米，地下走茎横向，须根多。叶线状披针形，光滑、幼时微紫色。伞房花序，径约2.5厘米，舌状花15～25个，暗紫色或白色，总苞片线形急尖微向外伸，花期8～10月，原产北美洲。

性喜温暖向阳、肥沃排水良好之处生长，短日照植物，不怕严霜。

盆栽：用鸡粪、细煤灰、园土1∶2∶3配成，花盆口径20～30厘米，每年选5～7株高度相似的种于盆中，施足底肥，栽后及时浇水，生长期保持湿润，追肥，摘心。

地栽：早春分栽，每3～4株一丛，深度以不露须根为原则，株行距20厘米×20厘米，要施足基肥，追肥以氮钾肥为主，用量随苗木生长而增加，生长旺季7～10天一次浓度0.25%的液肥，摘心后不能立即追肥，待新叶出来后方可追肥。最后一次摘心现蕾时，可 7～10 天一次磷酸二氢钾叶面肥。施肥前一天浇一次水再施保安全。

苗长至 3 个叶节时摘心，将 3 个叶以上部分全部去掉，第二次摘心，在最后一个新枝长至 3 个叶片时统一进行。摘心 3～4 次，最迟一次摘心在 7 月中旬前。大面积栽培单株摘心工作量太大，定植苗第一次摘心后，每隔 25 天左右，新枝长够 3 叶，用剪枝剪平剪，可以剪 2～3 次，不影响花芽分化。

荷兰菊白粉病危害较重，从第一次摘心后用 25％三唑酮 2 000倍防治。如有蚜虫，要及时防治。

花凋谢后要及时摘除，适于作花坛、花境和草坪外围带状栽培。

（3）角堇　属堇菜科堇菜属，又名香堇菜、小花猫。原产欧洲的一年生草本。花直径 2.5～3 厘米，花有蓝黄、橘色、紫色花心、蓝花花心、黄、紫黄等色，微香。花型玲珑可爱。枝条柔软，像藤蔓，开花性强，可做成花球。

角堇耐寒，喜日光充足、通风凉爽的环境，花期 11 月至翌年 5～6 月。9～10 月撒播，上盖薄蛭石，保持通风潮湿，1 周可发芽。喜肥沃、疏松、透气、排水良好的沙土，用园土、腐叶土、蛭石、草木灰、腐熟鸡粪 2∶1∶1∶1∶1 配成介质。3～4 片真叶移至营养钵，7～8 叶定植。定植时施些底肥，花期施些钾肥，放在日照充足处养护。可重栽。

（4）彩虹菊　属番杏科，又名多萝西雏菊、生石花雏菊。目前栽培的是魔毯品种，一年生草本，主茎高 10～15 厘米，分枝从近地面上发出，对生叶片近圆筒状至线状倒卵形或匙形，无柄，近肉质，具有透明小乳头突起。两性花单生，萼下部连成筒状，上部叶状 5 裂，花瓣 35～50 枚，花径 4.5 厘米左右，有玫红、橙、粉、淡紫、乳黄、白等色。花色变化有 4 类：①花瓣基部有彩斑组成的眼或花心；②花瓣的中、外缘有异色镶边似两轮色；③花瓣中肋方向有深的肋条；④花瓣由单一的灰白、月牙黄或橙色组成。雄蕊多数紫红色，蒴果5室，裂片有小翅。

彩虹菊原产南非，喜阳光充足，温暖又干热的环境，适于生长在贫瘠但排水良好的沙土上，耐干旱，忌水涝，好适度凉爽，忌炎热酷暑，不耐霜寒。

播种繁殖。种子细小，每克约3 000粒，发芽适温15～20℃，第一真叶出现时及时分苗。穴盘育苗每穴点播种子2～3粒，苗期温度宜稍低些，一般不高于12℃，利于苗株健壮生长与分枝，使株丛低矮密实，分枝多，花朵繁茂。播种时期因地区与栽培设施条件而异，南方早春直播或穴盘育苗，初夏开花。直播的宜疏播，并及时间苗，苗间距10～15厘米。南方冬暖地区秋播，越冬最低温度不低于5℃，早春开花。北方保护地育苗，晚霜后定植露地，定植前后有3～5天炼苗。花期3～5月。蒴果成熟后5片裂开种子散落。留种时蒴果刚裂缝时及时采种，晾干后置于冷凉干爽处贮存。

栽培地最忌潮湿或排水不良，否则易受蜗牛或蛞蝓为害。

彩虹菊适于花坛片植，花境、草坪镶边，石块坡岸、岩石园或片石小径隙缝点缀。具有娇嫩晶莹、闪烁发亮的观赏效果。花期长达2～3个月，花朵清淡素雅，娇艳高贵、流光溢彩的俏美。作小盆花放在案头，更添愉悦的气氛。彩虹菊在同一植株上，同一花上或同一花瓣不同部位，会出现色彩变化的奇妙现象。

（5）香薷　属唇形科香薷属，又名五香菜。多年生草本，原产我国华北、华东及辽宁、四川、云贵的河谷两岸、路旁、山地林中。茎方形，高55～95厘米，中上部有细浅纵槽数条，四棱上疏生柔毛，叶绿色，披针形，两端狭尖，边缘浅锯齿。总状花序密集成穗，偏向一边，花萼钟形，花冠淡紫色或小许白色，小坚果扁球形，花果期8～11月。常见的有蜜花香薷、萼果香薷、石香薷。花嫩黄、浅红、淡紫、深紫等色。

喜温暖湿润疏松肥沃的土壤，地栽宜用沙壤土，盆栽用腐殖土、炉渣各半混合，每盆一株，地栽株行距30厘米×50厘米，30天左右一次稀液肥，8月临花期追磷钾肥一次，地植深秋花谢后剪去地上部，施肥浇水培土防寒，盆栽冷室过冬。5～7月生长期及时打头摘心。

播种在清明谷雨进行，种子与泥土混合撒播，播种深度为1～2厘米，10～15天出苗，苗高10厘米移植或间苗。分株在早春及秋后，挖起老株，选粗壮带2～3芽的根剪开。种后保湿，直至新芽发出。多雨季节易染叶斑病，可用50%多菌灵1 000倍防治。

可作蔬菜，是蜜源植物，可盆栽、造景，庭院、园林种植。

(6) 时钟花　又名白时钟花，原产巴西，为时钟花科时钟花属多年生草本或亚灌木。叶互生，边缘具锯齿。花腋生，花瓣5，白色，中心黄色，基部紫色。花期春夏季。同属栽培种有黄时钟花。

性喜温暖、湿润及阳光充足的环境，不耐寒，耐热，土壤以肥沃的沙质壤土为佳。

时钟花花开繁茂，适合花坛、花境、林缘下栽培，也是庭院及盆栽的优良品种。

(7) 心叶假面花　又名瓦氏假面花，原产秘鲁，为玄参科假面花属多年生草本，我国引种栽培。一般作一年生栽培，株高30～60厘米。茎细长，具分枝，红色。叶卵形，具锯齿，绿色。花红色，有矩。花期夏秋。花色艳丽，小巧可爱。

喜光照，喜温暖、凉爽的气候条件，较耐寒，可忍受近0℃的低温。对土质要求不严，以排水良好、肥沃的壤土为佳。

(8) 流星花　原产于澳大利亚，为桔梗科流星花属一二年生草本，株高30～50厘米，叶狭卵形，羽状全裂。花蓝花、白色，花期春至夏季。性喜温暖及光线充足的环境条件，耐热，有一定的耐旱性。适生于肥沃、疏松、排水良好的土壤。

是庭院绿化的极佳材料，适合作地被植物，或植于篱垣下、墙边等地，也是岩石旁及岩石园绿化的佳品。还可盆栽观赏。

(9) 大叶蚁塔　又名根乃拉草，为小二仙草科根乃拉草属，原产南美洲，为多年生大型草本植物，株高 2～3 米。叶大，有刺，直径可达 1 米。圆锥花序，淡绿色。

喜温暖、阳光充足的环境条件，不耐热，不耐寒，较耐旱，不择土质，以疏松、肥沃、排水良好的沙质土壤为佳。

大叶蚁塔是叶片最大的草本植物，适合植于园中或庭院一隅，或植于大型门廊两侧观赏。

(10) 天蓝尖瓣木　又名彩冠花，为萝摩科多年生亚灌木，多作一年生草本栽植，原产巴西。株高 30～80 厘米，密被白色柔毛，叶对生，披针状长心形，全缘，花顶生或腋生，淡蓝或天蓝色。花期春至夏季。喜温暖湿润及光照充足的环境，不耐高温，喜肥沃、疏松、排水良好的土壤。

适合花境、花坛栽培和作背景材料，也可作切花及盆栽观赏。

(11) 紫水晶　又名布洛华丽，原产于美洲热带地区，为茄科蓝英花属一年生草本或亚灌木，株高 60 厘米左右。叶对生或互生，卵形，叶面光滑。花单生于叶腋，花淡蓝色。花期夏季。

性喜光照及温暖的环境，不耐寒，耐半阴，土壤为肥沃、排水良好的沙质壤土。

紫水晶苗期应加强水肥管理，促使开花繁茂，花期可将植株移至荫棚内，以便保持花色艳丽。

适合布置花坛、花境及山石旁，也是庭院绿化的优良花卉，还可盆栽观赏。

(12) 紫娇花　又名野蒜、非洲小百合，原产南部非洲，为石蒜科紫娇花属多年生球根花卉。丛生、叶细长，茎叶含韭菜味，花茎直立，细而长，花茎顶端着花 10 余朵，花期以夏、秋为盛。

性喜温暖、湿润的环境，喜光照，也耐阴，不耐寒，较耐旱，耐瘠，适生于土质肥沃、排水良好的土壤中。

适合林缘下、山石边及园路两侧成片栽植，或作背景材料及庭院栽培欣赏，也可盆栽及作切花。

# 第五章　木本花卉

## 1. 红花继木有哪些品种，怎么养护？

红花继木有 4 个种，即继木、红花继木、大果继木、大叶继木等。优良品种有大叶黑珍珠（叶四季黑红色，花浓红、开 3 次花、花量大）、小叶黑珍珠（珍品，叶小、花量更大、节密而紧凑）、大红袍（叶红色，7～9 月转绿，花大红色）、两头红（叶小，先端尖，叶随气温升高转绿，花粉红色，抗性强）和双面红（叶正反面均红色，7～8 月转青红色，花淡红～红色）等。要求株型匀称美观，枝条壮实，叶片光亮，无病虫害。最好在花前转绿前购买，以便识别品种。

养护　喜光照，亦耐阴，耐干旱、耐高温，越冬温度 0℃左右，生长适温 15～25℃，喜湿润肥沃的酸性土中生长。扦插在 2 月上旬到 3 月下旬或 8～10 月上旬，用腐叶土、山泥、河沙按 4∶4∶2 混合作基质，插穗用春梢，长 7～10 厘米，温度25～30℃，遮阴保湿 7～10 天即可生根。夏季要及时浇水和喷水，发芽前施稀饼肥水，10～15 天一次，开花前后喷 0.1%尿素加磷酸二氢钾。

## 2. 盆花月季有哪些品种，养护的技术要点是什么？

月季选购时要选花大，色艳，花香，生长健壮，易栽培，无病虫害的植株。优良品种有和平、明星、金冠、杏红、宝石花、药红、巨京、哈雷慧星、玛丽娜、天津乙女、合唱团、马戏团、满园春色、红霞、真金烈火、东方欲晓、金色太阳、茶花女、海涛、金巨人、团结、伊丽莎白女王、红钻石等。切花月季品种有卡罗拉、艳粉、墨魔术、樱桃白兰地、自由、舞后、召唤、红魔、松瑞沙、音符、威望、丘比特、花园、诱惑、荷兰老人、索非、红卡、密来纳、红西沙松、金枝及番红花等。

生长适温15～25℃，高于35℃，低于4℃对生长不利。月季极喜光花卉。花后半木质化枝条扦插最好。喜湿好肥。每次花后到下次花前，施1～2次含氮、磷、钾复合肥或10倍腐熟饼肥水。春季孕蕾后到花前施一次1/5～1/8粪肥水。在现蕾时剥除侧蕾，只留中间一个大蕾。第一次花后，在枝长10～15厘米短剪，二次花后在花下第2叶剪，8月后每根枝留2～3芽剪。修剪结合换盆在早春进行，除疏剪病、弱枯枝外，保留3～5个健壮主枝，壮枝剪去1/2，较弱枝剪去2/3，每枝保留一定数量向外生长的腋芽，使形成适当花枝。地栽一般留3～5个主枝，每枝留2～4芽剪。要十分重视黑斑病、白粉病的防治，前者用75％百菌清1 000倍和70％甲基托布津交替使用，后者用15％粉锈灵1 000倍防治。

## 3. 我家有一圈铁栏栅，种上蔷薇，不知如何养护管理？

蔷薇自古就是佳花名卉，属蔷薇科，落叶灌木，植株丛生，茎具蔓性，多刺。叶互生，奇数羽状复叶。花色很多，有白色、红色、桃红色、黄色等，花香诱人。常见品种有七姐妹、金樱子、粉团、白马寺、黑蔷薇、千叶、康家四出蔷薇、荷花及团团红等。

（1）土水肥管理　蔷薇不甚择土，但不管地栽还是盆植，均以在腐殖质丰富的沙质壤土中生长最佳。蔷薇喜润而怕湿忌涝，地栽或盆植都得重视排水良好。浇水要“干透浇透”。从萌芽到开花前，水可适当多浇，以土润而不渍水为度，花后浇水不可过多，土要见干见湿，雨季要注意排水防涝。它喜肥，亦耐贫瘠，按“薄肥勤施”原则，不断供给各种养料。3月可施1～2次以氮为主的液肥，促长枝叶，4月至5月初施2～3次以磷钾为主的肥料，促其蕾多、蕾壮、花艳，花后再施一次复壮肥。秋末要施一次较充足的有机肥，以利冬季滋养根系。

（2）光温湿的要求　蔷薇系阳性花卉，它喜温暖，亦耐寒，华北地区及其以南，皆可露天栽植，要勤松土透气。盆栽蔷薇夏季要适当遮阴，避开阳光曝晒，要叶面喷水增加空气湿度，冬季要注意保暖，预防冻坏根系。

（3）整形和修剪　露地栽植，应搭棚架或将主干攀缠到其他树干上。夏季通风透光很重要。每年在主茎或主蔓上长出的健壮枝条可适当保留，以更新老枝、弱枝，多余者齐基部剪掉，夏末秋初，对生长不规则、分布不均衡的枝蔓随时调整、牵拉、绑扎，确保生长季节通风透光。冬末至早春应再次对植株进行细致修剪，重点是对一年生枝条回缩，剪去1/3左右。

盆栽蔷薇最好呈独干式，干上留3～5个主枝，主枝不可过长，主枝上的侧枝应更短些。冬剪时侧枝上的一年生枝条，只须留基部1～2个花芽，上部全部剪除即可。

（4）病虫害防治　蔷薇易患白粉病，一经发现将病枝剪掉烧毁，以免传染，并喷200倍波尔多液或800倍70%甲基托布津溶液。

## 4. 桂花有几种，如何选购与养护？

桂花有金桂、银桂、丹桂、四季桂及日香桂等，每种桂花又有许多品种，因此很难靠枝条和叶子识别品种。目前市场上常用四季桂来骗人当日香桂卖。日香桂1983年从四川苍溪县发现，它的特点是树形丰满、紧凑，根系发达，叶片翠绿，光滑较圆，锯齿浅而少，嫩梢紫红色，色泽柔和，分枝多，节间短，花先白后黄，花蕊淡红，花瓣为4枚，花量大，花期长达260天，盛开时开张度大，花径6～10毫米，浓香。

金桂类株形高大直立，树冠圆球形，枝叶繁茂，发芽早，一年抽两次枝，叶色光亮油绿，革质较薄，9月下旬开花，香味浓烈，先嫩黄后金黄色。有齿叶金桂、柏墩金桂、明星金桂、疏脉金桂、红色金桂、小花金桂等。银桂树形小，枝叶稀疏，树冠长圆球形，秋梢比金桂发得多，叶片黄绿色，平展，花期比金桂晚一周，花先乳白后淡黄色。丹桂是迟花的品种，春梢萌发迟，枝硬而粗短，叶片椭圆形，钝锯齿，墨绿色，花橙黄到橙红色，香气稍逊。四季桂株形灌木状，椭圆形，嫩枝浅绿色，叶椭圆形，平展，有锯齿，革质淡绿，叶尖下垂。侧脉15～17对，花淡黄色，花期长，香气淡。

选购时要购小叶女贞做砧木的嫁接苗，主干粗度1～2厘米以上，树冠高40～60厘米，直径45～60厘米以上，树高与冠径比1∶1，有3～5个主枝，每主枝上有小枝20个以上要带花的苗木。小型植株可选有3～4个分枝，根干粗，嫁接部位低，花蕾繁的嫁接苗。不选利用不开花母株靠接的新株，这种苗的特点是生长旺盛，枝节易抽长，叶缘多锯齿，叶色淡，叶面多不平。桂花的嫁接苗有后期不亲和特性，即长到10年以上时，地上部先生长减弱，后发芽枯死，最后生长衰弱直至死亡。故一定要深栽到嫁接口以下，使接穗生根以补充营养。

桂花扦插苗成活率很高，亦是一种繁殖方法，但是扦插苗开花比较迟，四季桂的扦插苗开花较早，因此，购小苗最好不要买。切接，皮下接及芽接苗嫁接部位低，便于造型，但要买苗龄大一些的苗。

桂花喜强光，耐高温，性喜温暖湿润，不耐严寒，一定要栽植或摆放在阳光十分充足，通风良好的地方，盛夏烈日要稍加遮阴，否则叶尖或叶缘会焦枯。桂花喜排水良好，腐殖质含量高的 pH 6.0～6.5 沙壤土，忌盐碱、忌积水、忌煤烟、忌污染。4 月中下旬是新梢生长高峰，5 月下旬至 6 月上旬花芽开始分化。桂花生长适温 15～30℃，能耐－5℃低温，最适相对湿度为 70%～80%，空气过于干燥，会出现黄叶、干尖、干斑的现象。

桂花选购后要及时上盆，盆土用山泥：腐叶土：河沙：炉渣：堆厩肥按 3：2：1：1：3 配制而成，经消毒后，盆底放 2～3 厘米的腐熟的饼、厩肥和骨粉，栽后浇透水，在散射光通风处养护 10～15 天转入正常管理。

桂花喜肥，肥料要薄肥勤施，生长期多施速效肥，忌浓肥与生肥。发芽后以氮钾肥为主，6 月以后以磷钾肥为主，一定要在 5 月下旬至 6 月上旬，每 5～7 天施一次 0.5%磷酸二氢钾。在生长期，每 10～15 天施一次 10 倍的矾肥水或 8 倍的饼肥水。追肥在傍晚盆土稍干时进行，第二天早晨浇一次水，减少肥害。

桂花叶革质，不易出现叶片萎蔫，在新梢生长期的 4～5 月，必须保证水份供应，每 2～4 天一次，花芽分化期要控水，夏季高温，要早晚浇水，还要多喷水，降温增湿，浇水做到见干则浇，不干不浇，干透浇透的原则。

## 5. 桂花有哪些病虫害，如何防治？

桂花的病害主要有炭疽病、煤污病、山茶藻斑病、桂花叶枯病、桂花褐斑病、桂花赤斑病，桂花叶斑病、桂花灰斑病、桂花茎点病、干腐病、日灼病、根结线虫病及癌瘤病等。其尤以褐斑病、叶枯病发生最为严重。

（1）褐斑病　病斑发生在叶片的两面，发病初期，叶面仅出现些散生褐色斑，后期叶面病斑中央灰白色至浅褐色，近似圆形或规则形，严重时数个病斑合到一块，病斑边缘红褐色至暗褐色，外具浅褐色晕，叶面散生灰黑色小点，即分生孢子。以菌丝块在病株和落叶上过冬，气流雨水传布，4～6月均可发病。老叶比嫩叶重，金桂重，银桂轻，丹桂不发病。

防治方法：春季桂花植株发芽抽叶到叶片硬化之前，每半月喷洒一次1∶2∶100的石灰倍量式波尔多液，可防止该病的发生，发病初期，用50％的多·硫悬浮剂800倍液喷洒，或用50％的多菌灵加75％的百菌清可湿性粉剂500倍液喷洒。重灾区苗木出圃时，可喷洒0.1％的高锰酸钾溶液进行灭菌。

（2）叶枯病　又称叶斑病，是桂花的一种重要病害。它主要为害叶片，病斑多始于叶尖或叶缘，初生黄绿色或浅褐色小点，后扩大呈红褐色至灰褐色，形状为近圆形或规则形；病斑背面色较浅，边缘深褐色；病斑有时卷曲脆裂，几个病斑可相互融合达叶片的1/2～1/3，或不规则形大斑块；后期病斑上散生许多黑色小粒点，即为病原菌的分生孢子器。树冠中下部的叶片受害比顶部严重，老叶发病轻，新叶严重。其病菌以菌丝体和分孢子器在病叶上越冬，借风雨传播，尤以7～11月最为严重。

防治方法：发病前从6月下旬开始，每半月喷洒一次70％的代森锰锌可湿性粉剂500倍液，或75％的百菌清可湿性粉剂800倍液，或1∶2∶100的石灰倍量式波尔多液，连续3～4次，防治效果良好。

（3）煤污病　主要表现为叶面和干枝上蒙有一层颜色深浅不一的灰黑色粉状物，有时甚至结成黑膜状。究其原因是由于蚜虫、介壳虫、粉虱等昆虫刺吸为害桂花时，分泌的排泄物引起多种真菌的寄生从而诱发煤污病。通常发生于高温、多湿的季节和闷热、潮湿、隐蔽、通风不良的环境。

防治方法：发病初期，用50％的甲·硫悬浮剂500倍液，或50％多菌灵可湿性粉剂800倍，或75％的百菌清可湿性粉剂500液喷洒枝叶，有较好的防治效果。

（4）干腐病　主要发生在较大规格的新移栽桂花植株上。在桂花移栽碰伤、划伤未能及时保护，遇到雨水、污水感染伤口，诱发真菌、细菌的大量侵入寄生，致使伤口处腐烂、木质部外露或形成癌瘤，引起植株生长不良、叶片大量脱落、大枝枯死，严重时会造成全株死亡。

防治方法：对于主干或大枝上的小伤口，应及时涂抹伤口愈合剂，对已发生腐烂或树干上韧皮部被破坏、木质部外露多年的陈旧大创口，可将已腐烂的外露木质部清理干净，每年定期涂抹石硫合剂防腐或双组分“云石胶”。空洞内填充聚脂发泡剂。

对于桂花炭疽病，可在其发生初期，用炭疽福美、代森锰锌、“世高”等农药进行防治。

桂花虫害主要有刺蛾类、螨类、介壳虫类、粉虱类、霜天蛾、袋蛾类、蜡蝉类、紫光箩纹蛾、黑顶灰卷叶蛾、短额负蝗等，其中尤以螨类、介壳虫类、粉虱类为害最为严重且普遍。

（1）叶螨　为害桂花的螨类主要是柑橘全爪螨和朱砂叶螨。

防治方法：保护自然天敌，如小黑瓢虫、小花蝽、六点蓟马、中华草蛉、大草蛉等。冬季清除树下杂草并烧毁，用0.3～0.5波美度的石硫合剂杀灭越冬的成螨、若螨和卵；发生初期，用25%的倍乐霸（主要成分为三唑锡）1 500倍液喷杀，或用1%的齐螨素乳油（主要成分为阿维菌素）2 000倍液喷杀。

（2）吹绵蚧

防治方法：平常少用农药，保护好天敌；发现少量虫体，及时将其抹去挤压死；冬季喷洒0.3～0.5波美度的石硫合剂，杀死越冬害虫；卵孵化盛期，用40%氧化乐果乳油1 500倍液喷杀，或用40%的速扑杀乳油3 000倍液喷杀。

## 6. 盆栽桂花不易开花是什么原因，如何解决？

桂花可耐－5℃低温，在长江流域可以露地过冬，北方如温度低于－7℃数天就会有冻害，表现叶尖干枯或落叶，故盆栽桂花大部分都入室越冬，但如果入室温度太高，达不到一定的低温

(5℃以下)要求，就影响花芽分化。越冬后如果温度超过15℃，新梢提前萌发，抽生枝条又细又弱，亦不会开花。

由于上一年管理不善，病虫害发生，造成早期落叶，影响植株的贮藏营养水平，亦影响花芽的形成。

桂花3月下旬开始萌发，4月中旬是生长高峰，5月上中旬生长停止，新梢生长期短而集中，如果这时营养跟不上去，长出枝条又细又长，叶片色淡，亦影响花芽的形成。

桂花对光照要求特别高，每天没有8～12小时以上全日照，花芽就形不成。

桂花花芽分化始期在5月下旬，6月大量分化，8月份花器进一步发育，春梢是成花部位，在花芽分化时，土壤湿度太大，磷钾肥缺乏，亦影响花芽的分化。

要使盆栽桂花开花，必须做到：健康的根系，充足而全面的营养土是花芽形成的基础。充足的光照是前提，粗壮的新梢、高效优质的叶片、高的贮藏营养水平是成花的关键。花芽分化期追施磷钾肥，适度控水是成花的保证。为了保证盆栽桂花开花，要做到冷室越冬，充足的光照，发芽前追氮钾肥，花芽分化前追磷钾肥，保证高的树体营养水平。

## 7. 金钱树是什么树，如何才能种好?

金钱树别名金币树、雪铁芋、泽米天南星、龙凤木，天南星科多年生常绿植物，是近年游行的优良室内观叶植物。

金钱树株高可达50～80厘米，地下部分是肥大的块茎，直径可达5～8厘米，浅黄色。地上部无主茎，不定芽从块茎萌发形成大型复叶，小叶肉质具短叶柄，茎基部膨大成球状，贮藏有大量水分。叶子椭圆形，羽状螺旋着生在肥大的肉质茎上，像一串串铜钱，因而得名为金钱树。叶墨绿色，富有光泽。种植3～4年后开花，从基部开出火焰状花序。金钱树原产非洲东部雨量偏少的热带（草原）气候区，喜温暖，怕高湿、低温、雨淋、土壤黏重和盆土内积水，比较耐干旱，但畏寒冷，忌强光暴晒。

金钱树可用分株和扦插繁殖。

种植金钱树基质用泥炭土加少量珍珠岩、鸡粪便或饼肥、复合肥混合堆沤半年再使用，但不能用椰糠。当扦插苗根系形成3～4条以上时就可以移植上盆，上盆后需马上浇足水。

（1）温度　生长适温为20～30℃，不论是盆栽还是地栽，都要求年均温度变化小。生产性栽培最好在控温的大棚内进行。每年夏季，长江流域当气温达到35℃以上时，植株生长欠佳，应通过加盖黑网遮光和对周边环境喷水等措施降温。冬季温度最好能维持在10℃。

（2）光照　全钱树喜光又有较强的耐阴性，特别应避开春末夏初久雨初晴后的烈日暴晒和夏季正午前后的5～6小时强光烘烤，否则极易导致新抽生的细嫩叶片被灼伤。自春末到中秋，都应放在遮光90%的荫棚下。

（3）水分　盆栽金钱树需要湿润偏干的环境。当室温达33℃以上，应每天对植株喷水一次以保持盆土微湿偏干为好，正常浇水可7～10天一次。夏季要注意对叶面和四周环境喷水，使空气湿度达到50%以上。中秋以后要减少浇水，或以喷代浇，利于新抽嫩叶平安过冬。

（4）土壤　基质多用泥炭、木屑、蘑菇泥、鸡粪便或冲洗过的煤渣与少量园土或黄泥等混合，pH调整至6.0～6.5。宜选用较深的瓷盆或紫砂盆栽种，但下部应多垫些石子、煤渣或树皮块，高度约为花盆深度1/4左右。生长季节每月给植株松土一次，保持栽培基质的通透性。梅雨季节要勤加检查，发现盆内有积水发生，要及时排除积水。

（5）肥料　金钱树比较喜肥，除栽培基质中应加入适量沤制过鸡粪便、饼肥或复合肥外，生长季节每月浇施1～2次0.2%的尿素加0.1%的磷酸二氢钾混合液，也可施干复合肥。中秋后应停施氮肥。

金钱树病虫害有茎腐病、褐斑病及介壳虫、红蜘蛛，要注意防治。

## 8. 蓝花楹是一种什么树，如何繁殖与养护?

蓝花楹为紫葳科蓝花楹属的落叶乔木，又名蕨树、蓝雾树、巴西红木。

树高 12～15 米，叶大，二回羽状复叶，羽片有小叶 10～24 对，小叶细长约 6 厘米。顶生或腋生圆锥花序，花钟形，长25～35 厘米，深蓝或淡蓝色，花期 4～6 月。果为蒴果，圆形稍扁，浅褐色，像两片乌龟壳，直径 5 厘米。果可挂至夏天，是云南、四川、广西的行道树和观赏树。

蓝楹花树干通直，树冠绿荫如伞，细叶似羽，蓝花清雅，盛开时串串幽兰，爬满整个伞状花冠，犹如一把美丽的遮阳伞。

原产热带的巴西、阿根廷。喜温暖、阳光充足、多湿气候，要求肥沃、疏松、深厚、湿润、排水良好的土壤，生长适温22～30℃，冬季低于 15℃，夏季高于 32℃生长受抑，3～5℃有冷害，能忍受短期的 8℃低温，－3℃冻梢，幼树对霜冻敏感。喜光，耐半阴。

繁殖：播种，蒴果 11 月成熟，采后置于无风处晒干，贮至 3 月气温 20℃时播种，但发芽率仅 5%左右。播种苗到开花要 4～5 年。

扦插在夏季进行，剪取当年生木质化枝条，截成长 10～15 厘米的插条，插于沙床或浅盆内，适当遮阴，保持高湿，20 天可生根。

组培苗用实生苗的茎顶或茎段外植体，培养较容易。

蓝花楹喜肥沃湿润的沙壤土或壤土，栽时要施足基肥，可加 1/10～1/6 高质腐熟有机肥。春秋两季各追肥一次，6～8 月追施液肥。生长期多浇水，保持较高的空气湿度，每年早春修剪整枝一次。分栽培养土为泥炭或腐叶土、堆肥土及沙各 1 份配成，1~2 年换盆一次，控制浇水与施氮肥。

病虫害较少，有天牛要及时防治，成虫发生前，树干基部 80 厘米以下涂生石灰 10 份、硫磺 1 份及食盐混合液，防止成虫产卵。

## 9. 银芽柳的技术要点有哪些？

银芽柳属杨柳科、柳属。落叶灌木，叶互生，披针形，雌雄异株，葇荑花序呈芽状，外被一紫红色苞叶，苞叶脱落后露出银白色的芽状花序，是常见的切花树种。银芽柳主要用扦插繁殖，亦可用扦插法直接生产单枝。

技术要点：

（1）栽植　银芽柳喜温暖湿润，忌长期干旱和水涝，宜选地势高燥、排灌方便、土地肥沃的沙壤土上种植，栽前冬耕细耙，每 667 平方米施腐熟堆厩肥 2 000 千克，加尿素 20～30 千克，过磷酸钙 25～30 千克。做宽 1.5～1.6 米的畦，北方作平畦，南方作床畦，沟宽 30～50 厘米，覆盖黑色地膜。栽植时间长江流域在 2 月上中旬，北方在 3 月上中旬，行距 50～60 厘米，株距 30～40 厘米。

（2）肥水管理　在施足基肥的基础上，每年施肥 3 次，第一次发棵肥在 4 月中下旬新梢长 10 厘米时施入，每 667 平方米施尿素 10～15 千克，开浅沟施入。第二次为促梢肥，在新梢生长旺盛期的 5 月下旬至 6 月上旬施入。每 667 平方米施氮、磷复合肥 40～50 千克，第三次为膨花肥，在 8 月上中旬施入，每 667 平方米施复合肥 25～30 千克促进枝条上部的花蕾形成和充实，防止梢部缺苞。在 9～10 月根外追施 0.05%磷酸二氢钾加 0.05%尿素 3～4 次，使蕾大，色显。

银芽柳喜湿润，在七八月里连续高温干旱 7～10 天以上，要晚上沟灌，如遇暴雨，要及时排水，要做到雨停田干。9月份是银芽柳上部花蕾生长充实期，必须保证水分的供应，要及时沟灌或喷灌。

(3) 抹芽摘心　南方在3月中下旬，北方4月上中旬发芽后，如每枝同时发芽4个以上时，可留芽3个，将多余的芽抹除，使养分集中供应选留枝条上。一般单枝不要摘心，如多头银芽柳，在枝条长达60～80厘米时摘心，时间以5月上中旬为宜。

(4) 收割整理　12月份银芽柳落叶后，生长停止，可进行收割，然后按长度、分叉否进行整理，剔除病虫枝，梢部无蕾枝，竖直放养在室内水槽中，防止泥土污染枝条。

(5) 病虫害防治　银芽柳的病虫害有立枯病、黑斑病、刺蛾、袋蛾、一点夜蛾、红蜘蛛及介壳虫等。必须用高效、残毒低农药，符合绿色花卉的要求。立枯病在苗期发生，应避免重茬，注意插条的消毒，可用70%甲基托布津800倍浸渍插条。黑斑病在6～7月及9月用50%多菌灵或75%百菌清800倍交叉防治3～4次。刺蛾、袋蛾用BT200倍，一点夜蛾用2 000倍灭幼脲，红蜘蛛2 000倍克螨特，介壳虫用1 000倍40%速蚧克防治。

## 10. 天女木兰的特征是什么，如何养护？

天女木兰属木兰科木兰属，又名天女花、小花木兰。

天女木兰花洁白，雄蕊紫色，香气迷人，是国家稀有和濒危植物，为活化石。树高3～7米，枝褐色或淡灰色，叶互生，叶片倒卵形或倒卵长圆形，长宽1～2.5厘米×6～10厘米，顶部圆形，背面粉白色。花白色，单生小枝顶端，花径8～10厘米，花蕾淡粉色，花被6或9片，雄蕊紫红色。聚合果卵形，长4～6厘米，红色，种子橙黄色，近圆形，花期6月，长约20天，果期9～10月。

原产长江以南，长城以北，分布海拔400～850米之阴坡，喜凉爽湿润，畏高温、干旱和碱土，适于深厚、肥沃的土壤。

天女木兰用播种、扦插与嫁接繁殖，种子在转红绽裂时采下，将果实浸于冷水中，将红色假皮搓洗干净，放0～10℃湿沙中层积，翌年2～3月播种。播种时20天出苗。当年苗高30厘米，第二年春断根移植，经2～3年培育成壮苗。

扦插选当年生嫩枝，长12～15厘米，带饱满芽，上部2～3片叶剪去1/2，下部叶去除，扦插深为穗长的1/3，浇水覆膜保湿，每天浇水2～3次，50～60天生根。

露地栽培在疏林下阴坡为宜，能耐－30℃低温，选2～4年生壮苗，土球直径与树冠投影直径相似，坑深80厘米，直径100厘米，坑底垫腐叶土20～25厘米，将土埋过土球10厘米，浇透水，以后3～4天浇第二遍水。天女木兰叶大，栽后要修剪，天旱要摘叶、疏蕾。生长过程中施硫酸铵等酸性肥料，秋季增施磷钾肥。幼苗时注意防寒。

病虫害有斑点病与介壳虫。斑点病可用1∶1∶100波尔多液或50%甲基托布津800倍液，介壳虫可用40%氧化乐果1 000倍防治。

天女木兰可地栽或盆栽，可成片栽植布景，是庭院、街道、公园和风景区的理想花卉。花开时芳香浓郁，白红相映衬。花可入药，花果可提取香精。

## 11. 檀香如何管理才能长得好？

檀香原产东南亚、澳洲和太平洋地区，木材可作工艺雕刻及提炼檀香油。熏烧檀香木是佛教、印度教、伊期兰教的宗教仪式。它耐腐性强，含α和β檀香醇。心材是名贵药材，具清凉、收敛、强心滋补之功。主治腹痛、呕吐、胸膈不舒等症，一吨心材可售41 000美元。还是制作高级化妆品的原料。

性喜温暖，年平均气温21℃以上，最冷月平均气温高于

13℃，极端低温高于−4℃以上，无重霜冻的地区才能栽培，我国华南地区可以引种，长江以北可盆栽。檀香幼苗期、中期生长较快，成龄后生长缓慢，定植后 3 年开始开花，4～12 月为花期，7～9 月为盛花期，花后 10 天结果，果实约 40 天后成熟，紫红色。果量大，果期长，果熟期 8～11 月。

在气候适宜的山地，选土层深厚、排水良好，疏松透气富含铁、磷、钾元素，pH5～6 的红壤，向阳坡，地下水位在 1 米以上。造林前整地、穴垦、株行距 4 米×4 米，4 米×3 米，3 米×3 米，穴规格 60 厘米×60 厘米×50 厘米，每穴施 50～100 千克腐熟土杂肥，定植时期以 3～4 月为佳，并穴四周栽好灌木及多年生草本作寄主。常用的有：苏木、女贞子、大叶紫珠、龙眼、黄皮、无花果、台湾相思、马占相思及木麻黄等。短期的有蓝花草、假蒿、山毛豆、苗须草等灌木和草木植物，亦可用花梨木、药材（萝芙木、马钱子）。这些寄主适应性强，有固氮能力、浅根、耐修剪、萌发力强。营造一个适于檀香生长的生态环境。

檀香定植后每年浅松土，除草 2～3 次，如土壤较瘦，旱季施水肥，雨后埋化肥。檀香分枝力强，生长期间适当修剪侧枝，使主干挺直，对寄主植物亦应修剪，使林内通风透光。

幼苗易染立枯病，发病前可喷 0.25%～0.5%波尔多液，根腐病可用 50%退菌特 600 倍防治。粉蝶（斑马虫）用 90%敌百虫 800 倍防治。

## 12. 红花荷的特征是什么，如何育苗和抚育？

红花荷又名红苞木、吊钟王，属金缕梅科红花荷属。

红花荷常绿乔木，叶互生，革质，卵形至长卵形，羽状脉，全缘，有长叶柄，无托叶。花两性，5～8 朵聚合成头状花序，总苞片卵圆形，成瓦状排列，萼筒极短，花瓣 4～6 片，红色，匙形至倒披针形，生于头状花序外侧，形如单花，雄蕊 6～10

枚，子房半下位，2室，蒴果，种子扁平，花期4～5月。

红花荷要求年平均温度19～22℃，能耐－4.5℃低温，中性偏阳树种，幼树耐阴，成熟期喜光。适于红黄壤、红壤等酸性微酸性土壤，且土层深厚肥沃的坡地。

育苗种子10～11月上旬成熟，果熟时从灰青色转为黄绿色，蒴果熟后开裂，种子飞散，要及时采收，干藏，千粒重2.5～4克，发芽率仅有7%～8%。容器育苗，随采随播。种子小，播时与细土混合，整地细致，撒播均匀，盖上细土以不见种子为度，松针覆盖，播后20天出苗，幼苗3～4叶后移至营养袋，苗高30厘米出圃。亦可扦插。

造林株行距2米×3米，种植穴35厘米×35厘米×35厘米，栽时剪叶，喷水包湿草，外包塑料薄膜，栽植成活率高。

红花荷生长旺盛，外貌墨绿带光泽，早春盛花期有明显红色斑块，树形美观，花量大，花期长，花色艳丽，是理想的城市园林绿化名优新品种。

## 13. 结香如何栽培？

结香又名白蚁树、雪花树、三叉木，瑞香科结香属。原产华东、华中及西南一带。性喜温暖，耐半阴和日晒，根系肉质，怕水涝，以肥沃疏松沙壤土为宜，忌盐碱。结香开花早，初为绿色，盛开黄色。由于柔枝长叶，可点缀于假山岩石旁，水塘池畔，孤植或群植。盆栽或插花。是纸张、人造丝的原料，有驱虫作用。根花入药，可治肠胃炎和泌尿系统疾病。

扦插在2～3月，选1年生枝，长10～15厘米，插入土中1/2，50天发根。亦可在春季萌动前选粗壮小蘖苗分株。

盆栽：用园土，腐叶土，沙土等量混合，在花谢后新叶展开前带土球上盆，生长期七成干时浇水，保持盆土湿润。生长期每月施粪肥或饼肥水2～4次。5～7月以氮肥为主，用0.5%矾肥水灌根。8月后磷、钾为主，用0.5%磷钾肥浇根。

结香喜半阴，盛夏避烈日，冬季全日照，冬季可耐-10℃低温，黄河以南可室外越冬。在冬季落叶后萌芽前可造型。结香木质疏松，易老化，10年后要更新。

露地在冬春裸根移植。大苗带土球，每年花后开沟施一次以氮为主腐熟有机肥，促进枝叶生长，秋季施磷钾为主复合肥，促花芽分化。结香不宜短截，只能疏枝，根颈处萌蘖及时清除。

## 14. 紫叶风箱果如何繁殖和养护?

紫叶风箱果是蔷薇科风箱果属的落叶灌木，株高3米，叶三角形，浅裂，先端尖，基部广楔，复锯齿，紫色，中夏、深秋为深紫色。顶生伞形总状花序，8～14朵小白花，花期5月，蓇葖果红色，7～8月成熟。

原产北美，喜光，耐寒，-40℃无冻害，不择土壤，管理粗放。适于庭院、路篱、带状花坛镶边。紫、黄、绿相配。

(1) 繁殖　硬枝插在早春或深秋，嫩枝插成活率高，在6月下旬至8月。基质以蛭石为主，配以珍珠岩、沙。硬枝插选直径0.3～0.5厘米一年生枝，长10～12厘米，2～3个芽，插前用$ABT_2$生根粉或萘乙酸100毫克/升浸2小时，插入4/5，仅留顶芽，株行距5厘米×5厘米。嫩枝插用半木质化枝条，6～8厘米带2个芽，留1片叶，插入穗长2/3，株行距4厘米×4厘米。扦插10天内保湿90%以上，温度20～30℃，搭阴棚，温室内加70%遮阳网。插穗生根后喷0.2%尿素每月2次，为防病可喷500倍75%百菌清连喷3次。

(2) 养护　扦插苗生根后50天或第二年春天，播种苗在早春栽植，株行距60厘米×50厘米，如带叶移栽，每天喷灌一次，每次30分钟，缓苗期内7～10天一次水。每年松土除草3～4次，6月下旬施一次复合肥，每株20克。一年生苗，留基部

3～4个芽剪，2年生以上要剪除枝条上部1/3和下部弱枝，夏季剪掉徒长枝顶梢1/3。

## 15. 什么是冬红果，与它相似的还有哪些，如何养护？

冬红果是苹果属观果植物，叶片椭圆形至广椭圆形，绿色，伞房花序，花浅粉红色，果实圆球形至椭圆形，果径2.5～3厘米，单果重10～20克，成熟时鲜红色，果柄长，果皮光滑，十分艳丽壮观，挂果期长，到翌年2～3月都不脱落，故称“长寿果”。生长势中等偏弱，枝叶细小，中短果枝及腋花芽结果为主，成花易，着果率高，连续结果能力强。果实呈簇状，每序有果5～10个，小巧晶莹剔透，色彩丰富，是制作盆景的极佳材料。但果实苦酸重涩。

与冬红果类似适于作盆栽的还有串枝红、千穗果、玫瑰秋、乙女，其区别如表：

表5-1　冬红果与其他观果类苹果的区别

| 品名 | 冬红果 | 串枝红 | 千穗果 | 玫瑰秋 | 乙女 |
|---|---|---|---|---|---|
| 果形 | 圆～椭圆 | 圆形 | 圆形 | 近圆锥形有棱 | 椭圆形 |
| 果径（厘米） | 2～3 | 2 | 2～2.5 | 3～4 | 5～6 |
| 果色 | 鲜红 | 艳红 | 红 | 玫瑰紫 | 浓红 |
| 成熟期（月） | 9 | 8月下旬 | 9 | 10 | 10月上旬 |
| 挂果期（月） | 5～6 | 6 | 3～4 | 5～6 | 1 |
| 每序果数 | 5～10 | 6～8 | 3～5 | 4～6 | 2～3 |
| 可食性 | 酸涩 | 甜酸 | 酸甜香绵 | 甜酸 | 香甜 |

冬红果一般用直干自然形，主干挺拔直立或稍有弯曲，在一定高度分枝，适于树姿直立、枝细叶小的品种，如冬红果、玫瑰秋。亦有用斜干式，将树栽于盆的一端，树干向另一端倾斜，倾斜的树干不少于树干全长的一半，树干与盆面呈45度。主干直伸或略弯曲，适于树势偏弱、发枝力强的品种，如千穗果、串枝

红和乙女等。冬红果造型如采用金属丝蟠扎法，主枝 3～5 个，蟠扎时选好粗细适宜的金属丝，固定好起点，用拇指与食指将金属丝和枝干捏紧，使其成 45 度贴干徐徐缠绕；如欲使枝干向右弯，顺时针缠绕，如向左弯曲，逆时针缠绕。缠扎顺序先粗后细，先下后上，蟠扎完成后远观近瞧，达到造型满意为止。对淘汰苹果树桩宜用截干蓄枝法，即在适当部位强截干，适当保留几根枝条，保留枝条要长短不一，留下枝条长到一定粗度时，又行强剪，保留 1～2 根枝条，形成下粗上细、枝干曲折的树形。

冬红果大部分以短果枝结果为主，修剪以缓放、疏枝为主，对细弱枝、对生枝、轮生枝及反向枝及时疏去，对强枝疏枝时，可抬高疏剪口，使基部瘪芽发中短枝，培养结果枝组。有用的壮枝要缓放使形成短果枝，然后去强留弱，培养中型结果枝组。对中短枝一般不短截，对长枝行轻短截，并在夏季注意摘心、抹芽、弯枝及环割等措施，培养小型结果枝组，使盆树能保持合理的生长枝与结果枝比例。

冬红果的肥水管理，氮、磷、钾的比例为 2∶1∶2，盆栽施肥量为大田的 1/5～1/3，一般每年每株需氮，未结果树为 15 克，生长结果期为 50 克，盛果期为 200 克，换盆时施入 50%，剩下分别在发芽前、着果后及花芽分化时施入。浇水春秋 2～4 天一次，夏季早晚各 1 次，冬季 7～10 天一次。为了促进花芽形成，在花芽分化前的 5 月中旬，进行扣水处理，时间 20 天左右。

冬红果以观果为主，一般疏花少，疏果每盆留果数冬红果 100～200 个，乙女 100 个左右。

冬红果病虫害较少，但以保叶、保果为中心的病虫防治还是要及时。

## 16. 怎样才能使栀子花叶绿花香？

栀子是大众化芳香花卉，花色晶莹如玉，芳香浓郁，催人欲醉。在目前栽培上有大花（荷包栀子）栀子和小叶栀子（雀舌花）两种，在选购时，要选株高 20～30 厘米，冠幅 30～40 厘米，叶色浓绿，无黄叶及黄斑，花多、花大，含苞欲放的花占 10%～20%，原盆或土球直径 10～20 厘米的健康花木。宜在见蕾后购买。

栀子喜温暖湿润，喜阳光又畏烈日曝晒，也能耐阴，不甚耐寒，生长适温 18～22℃，越冬温度 5℃以上，可耐－5℃的低温。栀子花在北方养护最大的问题是黄叶，还有当时购买时花很多，养了一年看不到花了。这是因为栀子花对土壤酸碱度非常敏感，最适宜的 pH 为 4.5～6，当 pH 大于 6.5 时，就会出现缺铁的黄叶，因为北方的土和水都是碱性的，在选购时盆土的 pH 比较适宜，由于不断浇水，使土壤逐渐碱化，缺铁主要表现新叶上先发黄，叶脉还是绿，严重时变成黄白色，叶尖和边缘焦枯。高温高湿强光不通风亦会造成下部叶片发黄脱落。还有冬季冻害或生长期土温低于 18℃，亦会造成功能性的缺铁。因此，栽培栀子花必须用排水良好、疏松、肥沃的 pH5～6 的沙壤土，南方用山土或稻田土栽培，北方要配培养土，一般为腐叶土（泥炭）4 份，园土 4 份，沙 1 份，堆厩肥 1 份，每 100 平方米加 1～3 千克硫磺、硫酸亚铁（或硫酸铝）。浇水一定要用矾肥水，防治黄叶病最好是有机肥料与硫酸亚铁混合施下。沐阳的花农，用青草沤制加硫酸亚铁，对黄叶病防治效果很好。夏季应放在通风、湿度较大、透光的阴棚内，可防止下部黄叶。还有盆内积水，冬季根系受冻，化肥浓度太大烧根，都会造成黄叶，要引起注意，及时改正。

栀子花喜肥，可施用畜粪水或饼肥水，在生长期，每隔10～15 天施一次矾肥水，在早春孕蕾期加施氮磷肥，花后要施补肥，一般用复合肥。栀子花喜湿怕涝，春秋季每 2～3 天一次水，夏季每天一次水，冬季 5～7 天一次水。浇水一定要用 10～20 倍的矾肥水。夏季早晚向叶面喷水，使叶面油绿光亮。开春后，剪除主干上的小弱枝和冗长枝，落花后摘去残花，当枝条长到10～20厘米时，留2～3对叶摘心，并调整枝条方位，使之疏密适度，长短相宜。栀子花萌发力强，如树冠太高或太密，可适当疏剪，在花后可以回缩，8月份对二茬枝摘心，但不能在冬季强回缩。

栀子花常见的病害有炭疽病、叶斑病，在发病初期，可用75%百菌清600倍或50%多菌灵800倍防治，每隔7～10天一次，连喷2～3次。叶蝉、咖啡透翅天蛾可用10%氯氰菊酯3 000倍防治。

## 17. 白兰怎样管理，才能花多叶茂？

白兰广东产，大部是扦插苗，当地的亦有嫁接苗，购买白兰应选主干粗1厘米以上，茎枝粗壮，分布均匀，叶片排列整齐、匀称，形状大小完好，色泽正常，无黄叶、水渍、斑点，无病虫害，上有含苞欲放的花蕾，植株大小与盆的大小相称。家庭莳养高度以60～80厘米，冠幅40～50厘米为宜。

白兰是比较娇嫩的花卉，在北方比较难养，在莳养时会出现黄叶，落叶，或受灼伤，造成这种情况的原因有土质、水质偏碱，通风不良，气温过低，阳光不足及病虫害等。白兰根肉质，愈合能力差，忌积水，上盆或换盆时，盆底要铺一层3～5厘米炉渣或碎瓦片，平时花盆不要直接放在地上，盆底应填2块竖放的砖头，春秋季2～3天一次水，夏季早晚一次水，冬季1周一次水，浇水要用矾肥水。

白兰花期长，特别喜肥，施肥一定要腐熟，浓度要稀，从4月中旬开始，每周施一次粪肥水或饼肥水，进入开花盛期，可追以磷为主的复合肥，到9月停止施肥。白兰木质部疏松柔软呈棉絮状，剪口易感染干瘪，特别是梅雨期，更不能乱剪枝。最好以摘嫩头代替，即春梢长到5～6片叶子时摘心，促发新枝，因为白兰只有新梢叶腋内单生花蕾，摘心一年可3次。如要剪去徒长枝、过弱枝、病虫枝，要斜剪，剪口要平、光。如造型需要还可用棕丝盘扎。白兰摆放有方向性，阴面不要改变，如阴面对着阳光，叶子会受灼。

白兰喜温暖湿润，喜阳又怕烈日，pH 以 5.5～6 为宜。生长适温 20～30℃，越冬最低温度 6℃，越冬室温 12℃左右，平均气温 18～20℃出室，每日光照要 6 小时以上。

白兰的病虫害有炭疽病、黄化病、黑斑病、灰斑病，可用 70%百菌清 700 倍防治，10～15 天一次，连喷 2～3 次。介壳虫可用 20%菊杀乳油 2 000 倍防治。

## 18. 米兰如何选购与养护?

在市场购买米兰要选新鲜、健壮、根系完整的植株，要求花盖度 80%以上，株高 40～50 厘米，冠幅 50～60 厘米，盆高 18～20 厘米，直径 20～24 厘米。初花期时购买较好，花期 7～10 月。如果是购的幼苗，买来后不要急于上盆，可放在清水中浸泡 30～40 分钟，让其吸足水带泥浆上盆，套上塑料袋。在选购时，还要注意叶片有无受害或闷过，或已有大量叶片脱落，内膛空虚或死枝的现象。土球要大，株形要正、圆，无病虫害。

米兰喜温暖湿润、阳光充足的环境，生长适温 20～32℃，12℃以下停止生长，越冬最低温度 5℃以上，适温 10～12℃。喜光的中性花卉，土壤 pH6～7。

米兰喜酸性，基质以泥炭（腐叶土）、珍珠岩、河沙按 6∶2∶2配制而成，外加 0.5%的硫磺和硫酸亚铁，盆底要加 5～10 厘米的排水层。米兰喜阳、喜肥，室内无强光，3 天叶子就发黄，5 月上中旬放在室外背风向阳处，每 10 天施一次氮磷为主的 10 倍矾肥水。7～8 月高温炎热，早晚各浇一次 20 倍的矾肥水，立秋后减少浇水，6 月进入花期，要十分重视磷钾肥的施用，10～15 天一次，每盆 3～10 克，10 月中下旬停止施肥。在北方米兰越冬出房是个关，入室前应将花蕾剪去，一般10月中下旬，气温10℃以下时即可入室，保持室温10～12℃，不能低于5℃，但亦不能太高，超过12～15℃，会影响明年开花。每盆浇水量从250克减少到10～15克，如放在浅水盆中，一般不要浇水。米兰怕寒风，晚上不能靠近窗户，要用纸封住，如有寒流来，气温降到－5℃以下时，用塑料袋套起来。3月以后气温回升，中午可非对流通风1～2小时。米兰过冬容易，往往在出房后死亡。要注意出房不能早，一定等气温稳定在10～12℃时，才能出房，出房后一定要放在背风向阳的地方，风一吹，枝叶变黑枯焦，出房前要进行抗寒锻炼，使慢慢适应外面的环境。

米兰要轻剪，随时剪去交叉枝、干枯枝、病虫枝、细弱枝，如内膛太郁闭，可将枝条撑开，改善光照。米兰的病虫害有炭疽病及介壳虫，注意防治。

## 19. 茉莉花怎样养，才能花多、花期长？

市场上购买茉莉要选着花繁茂，分布均匀，每花序有花4～6朵以上，植株高度35～40厘米，冠幅35～50厘米，盆直径20～40厘米，高18～20厘米，在5～6月初花期购买。植株健壮，不是淘汰的老株，枝条分布均匀，叶片排列整齐，没有下部光秃或老桩，无病虫害、枝条折损、叶片水渍、灼伤和斑点。

茉莉喜炎热湿润，阳光充足的环境，生长适温25～35℃，开花适温25～37℃，低于30℃花蕾不能形成，低于18℃难以萌芽抽枝。喜阳光，有“晒不死的茉莉，阴不败的朱兰”之说。越冬最低温度5℃，越冬适宜温度白天18～20℃，夜温12～14℃。

茉莉花期6～10月，6月下旬至7月中旬开的花为霉花，7月下旬至8月下旬为伏花，产量品质较好，9月上中旬为秋花。茉莉是喜肥花卉，在生长季节，用饼肥、畜粪沤制的稀液肥，3～5天一次，第一批花后，施浓度从3：10到5：10（粪水比例）的畜粪水每周一次，到第三批花期减少施肥，10月停肥，新上盆的或修剪后不能施肥，防止烂根及伤口感染。茉莉喜湿但不能积水，春秋3～5天一次水，夏季每天一次水，冬天每周一次水，浇水要用20倍的矾肥水，10月后控制浇水，浇水要不干不浇，干透浇透。如突然出现黄叶脱落，大部分是水浇太多烂根造成的，如逐渐出现黄叶而不脱落，大部分是土壤碱化缺铁造成的。

茉莉根系发达，发枝力强，3月上中旬换盆后，壮枝短剪留5～10厘米，对过密枝、过弱枝、徒长枝、老化枝、重叠枝全部剪去，同时摘去老叶，刺激新芽萌动，产生壮枝。第一次花后，留3～5节剪去顶梢，摘除老叶，使抽生新梢开花，秋季根茎蘖芽抽生的徒长枝，亦要摘心，对细弱枝，应摘去顶端2～3对叶子。

当气温低于5℃时入室，保持室内温度12～14℃，盆土保持湿润偏干，晴天暖和的中午要通风，防止落叶和烂根。茉莉炭疽病，可喷75%百菌清800倍液，白绢病可用50%代森铵1 000倍喷洒，7～10天后用70%甲基托布津1 000倍灌根。茉莉叶螟可用BT乳油（苏云金杆菌）500倍液防治。

## 20. 虎舌红有几种，怎样才能使果多、果艳？

多年生灌木，株高15～25厘米，叶椭圆形，有紫红色粗毛，花期5～6月，粉红色，果实圆形，直径0.5厘米，鲜红色。

目前市场上，有（1）黑虎舌红，叶片椭圆形，绒毛黑红色，在灯光下闪闪发光，红籽挂在植株中部。（2）白虎舌红，叶绒毛白色。（3）圆叶虎舌红，叶片近圆形，稍短，尾圆钝。（4）矮虎舌红，叶倒卵圆形，尾圆钝，叶脉淡黄色，叶绒毛长而稀，节间短，红籽高于叶片。（5）淡虎舌红，叶片稍大，叶脉淡黄色，稍粗宽，叶面绒毛稀淡红色。在市场上有野生驯化苗，种子苗及扦插苗。播种期在2月下旬为适，2片叶移植，3年开花结果。扦插在9～10月用根状茎或1～2年枝条为好。在采购时，以黑虎舌红最珍贵。苗高15～20厘米，冠径10～15厘米，在11～12月有果实时采购。

性喜温暖和半阴（40%散射光）的环境，生长适温18～25℃，开花适温18～20℃，高于30℃，低于5℃生长受阻，越冬最低温度5℃。

盆栽基质椰糠与锯木屑1∶1或腐叶土∶山泥∶泥炭藓∶蛭石∶干牛粪＝2∶2∶2∶1∶1配制。幼苗基质有椰糠、细锯屑、红沙土＝4∶4∶2或山土、腐叶土、园土、干杂肥等份混合。幼苗期每盆施3～5克复合肥，加钙镁磷肥作底肥，追肥用“爱多收”、“大肥王”加适量磷酸二氢钾成液肥施入。开花挂果期在换盆时可每盆施入20～30克钙镁磷肥加15克复合肥作底肥。追肥一月一次有机液肥或“爱多收”肥料，每15天喷一次0.1%磷酸二氢钾，花芽分化前施钙镁磷肥每盆20～30克，促进花芽分化。虎舌红果实成熟期时间长200～250天，故挂果后要薄肥勤施。开花前喷0.1%硼砂可提高着果率。虎舌红喜湿润，春季2～3天一次水，夏季上午浇水，下午喷水，秋季3～4天1次水，冬季10～12天一次水。

虎舌红病虫害较少，主要有青枯病，每次换盆时，可用50千克水加链霉素4支作定植水浇。发生青枯病，除拔除病株外，还可喷链霉素，5～7天一次，连防2～3次。

## 21. 苏铁怎样选购与养护?

（1）选购　优质品要求在原盆生长1年以上，一次萌发叶片数应和苏铁球直径厘米相一致，直径10厘米1次萌发10片左右叶子，叶片长短整齐一致，一般长40～60厘米为好；叶片无病虫害症状，盆器选配大小合适。广州的地产苏铁外观好，价格低，但很难莳养成功。看是否原盆生长的要点是盆面是否是新土，拨开盆面10厘米根系密集呈盘圆状生长，地栽根系数量少，粗根多，呈放射状生长。花市上的苏铁，大部分保留二次萌发的叶片，这些叶片颜色嫩绿，开张角度小；老叶开张角度大，暗绿色，两层叶中间有明显的间隔区。对心叶干枯剪掉的，叶片被虫啃过，叶上有枯褐斑、黄褐斑、介壳虫，叶片过长（15～25厘米球叶长1米以上）或长短不一，外观差，健壮程度差的，都不能买。最好在每年4～5月购买。

（2）养护　苏铁喜温暖湿润、阳光充足，生长适温18～30℃，越冬最低温0℃，适宜温度8～15℃，耐阴耐旱畏严寒，畏高温烈日，畏风、畏涝。

如购回不是原盆的立即剪去全部叶片，拔出苏铁球，修去烂根，放在太阳下晒2天，使创伤面干结，放在300倍50%多菌灵水中浸一下，捞出晾干涂上硫磺粉，栽于干净的河沙中，深度不少于苏铁球的1/2，浇透水，一个月后可生根。如叶片遭受病虫危害的，可剪除全部叶片，2～3周可长出新叶。

苏铁怕冷怕风，气温0℃入室，放在温暖（10℃以下）向阳区，出房不要太早，防止倒春寒和干热风袭击。夏季高温烈日稍加遮阴。

苏铁耐旱忌水涝，保持半墒为好，冬天10～15天一次水，春秋天5～7天一次水，夏天2～3天一次水，防盆内积水。在长叶时要适当控水，要阳光充足，防止叶长得过长。苏铁不喜肥，在换盆时加些有机肥外，在生长期追3～4次10%的矾肥水。基质用腐叶土、锯屑、河沙、炉渣5∶3∶1∶1配制，盆底加5～10厘米碎瓦片。

## 22. 泽米铁在选购与养护上要注意些什么？

（1）选购　泽米铁又名鳞秕泽米，泽米铁科泽米铁属。又名南美苏铁。株高50厘米左右，冠径40厘米，有8～10个成熟老叶，5～6枚浅黄色新叶，叶片无破损、折皱、叶面略有光泽，不显枯涩。盆土表面略有茎端露出，用手轻扯叶不掉，盆土表面稍板结略有小草，为已服盆的植株，盆高为株高的1/2，口径为冠径1/3～1/2。花盆以青瓷盆为上选。防止购裸根植株刚上盆的植株。长江以北无供暖设备宜在夏季买，有供暖的秋冬买，南方全年可购。

（2）养护　如冬季购买，茎叶要用塑料袋套起来，回家后用温水淋叶面，去尘埃，擦净盆，放在阳光充足处。性喜温暖湿润阳光照射的环境，生长适温25～30℃，耐寒力比苏铁差，越冬温度5～10℃以上，较耐旱、耐荫、喜微酸土壤。夏季气温32℃以上时，应放在通风、凉爽、湿润、半阴处。新叶抽生时多见阳光少浇水，控制叶长。室内养护期间保持盆土湿润，多喷水，少浇水，避免积水烂根。生长期每月埋施一次多元缓释复合肥每盆20克，每半月施一次0.1%尿素加0.1%磷酸二氢钾。

## 23. 榕树如何选购与养护？

（1）选购　适合大众培育的中小型盆景，高30厘米，胸径8厘米，主干基部粗壮、由粗渐细朝不同方向屈曲向上延伸，一般2个以上弯曲。树冠由3个以上层次组成。基部应有3～4条以上粗根，朝不同方向自然露出土面，形成一个“底座”。树冠、主干、底座之间形成一个和谐统一整体。若主干僵硬直挺，由下而上粗细无明显变化，或主干弯曲突然，形成直角或主干左右蛇行弯曲，或层次死板重复，或底座的粗根伞架式僵直四射，或全树结构零乱松散，无章法均为劣品。

（2）养护　性喜温暖湿润、阳光照射的环境，较耐旱也耐阴，生长适温18～30℃，越冬最低温8～10℃，夏秋遮光40%～50%。购回后，先在清水中泡半小时，立即栽在基质中，基质由腐殖土、河泥、园土、堆厩肥按3∶3∶3∶1配制而成或泥炭、园土、河沙等量配制，pH5.5～6.5。浇透水，放在避风阴凉处，树冠套上透光塑料袋，待新芽冒头时除去，逐步加强日照。最好选长30厘米，宽20厘米，高8厘米的紫砂盆。

生长期（新叶展开到8月中旬）每1～2周施一次以氮素为主的液肥或颗粒肥。其块根、茎叶都含有水分，蜡质厚既喜欢湿润，又耐旱，春秋两季保持盆土潮湿，夏季多浇水，冬季7～10天一次水。盆的位置切忌随意移动，温度波动大对生长有害。冬季气温8℃以下时，进入室温15℃的房间内。短期温度波动、休眠期水分太多，会引发叶斑病，湿冷造成叶片黄褐斑，叶片萎蔫是水涝及冬季高温所致。烂根会落叶。高温干燥通风不良易生介壳虫、白粉虱、红蜘蛛。

## 24. 倒挂金钟有哪些品种，如何管理？

又名吊钟海棠，多年生常绿灌木，柳叶菜科，吊钟花属。

倒挂金钟有红灯龙、少女裙、红萼、五彩、粉红、金奖章、红运、大富贵、大合唱、吊花仙子、光耀、白美人、兰月、奥赛普、黑眼睛、白粉佳及伊沙贝尔等品种。有白萼红瓣、红萼白瓣、粉萼红瓣、红萼红瓣、红萼血青瓣及白萼黄瓣等。还有大花、重瓣、复色和稀有品种。

性喜凉爽湿润的环境，怕炎热高温和强光暴晒，开花时忌雨淋。生长适温10～20℃，超过30℃进入半休眠，35℃以上叶片脱落枯死。适于疏松、肥沃、排水良好的沙壤土中生长。以扦插繁殖为主，用蛭石、珍珠岩、素沙等量混合，3～4月取嫩枝扦插，22～25℃15～20天生根。盆土用腐叶土、园土、腐殖土、厩肥按3∶4∶2∶1配成。3～5月每周结合浇水施1∶6饼肥水一次，浇水2天1次。夏季控肥控水，以中午不萎蔫盆土略干为宜，9月后恢复肥水，可追2～3次0.2%磷酸二氢钾。小苗长到

3对叶时，留2叶摘心，长到3～4对叶时再摘心，留5～7个主枝，还要转盆，使植株丰满。10月下旬入室，室温保持10～15℃，要防治灰霉病、根腐病及白粉虱。

## 25. 怎样才能养好南洋杉?

由于南洋杉不耐寒，宜在春天最高气温接近20℃，新芽开始萌动时购买较宜。要选树干矮壮直立挺拔，侧枝轮生平展，螺旋状排列紧密，层叠有序，美观整齐，叶色清新浓绿油润，无干燥脱落现象，已服盆的苗。对偏斜，扭曲、头重脚轻、失去平衡、露脚太高的新上盆苗不宜购。

喜温暖湿润，较耐旱，喜光，忌烈日，生长适温15～24℃，越冬温度10℃以上。买回的南洋杉如盆土不合格，要及时换土，基质可用园土（腐殖土）、煤渣、堆厩肥6∶3∶1配成，或泥炭、园土、沙等量混合。南洋杉用扦插繁殖，在5月底至7月初选生长充实、健壮且带顶芽的正苗枝，长8～12厘米，插于粗沙或蛭石上，温度20～25℃，高湿度4～6个月可生根。

南洋杉喜空气暖热湿润和半阴的生长环境，生长期要保持盆土湿润，特别是炎热的夏季，除浇足水外，还经常向叶面及地面喷水。忌夏日直晒，露天摆放遮阴50%以上。在室内摆放不超过4个月。到时移到光线明亮处养护一段时间，树势恢复后再放回。

南洋杉喜肥，但要适度，在生长旺盛的5～10月，每隔1～2周施一次以氮为主稀液肥或矾肥水，还要经常喷0.1%尿素与磷酸二氢钾的混合液，冬季停肥少浇水，保持盆土湿润而不积水。南洋杉生长快，每年4～5月在阴天盆土稍干时换盆。

## 26. 散尾葵在养护上要注意什么问题?

要选植株低矮、茎干粗壮、叶枝紧凑、叶面光滑亮绿，舒展自如呈茂盛之态，基部叶片完整无缺，无病虫害，叶片无干尖、焦边、折损或机械伤的植株。一般放于大厅，选每丛 10～15 株，家庭用 7～10 株。要购原盆，防小贩用劣土上盆。

性喜温暖湿润及半阴的环境，生长适温 22～28℃，超过 35℃低于 15℃生长受抑，越冬温度 2～16℃，最好白天 25℃，夜温 15℃以上。上盆在气温稳定在 18～20℃的 10 月上旬或 3 月上旬。基质用腐叶土、泥炭（园土）、珍珠岩各 1/3 配成，并加入少量的堆厩肥。为促进分蘖，盆栽比原来深些。分株时，每丛有 3～5 株，温度 18℃以上时分。生长期，每 7～10 天追一次腐熟的饼肥水，花前花后施一次磷钾为主的复合肥。散尾葵需水量大，春秋每 2～3 天浇一次水，夏天每天浇一次水，并在早晚喷水。春秋季遮光 30%～50%，夏季遮光 50%～60%，冬季不遮光。

## 27. 常春藤有哪些种类、品种，如何养护与造型？

常春藤蔓枝密叶，是一种十分美丽的观叶常绿藤本花卉，常植于建筑物、围墙、岩壁上。若制成盆景放于茶几、花架上，四季呈现盎然春意。

（1）种类与品种　常春藤属五茄科常春藤属，同属植物有 10 种，常见的有：①常春藤，原产于我国黄河流域以南至华南各省。茎蔓长 3～20 米，有气生根，幼枝被鳞片状柔毛。单叶互生，革质无毛，营养枝叶三角卵形，全缘或浅三裂，花枝叶椭圆状卵形呈菱形。伞形花序单生或聚生总状花序。花小，黄白色或绿白色，花期 9～11 月，微香。核果圆球形，果径 1 厘米，成熟时红或橙黄色，次年 4～5 月成熟。②加那利常春藤，叶大，全缘或 3～7 裂。冬季叶变铜绿色，不耐寒。③洋常春藤，幼树具褐色星状毛，营养枝上叶 3～5 裂，产欧洲。

常春藤的园艺品种较多，有①金边常春藤，叶绿边黄色；②

日本常春藤，叶小而密，边缘波浪状；③彩叶常春藤，叶小，乳白色，并带红晕；④金心常春藤，叶 3 裂，中心部黄色；⑤银边常春藤，叶灰绿色，边缘乳白色，入冬后变粉红色；⑥三色常春藤，叶灰绿色，边缘白色，秋后变深玫瑰红色，春暖又恢复原状。

（2）繁殖　常春藤可用播种、扦插繁殖。播种一般长江以南及华南地区可进行，北方很难结种。

常春藤扦插成活的关键是插穗的选择与扦插的季节，一般要选用半木质化健壮的枝条，太嫩、太老都不易插活。每段 3～4 节，长 10～20 厘米，将带有气生根的基部 1～2 节插入培养土中，扦插的时间以 3～5 月或 8～9 月为宜，扦插的基质以消毒后的中砂，温度控制 20～26℃，湿度 80%～90%，上盖塑料薄膜，插前用 1 000 毫克/升的生根粉浸 30～50 秒。插后 20～30 天即可生根。管理上要保持较高的空气湿度和散射光的环境。

（3）栽培技术　常春藤在长江以北，是比较难养的，特别是花叶的园艺品种，主要会出现叶边变焦、茎尖枯死或烂根死亡，亦会出现叶色暗淡无光，叶片褐变脱落等现象。

常春藤性喜温暖湿润及稍荫蔽的环境，怕旱又怕涝，怕冷又怕热，怕强光又忌阴暗，生长适温 18～20℃，原产我国的常春藤较耐寒，能耐短暂的−5～7℃低温，洋常春藤及加那利常春藤 0℃即受寒害，35℃以上叶片会发黄。根部细弱，怕水涝，但空气湿度要求较高，在湿润的环境中叶片嫩绿有光。因此，要养好常春藤必须注意以下几点：

①基质　常春藤喜肥沃疏松微酸性的土壤，盆土可用腐叶土、泥炭、细砂按 4∶4∶2 配制而成，并加入少量腐熟厩肥或饼肥。露地栽培宜选排水良好，肥沃的沙壤土，南方宜栽在庭院的荫蔽处。基质要用日光、高温或杀菌剂消毒。

②水肥　常春藤对肥料要求较高，特别是花叶的品种，要用氮、磷、钾为 1∶1∶1 的复合肥较适合，一般盆栽的品种，每隔

3～5 天喷一次 0.1%磷酸二氢钾，以肥代水，使叶片嫩绿有光，这是栽培的关键措施。一般秋季可施一次有机肥，露地栽培的每年施 1～2 次氮素为主的液肥，盆栽的在春秋季每 10～15 天施一次饼肥水或矾肥水。常春藤根部怕涝，在露地雨季要做好排水工作，盆土要仍干勿湿，要防止盆底积水。常春藤一般放在室内散射光处。浇水不宜多，冬天 15～20 天浇一次水，春秋天 7～10 浇一次水，夏季 3～5 天一次浇水，但每次浇水一定要浇透，即浇到盆底孔流出水为止，盆土宜干勿湿。平时要经常注意叶面喷水，特别是夏季高温时，每天都要喷水 1～2 次，这样就可以防止叶缘发焦、叶尖枯死。

③光线　常春藤怕强光，较耐阴，除冬季外都不宜在阳光下直射，特别长期在室内生长的常春藤，不能立即搬出去晒太阳，否则叶片会褐变脱落。平时要放在有散射光的地方，莳养最适宜。常春藤的越夏是个难关，强光高温极易造成焦叶，因此，必须进行遮阴，喷雾及喷肥，每天早、晚各进行一次，降温增湿，保护叶片。

④修剪　常春藤可以做成盆景，关键是茎的粗度，因此，必须在春秋季进行修剪，促进分枝，对太长的枝条可以摘心，对太细的枝条及时疏去。花叶的园艺品种，如出现返祖绿叶枝条，要及时剪去。修剪宜在春秋季进行，夏季剪口易腐烂，冬季剪后亦不长，修剪一定要枝条已木质化时进行，嫩枝只能进行摘心，并注意剪口的保护。

⑤病虫害防治　常春藤病虫害较少，但圆盾蚧比较麻烦，该虫一年 3～4 代，3～4 月，6～7 月，9～10 月为孵化盛期，可用 25%菊杀乳剂（菊酯与杀螟松复配）2 500 倍防治。成虫期可用 40%速扑杀乳油 1 500 倍防治。

（4）长春藤的造型

①悬垂式盆景　一般要培养 4～6 年，要根据立意构图，将枝叶进行整理修剪，悬垂式的枝条伸向盆的一侧，每年春季进行

摘心促分枝，适当疏去过细过密的枝条。每盆有5～10根枝条向下悬垂，小叶花叶的园艺品种特别适用于此种造型，一般用圆形紫砂盆或高签盆栽植。

②独木式盆景 长春藤的枝条柔软一般很难直立生长，要造成独木式盆景要费时费工，一般7～8年才能完成。一般选用六角或八角的直立紫砂盆，开始用2～3年生的苗木。栽在盆的左边，春季发芽后，待枝条长到20～30厘米时进行摘心促分枝，在生长期间，不断进行摘心，留粗去弱，促使枝条加粗。并在每年春季，2～3年进行翻盆一次，翻盆时要保护好枝叶和根系，保证枝叶茂盛生长和枝干的加粗。同时要控制枝条长度，使其不要长得太长。经过2～3次的翻盆，约7～8年后，主干逐渐加粗，根据立意构图将枝叶进行整理，使叶片有疏有密，疏密适当。

③附木盆景 选一个长40～50厘米的长方形紫砂盆，再挑选一个高60～70厘米形、姿、色较好的枯树桩，栽于盆的左侧靠后的位置，较长的枯树枝伸向盆的右侧。把4～6年生的常春藤栽在枯树桩的前面，将枝条缠绕在树桩的枝干上，精心养护，根据立意构图将枝叶适当修剪和整形，盆的右侧可设摆件，盆土上栽种苔藓或地被物。

④附柱式盆景 加利那常春藤可制作附柱式盆景，选口径25～35厘米，高30～40厘米的高签盆。盆中设1.2～2.2米高的棕柱，柱四周栽3～4株，将藤盘于柱上，每隔20～30厘米用金属丝扎于柱上。

## 28. 我家有一株石榴，每年开不少花，但结果很少，这是什么原因，如何解决？

石榴是强阳性果对，生长期需要8小时以上的全日照，例如同时从山东引进泰山红石榴品种，一株栽在院子里，光线不好，每年结果很少，而送给农村种在大田里，阳光充足，每年挂满了果实。

石榴在生长结果过程中有叶片转色期与果实转色期，叶片转色期在发芽后，叶色由红转绿；果实转色期在花后 2 周左右，果实由绿转白色，这是坐住果的标志，在叶片转色与果实转色期之间，是水分养分的敏感时期，这时要少浇水，停施肥，如果这时大量浇水施肥，就会造成大量落果。而在叶转色前和果实转色后追肥，可促进坐果。

石榴有两种花，即钟状花（农民称公花）和筒状花（称母花），前者是发育不全的花，不能坐果。在开花时，及时疏除钟状花，亦可减少落果、促进坐果。

## 29. 我家院子有一架葡萄，每年枝条给虫子蛀空而死枝，请问这是什么虫，怎样防治？果实到成熟时，经常烂掉，能喷什么低毒农药？

这种虫叫葡萄透枝蛾，在长江流域一年发生一代，4 月下旬成虫羽化，产卵在叶柄和嫩枝上，然后蛀进嫩梢向上为害，该虫羽化不整齐，一般要 10～20 天，如果虫子进入枝条，打药就没有用了。因此，抓住时期是防治的关键。一般在 4 月下旬至 5 月上旬（花前）喷一次 2 000 倍 10％氯氰菊酯，在 5 月中下旬（花后）再喷一次，一年就不要再打药了。还有在生长期，经常检查，如发现新梢叶片萎蔫，叶片变小，排出虫粪，要及时剪去虫枝。

造成葡萄烂果主要有灰霉病、黑痘病、炭疽病及白腐病等，最好的办法是做防雨棚，果实套袋。农药可用生物农药。如益植灵，4％水剂，7～10 天一次，1 200～1 500 倍，连喷 3 次。或用 3％多氧清 600 倍，7 天一次，连喷 3 次，对灰霉病效果特别好。

# 第六章　球根、宿根花卉

## 1. 挑选君子兰有什么标准，怎样才能养好君子兰？

挑选君子兰以圆、短、宽、厚、硬、花、亮、蹦、腻、挺为理想。短是指叶的长度在20厘米左右，叶片脖短而收得急，一片单叶看似像乒乓球拍。圆指叶的头形要圆，即为卵形不带任何急尖，整个株形要圆，达到正面看如扇面，远看似条线，叶片无长短不一。宽指叶片要宽，在8～10厘米以上，叶长宽比2～3∶1，两条纵脉的脉挡要宽。厚指叶片厚度要在2毫米以上。硬是指硬度和弹性，坚硬而不糠。花指叶片与叶脉在色泽上有反差。亮指叶片有光泽。蹦指脉纹隆起程度，要求纵横脉明显凸起粗壮，纵横相交成直角，形成规则的凹凸状。腻指叶面结构细腻，手感滑润。挺指叶片挺拔向上，底片平展而下垂，其余叶片相反地抱头等距离生长。根系粗壮，呈淡奶油色，根尖发白，不皱不干瘪，叶和根无伤或水渍状，叶无棕色斑纹及介壳虫。新潮短叶叶面加厚，钢性增强，叶质更细，蜡亮照人，叶长20厘米，宽10厘米，纵脉凸粗壮，从叶端直通叶基与粗壮的横脉互交直角，形成叶肉凹隐的方格式深坑。叶的头形呈等半径圆。新品种有大覆轮、圆头五彩锦、麻彩短叶、大富贵、北极光、贵夫人及蜡彩短叶等。彩色兰又称叶艺兰，代表品种为花中钻石。

选购宜在每年4～5月或10～11月上旬进行。买好后将根叶顺向用纸卷好，平放或立放于纸箱中，到家后取出，将根用0.1%高锰酸钾溶液浸泡10分钟取出清水冲净晾干。将消毒过的紫砂盆底上填上塑料绿纱，上放大小适中的木炭块，基质用松针土、君子兰土各1/2，加水拌匀潮湿，手握不湿手，将根舒展在培养基上，填到根与鳞茎结合处上一点为好，留好水口，不要浇水，轻轻压一下，不要压紧，然后放在半阴处，按叶南北方向放置，约10天后移至散射光处养护。

为了使君子兰尽快适应环境，可将盆放在装水的浅盆内，浅盆上可放些沙或砖子。

君子兰原产南非，性喜温暖湿润凉爽的环境，生长适温15～25℃，低于10℃生长缓慢，高于30℃生长停止，夏季高温呈半休眠状态。喜春秋柔和的阳光，冬季阳光充足，夏季遮光50%左右，忌烈日暴晒。君子兰肉质根，盆土保持潮湿忌积水，否则会烂根死亡。喜疏松、富含腐殖质、肥沃、排水良好的pH6～6.8的沙壤土。君子兰过冬越夏比较困难。在南方温度高达30～38℃，是最难养的时期，必须采用遮阴、喷水降温，使温度达到30℃以下。在北方越冬是个问题，特别是没有加温设备的长江流域，温度保持10～12℃，少浇水宁干勿湿，特别在寒流来后绝对不能浇水，一结冰就冻死了。君子兰用水以磁化水、雨水、河水较好，盆土含水量以25%～30%为宜，相对湿度75%～85%。浇水以保持土壤湿润，春秋季上午8～9点每2～3天一次，夏天1～2天一次，下午7时前后浇为宜，冬季在晴天中午水温20～25℃一二年生幼苗10天一次，成龄的15～20天一次。浇水时不要浇到心部，浇到叶片时，晚上一定要干透，否则会烂心。

君子兰施肥要做到薄肥勤施，由淡到浓，腐熟的饼肥每年两次，一次在3月15日结合换盆时施入，第二次在8月15日前，小苗一汤匙，成年三汤匙。液体肥料用饼肥水加磷酸二氢钾，3～5月每月一次，6～8月停肥，9～10月每月一次，11月后停肥。如用君子兰营养液，生长季每周一次，每次成年君子兰100毫升，其他季节每月一次，高温季节停肥。

君子兰的病害有炭疽病、白绢病、叶斑病，可用70%甲基托布津1 000倍，7～10天一次，连喷2～4次。细菌性软腐病用400毫克/升链霉素喷洒或灌根。高烧病用凉水擦洗中心叶片，冲洗根部。煤烟病可用福美双500倍防治，介壳虫可用20％菊杀或40％速扑杀1 500倍防治。

## 2. 菊花分几类，有哪些品种，怎样才能种好菊花？

菊花按栽培方式与用途可分3类：

（1）盆栽　盆栽大中型菊，花径大于6厘米，舌状花单轮平瓣型瓣宽3厘米以上，管瓣型瓣长15厘米，独本菊花数1个，多头菊4～5个，分布均匀，花期10～12月。主要品种有平瓣类的太液池荷、彩荷、金荷；绿衣红裳、金背大红、绿牡丹；黄鹤望、津港时尚、雪涛、高原锦云、莹静琼华、村姑含笑；烈火真金、胭脂点雪；新二乔、鸳鸯荷。匙瓣类的万管笙歌、仙露蟠桃、琥珀凝翠、童发佼容、雪罩红梅；浪卷桃花、朱砂蝴蝶；醒狮图、长风万里、平沙落雁、唐宇傲狮、木兰还妆、福寿舞、大风歌；紫气东来、火蹈红莲；秋容似火、灰鸽。管瓣类的龙女散花、月明星稀；太白醉酒、碧玉簪、玉箫金管；旭日东升、绿松针、雪压青松；唐宇清涟、杏花春雨、九天银河、彩云追月；碧海英风、百鸟朝凤、春江花朝、万家灯火；巾帼须眉、千尺飞流；龙蟠蛇舞、绿云、十八凤鬟；春风杨柳、丝路花雨；天雨金珠、明珠紫霞。桂瓣类的大红托桂、清波印月；天女散花、状元托挂；金桂声喧；雀舌托桂、蕊珠宫。畸瓣类的金锈球、天下一品；彩龙爪、苍龙爪、千手观音；蜜献蜂忙、白毛仙菇等。

（2）小菊　花径小于6厘米，花色有白、黄、粉、红、紫、褐及复色，舌瓣平、匙、管、桂、畸瓣之分。花期5～12月。

（3）切花菊　花枝长85厘米以上，叶片厚实，大小适中，叶序上下均衡排列，叶片平展斜上生长，叶鲜绿有光，花枝坚硬，挺直，花颈长5厘米以内，茎部挺拔、直立、无弯曲，花头端正，最小花径14厘米，整个花枝完整均匀，新鲜挺拔，采用保鲜剂处理过。

养护　性喜凉爽，较耐寒，生长适温18～21℃，生长最高温度32℃，最低温度10℃，地下根能耐－10℃低温，喜阳光充足，耐干旱，忌水湿，要求疏松、肥沃、富含有机质的砂壤土，pH5.5～6.5。7～8月选5～7厘米长嫩尖，入土1/2，插入专用土中，保持白天20～25℃，夜间15～20℃，半阴环境，一周后见阳光，10天生根，15天上盆。优质的基肥是牛粪、豆饼、草木灰等量混合，氮、磷、钾比例为5∶2∶4，幼苗期培养土加肥10%，从上盆开始，培养土中加肥30%～40%，定植时只上半盆，在遮光前后和孕蕾初期分三次加满盆土。为抑制幼苗阶段的绿苗生长，可以少施氮肥，以磷肥为主。营养生长期每5天追一次含氮量5%的液肥，生殖生长期每7天追一次磷钾为主的液肥或矾肥水。菊花正常开花在10月中下旬至11月下旬，如国庆节开花，宜7月中下旬进行短日照处理，即用黑塑料布连续遮光16小时，每天8小时光照，也就是从早上4点遮到8点，还可喷壮花肥（0.1%尿素＋0.05%磷酸二氢钾和0.02%硼酸）5天一次，轮流使用。为使植株矮化，在株高10～15厘米时开始至孕蕾，10天喷一次2 500毫克/升比久或200毫克/升多效唑。多头菊的摘心7月中下旬开始，摘心后形成3个整齐的分枝，最后摘心离花期90～110天。浇水要适时及时适量，冬天3～4天中午浇一次，4～5月在上午7～8时浇，使夜间微润半干。7～8月早晚浇一次，9～10月赏花期，保持一定湿度而不受涝。菊花褐斑病、斑点病可用45%百菌清和多菌灵胶悬剂1 000倍，锈病用15%粉锈宁1 000倍，枯萎病用25%苯米特200倍灌根，蚜虫用50%辟蚜雾2 000倍，菊瘿蚊用20%菊杀乳油2 000倍防治。

## 3. 中国兰花如何识别好坏，怎样才能养好兰花？

大千世界，兰花众多，对兰花品种，有的取其香，有的好其名，有的取其素，有的取其艳，有的取其新，评价兰花应以色、型、奇、香、素、韵六字。色为花色鲜艳而俏丽，花色与叶色对比度大；型有梅瓣、荷瓣、竹叶瓣、柳叶瓣、线型瓣和蝶型瓣；奇是指花瓣的数、形、色非同寻常；香比作龙之睛；素为花的唇瓣具有单一色的白、绿、黄舌；韵是指整体姿态韵律美。兰花的花瓣外轮为三片萼瓣，上方为顶瓣，两侧为副瓣。内轮上方两片为棒瓣，称棒心，下为舌，称唇瓣。

初学者选兰花可从建兰、墨兰着手，它们价低好养，北方选春剑、蕙兰、建兰较适合，管理粗放，墨兰温度要求高，花期正是北方严冬季节，越冬温度要有保证。可根据兰花花期先后，合理搭配品种：

春剑：通海春剑、大红朱砂。四季春剑、袖珍、桃红、矮桩春剑。

春兰：春送、绿兰、豆瓣兰、双飞燕、养老、国华、龙凤呈祥、爱国、金鼎、大石门、大雪原、闪电、日出、鹤之华及大虎斑。

建兰：小桃红、铁骨素、四季素、金边大贡、贵妃素、金丝马尾、荷花素、龙岩素、仁化白、金荷。

墨兰：玉狮子、大屯麒麟、绿云、桃姬、金鸟、文山佳龙、矮子王、黑金刚、黑珍珠、潘龙。

在选购时要到大型花卉市场长期兰花摊位，大型国兰公司和有信誉的网上选购。尽量买传统的分株苗及优质返销苗，要成丛购买，要老苗到新苗，选长势壮，2 个以上的新苗，在花期购买。

初学养兰花选墨兰，市场上有盆栽苗与裸根苗。盆栽苗有紫砂盆和黑塑料盆。黑塑料盆兰苗长势旺，通常为5～8苗，每苗2～5枚叶片丛生于椭圆形假鳞茎上，叶片直立像宝剑，叶片厚，深绿色，有光，花剑直立，粗壮，浅棕色，高50～80厘米，每箭有花10朵，棕色花瓣，有香味，花和花箭连结处有高粱粒大小的白色透明的蜜点，有黏性，盆底和外侧有兰根外露，表示服盆已久。叶上无褐斑、铁锈色、黑色病斑、条纹及机械伤，叶尖无修剪过。紫砂盆除上述条件外，看基质上下是否一致。对兰盆新而有光，基质色新，表土无小草或苔藓，这是新上盆，选购要谨慎。对裸根苗如生长健壮、根系完整、无水渍、无病斑，叶片比盆栽苗长，3～5苗一丛，在2月底至3月末亦可购买。如兰苗外用苔藓包扎，根系长10厘米以下，假鳞茎用细铁丝连结的不能买。盆苗在12月初到3月初，花苞要有1～2个开放，可以分辨真伪。

养兰植料的选购，仙土有两种：一种掺了红砖碎，另一种没掺，都可以直接上盆，它透气、防积水、养分可缓释，用于养壮苗效果好。但养弱苗易生肥伤斑。无土基质水苔、椰糠、石子等。水苔质轻吸水、兰株发育快，管理方便，一个月才浇一次水，生根较快、白而圆直，要浅栽。冬天用椰糠入室过冬防冷湿伤根，浇水不慎易伤根。石子养兰浇水方便，但需深栽。腐殖质掺沙利立苗，养分足，但新种兰花恢复慢转入正常生长后，苗壮花旺。以麻栎树叶腐殖土好。植金石由日本进口，栽培效果好。

兰苗购后宜选泥瓦专用兰花盆，直径20～23厘米，可植春兰2～3丛。植前盆底铺一层绿窗纱上垫3～4块盆片，上加3厘米碎砖粒、木炭，然后放入植料，将兰株根系舒展其上，再加植料至离盆口2～3厘米，深以土接近叶的基部为宜，稍按实，使盆面呈馒头形，上铺翠云草或青苔，用盆底透水法，盆面露出水面3～5厘米，使盆土湿透，置于阴凉处缓苗7～10天。

兰花喜温暖、荫蔽、湿润、空气清新的环境。前人养兰的经验是喜润畏湿，喜干畏燥，爱朝阳，避久阳，喜南暖、畏北寒，春不出，夏不日，秋不干，冬不湿的莳养方法。不同种类对气候要求不同，春兰3～9月生长适温18～24℃，9月至翌年3月为16～18℃，越冬温度5℃左右。建兰、墨兰耐寒性差，冬季室温以8～15℃为宜。春季每2～3天浇一次水，浇时要浇透使盆土湿润，放在避风向阳处。开花后进入夏季，浇水要控制，不干不浇，干透浇透。秋季要加大浇水量，特别是建兰秋季是孕蕾期，最喜欢湿润，可增加浇水次数。冬季进入半休眠期，浇水量要减少，宜中午浇水，见干见湿，但墨兰冬季开花，水可多一些。用雨水或纯净水浇。

叶黄而薄宜施淡肥，叶黑而焦则伤于肥，叶干而毛宜浇水。一般说5月上旬开始，叶芽新出，生长旺盛，春兰可稍浓一点液体氮肥，每半月一次，连浇3次。秋季花芽分化前，连施2～3次钾磷肥为主的液肥，花谢后20天再施2次复合肥，三伏天及深冬停肥。有机肥用饼肥，酱渣、畜粪充分腐熟后加水15～20倍稀释后施用。

这里值得指出的，宋代以前的兰蕙均不是现在的国兰，兰指的是泽兰，蕙为唇形科植物，故不宜将孔子屈原所说的兰蕙加在今日的兰花的头上。

## 4. 欧洲水仙与中国水仙有什么不同，管理上要注意些什么？

根据水仙的形态、习性及染色体数，可分成12个类群，常见的有：①喇叭水仙群，一葶一花，花副冠特长，形如喇叭，有9个品种。代表种为黄水仙，性耐寒，花单生，橙黄色，花期3～4月，染色体2X＝14、15、20、22、30。②红口水仙群大多一葶一花，副冠短，长不及花被的1/3，花白色，2X＝14、21、28。③重瓣水仙群，花重瓣，白色、黄色或复色，一葶单花或多花。④多花水仙，一葶有花8～15朵，花被与副冠常为两种颜色。代表品种法国水仙，花被纯白色，副冠橙黄色，有香气，每一花葶着花4～8朵。中国水仙是其变种。

欧洲水仙主要品种有卡特雷尼（白色/橙），威尔逊侦探（黄）；蒋妮塔（黄/橙红）；幸运（黄/橙红）；小矮人（黄）；活报剧（白/黄）；卡尔顿（黄）；白郎宁帽（白/红）；黄太阳（黄）；荷兰船长（黄）；二月金（黄）；水上花（白/红）；爱因斯坦教授（白/红）；时尚（白/橘黄）；德克萨斯（黄）；卡络人的婚礼（白）；金色丰收（黄）；快活（白）；塔希提（黄/橙）；林苑（黄/橙）。

欧洲水仙形状比国产水仙小，外围干鳞片色浅，除主球外有1～2个侧球，周径10～15厘米。小球开花率高。周径6～7厘米均能开花，可连续开3～5年。欧洲水仙黄色品种易患黑腐病，在选购时注意种球基部有无腐烂，干鳞片上有无黑粉状病菌孢子。经低温处理春节可开花，不处理的花期在3月。

欧洲水仙喜温暖湿润，阳光充足，耐寒力比中国水仙强，在华北地区可露地过冬，以土层深厚、肥沃、保水性强、排水良好的黏壤土为好。花芽分化喇叭水仙5月中下旬进入始期，8月底至9月初完成雌雄蕊分化，9月中旬完成副冠分化，分化后在8～10℃低温处理50～60天，转入15～20℃环境中栽培。在长江流域秋植，8～9月发根，12月发叶，3～4月开花。每个生长周期6～7枚叶，后生长4～5叶为完全叶，鳞茎由生长3年的鳞片组成。

品种主要应选抗病性强的品种如卡特雷尼、活报剧、蒋妮塔、白朗宁帽、卡尔顿、黄太阳、小矮人、二月金等。在立秋到秋分（8～9月）期间种植，覆土深度宜达到5厘米左右，行距40厘米，株距15厘米，3～5个球为一丛。

盆栽时，口径15厘米小盆可栽2～3个球，20～25厘米的可种5～6个球，覆土厚度可使种球顶部稍露出土面。新叶发生后放在阳光充足处养护。如欲矮化可用20～30毫克/升多效唑处理。欧洲水仙花期较中国水仙晚，种球可耐－10～15℃低温，如要春节开花，宜9月中下旬将种球放在冰箱内在10℃低温处理60天，11月底种植，保持18℃。

切花品种单瓣的在花蕾露色期剪切，重瓣品种在花朵初开时剪切，在0～10℃可保存10天。种球休眠在初夏茎叶枯前挖出，放在通风干燥处，不可放入塑料袋。

## 5. 唐菖蒲如何挑选种球，怎样养好唐菖蒲？

唐菖蒲花梗修长，花多花期长，花色丰富，花瓣薄如蝉翼，花姿优美动人，有“切花之王”之美誉。民间传说似天师钟馗的宝剑，有避邪作用，有节节高升，福气吉祥之意。为鸢尾科，唐菖蒲属花卉，又名剑兰、葛兰、十样景。

挑选时种球饱满，近于圆球形，球茎节间距长，球茎纵横比为0.8∶1，周径10～14厘米，大多球具2～3芽，能开2～3支花。种脐小，浅色球开白花，黄花，粉色开粉花，红色开红花。要经过2～3月休眠后的种球。常见的品种有红婵娟、白桃、燕红、金不换、龙泉、赛明星、冰罩红、青骨红、普丽拉西、钻石粉、宝石红、新星、长尾王、奥斯卡及凡歌等。花色有红、黄、棕、紫、蓝、白及粉色。

切花标准：花色纯正，鲜艳，有光泽，花形完整，花序丰满，大花品种20朵以上，小花品种14朵以上。花茎挺直，粗壮，有韧性，粗细均匀，花茎长，大花120厘米以上，小花100厘米以上。叶片厚实，鲜绿有光，无褪绿，无干尖，叶面清洁平展。

喜温暖湿润、阳光充足，不耐寒、忌高温，生长适温20～25℃，5℃芽萌发，典型的长日照植物。3～4月栽于花盆，每盆2～3个，基质用腐殖土、园土、河沙、禽畜粪按5∶2∶2∶1配成，深度10厘米球茎顶端露出土面，浇透水，将花盆埋于土中，

30～40 天生根后掘起，在散射光下缓苗 7～10 天再移至向阳处。整个生长期保持湿润不缺水不积水，出苗后 2～3 天浇一次水，夏天傍晚浇一次水，现蕾时保持盆土湿润，适当遮阴，花葶出现后追复合肥 1～2 次。注意枯萎病，叶斑病，干腐病和花叶病的防治。

## 6. 马蹄莲有几种，种养时要注意些什么？

马蹄莲秀叶碧绿，花大色鲜，洁白无瑕，美丽异常，象征纯洁与清廉，可盆栽或作插花用。为天南星科、马蹄莲属花卉，又名观音莲、水芋、白星海芋等。马蹄莲有白花马蹄莲、红花马蹄莲（花期 4～6 月）、银星马蹄莲及黄花马蹄莲（花期 5～6 月）等。彩色马蹄莲有橙黄、粉红、橘红、紫色。新品种有游说（橘红）、芒果（红黄）、朝霞（深粉）、金太阳（纯黄）、舞蹈（红）、红艳（红）、水晶美酒（红）、黑魔力（红）、美黛（黄）、魅力（黄）、金花、小苏札（黄）、天使（白）、梦幻（白）及绿百合（白）等。花期 3～4 月。

目前有 2 个种源，荷兰和美国，高品质的花量多，大花品种每株 3～4 朵，小花品种每株 6～10 朵，株形丰满，红色与紫色品种要求光较强，色鲜艳，但不宜受烈日直射，温度 15℃左右。缺点花期短。

要选球茎 12 厘米以上。切花标准是：佛焰苞片形大，卷曲完全整齐，色泽纯正，光洁，无杂色斑点，肉穗花序鲜亮完好，佛焰苞片长 17 厘米以上。花葶挺直，坚实有韧性，粗细均匀，长 120 厘米以上。叶片戟形，绿色鲜亮，无黄斑，干尖，厚实，叶片清洁。

性喜温暖湿润阳光照射的环境，不耐干旱，寒冷，耐半阴。生长适温 15～25℃，28℃停止生长，30℃进入休眠。冬季温度 14～18℃为宜。可用播种或分株繁殖。

盆栽每年换土一次，基质用腐叶土，泥炭、山泥、砻糠灰、园土按 3∶3∶2∶1∶1 配成。盆底加适量骨粉堆厩肥，每盆栽 2～3 枚，置于白天 25℃，夜间 15～18℃，且向阳处生长，10 月下旬移入温室越冬。马蹄莲喜肥，出苗后可追 2～3 次饼肥水，4～5 叶时追 1∶6～8 粪肥水。开春至开花继续施肥。它特别喜欢水分，冬季 2～3 天一次水，春季每天一次水，秋季 2 天一次水。花芽分化时可每周干透一次使萎蔫傍晚再浇水。注意叶霉病、叶斑病、根腐病的防治。

## 7. 鹤望兰是高档切花，很难养，请介绍些经验？

鹤望兰，旅人蕉科鹤望兰属，又名“极乐鸟花”、“天堂鸟”。多年生常绿草本植物，根粗大，肉质，茎不明显或无茎，单叶近基生，长椭圆形、长圆状披针形，具长柄，花葶自短茎叶腋内抽生，花 6～8 朵着生在佛焰苞状的总苞内，总苞近水平状，花大，萼片 3，披针形，橙黄色，花瓣 3，侧生 2 枚靠合成舌状，中央 1 枚小，暗蓝色，宛如仙鹤延颈遥望之姿，似快乐的彩鸟，是高档切花，也是大型高档盆栽花卉。

鹤望兰原产南非，性喜温暖湿润阳光充足的环境，在深厚肥沃、排水良好的黏性土中生长良好。不耐寒，冬季适温 13～18℃，不低于 8℃，生长适温 16～25℃，忌高温酷暑，30℃以上少开花，35℃以上、10℃以下停止生长。夏季喜散射光，在遮光 50％自然光下可避免叶片黄化或灼伤，秋冬宜阳光充足，否则会植株细弱，蘖芽萌发少，生长发育不正常，不开花。

栽培经验是：

(1) 科学栽植与上盆　露地栽培在花谢后将全株挖起，切取生长健壮的蘖芽数个，带有 6～8 张叶子，切口涂上硫磺粉，待切口干燥后，栽在深厚、肥沃、疏松、透气，pH 5.5～6.5 的酸性土中，亦可用黑褐色山泥、粗沙土、腐熟厩肥按 6∶2∶2 混合基质中，浇透水，在散射光处缓苗半个月。上盆在春季花谢后进行，盆土用腐叶土、泥炭、河沙（或珍珠岩）按1∶1∶1配成，并加少量的厩肥或骨粉，栽后浇一次透水，置于阴凉通风处缓苗10天，再移至散射光处使发新根。

（2）合理肥水管理　鹤望兰根肉质，在粗壮的根茎中可贮存大量水分与养分，吸收能力强，对养分需求量大，生长期每周施一次腐熟饼肥，浓度为1∶10，或追2～3次复合肥，花前追1%磷酸二氢钾肥2～3次，夏季少施或停肥，冬季施薄肥。

浇水应根据季节、墒情、生长发育而定，冬季在温室中生长每7～10天浇一次水，春秋是生长季节，在不积水情况下，1～2天浇一次水，夏季要注意排涝防渍，可早、晚天天浇水，要注意盆土不宜过干，更不能久涝。

（3）及时防治病虫害　常见的有炭疽病、灰霉病、灰斑病及青霉病等。炭疽病叶片被害病斑圆形，边缘红褐色，中央褐灰色，伤口入侵。发病前可喷65%代森锌800倍，发病后喷70%甲基托布津1 000倍液。灰霉病初现水浸状暗绿色小斑，扩大作褐色，上长灰霉，15℃以上温度90%湿度易发病，可用75%百菌清600倍防治。灰斑病初现灰白色小点，扩大凹陷上生黑色小点。可用50%退菌特600倍，10天一次，连喷2～3次。青霉病叶边初现橙黄色至浅褐色斑块，后沿中脉扩展，叶片渐枯。细菌病害，铲除病株，检疫。

（4）加速繁殖

①播种　经人工授粉后可产生近椭圆形黄豆大小的黑褐色种子，种脐处有撮橙色毛。随采随播，播种时用细砂纸擦去粗皮，在温水中浸种48小时，盆播，基质用泥炭和沙各半，蒸气消毒半小时，冷却后浸透水，不滴水，按3～4厘米株行距点播，上覆草木灰2厘米，播后在25℃，淋水保湿，30天出苗，幼苗真叶露出，带土保护好种子移栽，在15～25℃培育50～60天，2片真叶时施肥，高5～7厘米时小盆移栽，10～15厘米定植，3～4年才能开花。

②分株　结合换盆将母株取出，阴干1～2天使根系变软，用快刀分切叶丛，连同下面根茎和部分须根，每株带2～3个芽，每芽有2～3条肉质根，切口涂上硫磺粉。如用9叶以上大块茎，当年可以开花。

## 8. 晚香玉如何挑选，地栽要注意些什么？

晚香玉为石蒜科晚香玉属花卉，又名夜来香、月下香。茎高1～1.3米，根似雅蒜，花暮开朝敛，香气颇烈，故称“月下香”。晚香玉淡雅可人，以幽香名世，它的花两朵结伙生于短枝上，成为一对，花期6～11月，常作切花用。晚香玉每穗有花13～19朵，花瓣上有气孔，晚上空气潮湿，气孔开大，芳香油就涌出，故晚上比白天香。

选购时种球周径大于8厘米的中心主球，中央顶芽无冻害。基生叶条形，顶端略锐，茎生叶短小，花莛直立，强健、有韧性、粗细均匀一致。花成对、白色纯正明亮，花形完整，穗状花序，芳香，花期5～9月。白花为单瓣，香浓，鳞茎长而尖；淡紫花多为重瓣，鳞茎较圆，每花序有花40朵。

喜温暖湿润，生长期需高温，冬季较耐寒。生长适温18～30℃，越冬温度5～10℃，适于黏质土壤，忌碱地。

地栽株距25～30厘米，鳞茎周围放一堆细沙，覆土后施一次5倍畜粪水。盆栽基质用泥炭、园土、堆厩肥4∶4∶2配制而成，3月上旬购球上盆，盆底放少量腐熟堆厩肥或骨粉，生长期每10～15天施一次饼肥水。如在1～2月选大的鳞茎在温室内催芽，可提前到4～5月开花。

## 9. 怎样养好小苍兰？

小苍兰叶如宝剑、花如金铃，形态奇丽，香气浓郁，既有兰花之幽香，又有桂花之芬芳，室内一盆，清新舒畅。常见的变种有大白小苍兰、鹅黄小苍兰及红花小苍兰等。为鸢尾科香雪兰属花卉，又名香雪兰、洋晚香玉。

要选球茎长卵形或圆锥形，球较大、充实、花枝长度 30～40 厘米，每穗花 7～13 朵，花长 4 厘米，直径 3～4 厘米，购买时开放度 1/3，即花穗后部 2～3 朵盛开，中间 3～5 朵初开，前端 2～3 朵吐蕾。在 15～20℃可瓶插 2～3 周。在水中将花枝末端用利刀斜向截去一小段茎基，立即插入花瓶或花泥中。花瓶用陶瓷或玻璃器皿，不能用金属瓶。新容器在水中浸泡 12 小时。插前用沸水烫 10 秒钟。用凉开水或纯净水，浸水线下的叶片与幼芽全去掉。白天放在阴凉通风散射光处，夜晚移在无风有露的室外，室内忌吸烟，放水果。

小苍兰喜暖怕寒，生长适温 18～20℃，夜温 14～16℃，越冬温度 6～7℃。喜光，短日照形成花芽，长日照开花。盆栽 9 月中旬至 10 月上旬栽种，15～18 厘米盆，每盆种 5～7 个球，盆土用腐叶土、园土，堆肥、沙按 2∶5∶2∶1 配成。盆底放骨粉，厩肥或饼肥，把盆土装到离盆沿 4 厘米，浇透水，再覆土 2 厘米。放在通风凉爽处，初上盆 5～7 天浇水一次，10～15 天可出苗，将花盆放到阳光充足处，保持微干蹲苗。随植株的生长增加浇水量和次数。进入花芽分化期，每隔 10 天施一次饼肥水加 0.5％磷酸二氢钾，每天 8～10 小时光照，以利花芽分化。

小苍兰孕蕾期，白天保持 15～20℃，夜温 10℃左右，放在密封阳台中，勤施稀饼肥水。降霜后入室，放在阳光充足处，开始 10℃逐渐提高到 15～20℃，10～12 片叶子可开花，开花时保持 16～20℃。孕蕾期要保持盆土湿润，适当浇水，每 15 天施一次 0.2％磷酸二氢钾，每株可开 15～20 朵花，花序抽出后及时立支柱，用细绳扎好。进入花期控水控肥。花后将花莛剪去。

小苍兰矮化可用 70～80 毫克/升多效唑浸泡鳞茎 15～20 小时，捞出后清水冲洗上盆，株高可降 1/3，叶宽增 1 倍。

## 10. 朱顶红有哪些优良品种，如何种养？

朱顶红为石蒜科孤挺花属植物，又名朱顶兰、石枝莲、孤挺花及对红等。花大色艳，花期较长，用于切花和盆栽。

常见品种有状元红、粉牡丹、孔雀开屏、罗美奥、白雪公主、珍奇、红狮、智慧之神、大力神、苹果花、勃朗峰、橙色塞维、红孔雀、玛丽、安迪斯、爱神、简夫人、双迹等。

朱顶红 8～9 月种子成熟，经 10～15 天后熟期即可播种，用锯末、河沙、炉渣、马粪作基质，先将种子在 35～40℃温开水浸种 24～36 小时，吸足水分后在 20℃10～15 天发芽，1～2 片真叶可分栽。朱顶红生长 2～3 年后鳞茎周围可产生子芽，子芽 2～4 片真叶时，将小鳞茎取下，栽于培养土中，1～2 年后就能开花。商品球周径 18～24 厘米以上，种球顶端原有叶片的叶鞘部位切口整齐，球茎的基部带有 10～20 余条弦线状肉质根，根系保持新鲜状态，外围干鳞片整洁，无黑斑，球茎紧实，无损伤，无病虫危害。

性喜温暖光照充足，忌烈日暴晒，生长适温 18～25℃，12℃以下，30℃以上生长受抑。朱顶红自然花期 4～5 月，要春节开花，就要进行促成栽培，即 8～9 月停止浇水促使休眠，将鳞茎掘起，贮藏于 17℃暗室内 4～5 周，直离春节 40 天上盆，20 天开花。如进口球，在节前 40 天上盆。一般周径 22～30 厘米球，用口径 16～18 厘米盆栽 1 个球，22～24 厘米盆每盆栽 3 个。盆土要疏松、透水、富含有机质，可用园土、厩肥、煤渣 2∶2∶1 配成，盆底加鸡粪或饼肥，清除枯根及茎盘残留物，栽植深度为球露出 1/3～1/4，浇透水，放温暖、阳光充足处养护，保持盆土湿润即可。发芽长出叶子后，逐渐多见阳光，当叶子长 5～6 厘米时，开始追肥，每隔 15 天施 1 次饼肥水，花箭形成时，施 2 次 0.5％磷酸二氢钾。

春节观赏的朱顶红，花期 10 天左右，花谢后剪除残花梗，移出室外，如温度低于 15℃，放在室内阳光充足处，保持盆土湿润，每月在盆面放置固态的复合肥 1 次或浇灌尿素加磷酸二氢钾 1 000 倍液，使鳞茎肥大。8～10 月是花芽分化期，盆土宁干勿湿，补充磷钾肥。冬季保持室温 5～10℃，严格控水，休眠期 50～60 天。明年春节又可开花。

朱顶红生长过程中，常易生红斑病，可用 75%百菌清 600 倍或 1 000 倍 50%退菌特防治。病毒病表现褪绿条斑或花叶，病原为黄瓜病毒（蚜虫传毒）、朱顶红花叶病毒（汁液传毒），采用无毒种球，防治传毒蚜虫及脱毒处理。

## 11. 怎样使大丽花株矮、花大？

大丽花为菊科大丽花属植物，又名山芋花、大理花、大竺牡丹、洋芍药等。选株形矮小粗壮，叶片丰满，花朵硕大，花形优美，色彩艳丽，达到 33 厘米（一尺）高，33 厘米（一尺）花，33 厘米（一尺）盆的标准。常见的品种有莲台、象征、费加罗、旭影、荷菊、宇宙等。基叶脱落、焦边、花朵小、花色暗淡不要购买。

大丽花用扦插苗，每年 4 月下旬至 5 月上旬为扦插期，选节间短、茎节粗、叶色浓、长度为“一心二节”苗，插在素沙中，深度以埋住第二节为度，遮阴 3～5 天后接受日晒，在 15～25℃，15～20 天可生根。盆土用园土、沙、粪肥按 4～7：2～3：1～2 配制而成，定植盆将沙土换成马粪和炉渣。生根后先后换成 6.7 厘米（2 寸）、13.3 厘米（4 寸）、16.7 厘米（5 寸）、26.6 厘米（8 寸）泥盆中，以清晨或傍晚较好。当叶片长满盆后，用 26.6 厘米（8 寸）盆，盆底填上 3～5 片蹄片或骨粉，盆土距盆沿 2 厘米，防止水涝。换盆时要保护好底叶，拉大盆距，相邻两盆叶片之间有 30～40 厘米空隙，加强通风。中午强光时遮光 2～3 小时，每日浇两次小水，叶面喷水 2～3 次，每 10 天追一次稀薄肥，15 天喷一次 0.2%尿素。亦可在整个生长期追饼肥水 4～5 次。蕾期可喷 0.2%磷酸二氢钾到显色，以后逐渐减少浇水次数。

大丽花可做独头或多头，独头在苗高 20 厘米时，摘除侧枝与侧蕾，只留下主枝顶蕾开花。多头在 2 叶时摘心，留 2～4 个侧芽。多头比独头开花晚 10 天左右。

为了使花株矮壮，花大，节短，可用矮壮素 4 000 毫克/千克，16.7 厘米（5 寸）盆每次 50 毫升，定植 26.6 厘米（8 寸）盆每盆每次 100 毫升，喷施每 10 天喷 1 次，连喷 3～4 次，在施用矮壮素前一周追一次饼肥，喷在晴天午后进行。花前半个月停用。前期以浇灌，后期喷施为好。

在定植一周后开始除芽，当长至 2～3 厘米时最适宜。大丽花为使花朵硕大，除了顶蕾及靠近顶蕾的 1 个侧蕾外，其余竞争性花蕾全部摘除，摘除竞争性花蕾在 1～2 厘米时除去，摘侧蕾常在主蕾开花前半个月左右进行。在七八月，除病虫叶、损伤叶随见随除。白粉病可用 50%甲基托布津 800 倍，每 5～7 天一次，连喷 3～4 次。褐斑病可用 75%百菌清 800 倍液。大丽花螟 8～9 月可喷 50%杀螟松 1 000 倍。红蜘蛛可用 35%克螨特 1 000 倍或 50%溴螨酯 2 500 倍，白星花金龟子可用 40%氧化乐果 1 000倍。

## 12. 大岩桐有哪些品种，如何养护？

大岩桐为苦苣苔科大岩桐属植物，又名大雪尼、洛仙花。花瓣丝绒质、大而美丽，多作盆栽用。

大岩桐的品种有：

（1）锦锻　重瓣、矮生、叶小而紧凑，花大，具桃红、深红、蓝和橙红色。

（2）辉煌　重瓣，花期早，矮生，花钟状，有猩红、蓝及白色镶边系列。

（3）神秘　重瓣，极矮，叶较小，花期早，花大色艳，有粉红、紫红、红及白色镶边。

（4）花神　单瓣，矮生，花朵钟状，有桃红、紫红、淡紫及镶边系列。

（5）迷你　单瓣，植株矮小，花大色艳，花冠钟状，有橙红、深红、褐色系列。

（6）锦花　重瓣、株矮，花径8～10厘米，有红、红白边、紫红、紫红白边。

大岩桐最好3～6月初花期选购，7～8月高温，叶片和花朵都较小。11月后温度太低，花不易开出来。购买时看叶片，深绿色，无破损、缺刻、畸形，各张叶片大小相似，能盖住盆土，单张叶片不能过大。植株头太大，不健壮会摇晃，运输中破损多，歪脖弯脑亦不美观。5～6月和8～9月购买时，花少一点亦可以，但冬春最好选含苞欲放的花。大岩桐叶片特脆，包装运输先控水，基质稍干些，使叶片发软，用带孔塑料袋从底部小心往上套，如有小篮更好。

大岩桐性喜温暖湿润，不耐寒，耐半阴，忌强阳光直射。生长适温18～22℃，不能高于30℃，低于10℃，苗期生长适温20～28℃，蕾期为18～25℃，空气湿度80%左右。地下块茎5℃安全越冬。喜疏松、肥沃、排水良好的沙壤土。

盆栽基质用河泥、蛭石和珍珠岩配制而成。定植10厘米以上的实生苗。大岩桐种子细小，在8～9月气温18℃时播种，床温20～24℃，10～15天出苗，2片真叶分苗，5～6片真叶移植在10厘米花盆内。

大岩桐喜阴，不能放在阳光下莳养，只能在明亮的散射光生长更好。浇水用浸水法，忌切叶片带水过夜，水温与气温相似，切忌冷水浇灌。大岩桐用无土栽培法效果很好。在春季3～4月，在新芽新根生长时取出球茎阴干，严格消毒盆与基质，栽于盆的中央，深度以球茎顶部与基质平齐为宜，存放两天后用浸盆法浇水，放在温暖向阳处15～20天发芽，生长好。以后每隔5～7天施一次红梅牌营养液。温度保持18～22℃，经20～30天即可开花，花后温度降到15℃左右。

## 13. 花毛茛有哪些品种，怎样才能养好？

花毛茛为毛茛科毛茛属植物，又名芹菜花、波斯毛茛。

花毛茛株高20～40厘米，冠径20～30厘米，块根纺锤形，长1.5～2.5厘米，盆直径30～40厘米。4～6朵花，花色以黄为主，还有白、橙、大红、水红、玫红、紫、栗色及复色。常见品种有新乐园、新贵、花谷、魔力矮人、马谢、锦缎、维多利亚及花境等。

性喜冷爽和阳光充足的环境，生长适温15～25℃，幼苗生长适温18～20℃，9～10月播种或分株，苗长3～4片叶时移栽，10～11月定植，盆土用腐叶土、山土、河泥、厩肥3∶2∶3∶2混合而成。买回盆苗，浇足水，在半阴处养护一周后，开始展叶时渐见阳光，放叶后施一次复合肥。

营养生长期每半月施一次饼肥水，开花前每周追以磷钾为主的液肥，花期停止施肥。花后先稀后浓有机液肥。花毛茛喜盆土疏松湿润，生长期每2～3天浇一次水，花后保持湿润，怕水涝，要见干见湿，保持盆土疏松、透气湿润。花茎初发到花瓣露出，用矮壮素或久效唑10天一次，共喷2～3次，每株保留4～5个花蕾。块根夏季休眠，挖出贮于通风阴凉处，立秋后再种。注意白绢病、灰霉病的防治，可喷百菌清或甲基托布津800倍防治。

## 14. 仙客来优良品种有哪些，怎样识别，如何养法？

目前市场上大部分是杂种一代，它在整齐度、花量、花色比传统品种优秀。杂种代花色更艳，更纯、花朵数量多、花簇集中长在植株正中央，高度均匀一致。叶色翠绿，斑纹纹路清晰，叶片平展，大小均匀。代表品种有法国的“哈里奥”（花朵最大）美国的山脊、法国的拉蒂尼亚系列（抗性强，适于家养）。常见的品种还有蝴蝶、仙境、浓香、金黄、奇迹、国旗红、米若拉、日本纯白、彩蝶、太阳红、珍品黄金及浓香型的小荷兰皱叶宽边等。

优良品种标准：花盖度 60%～70%，植株高度 24～30 厘米，冠幅 25～35 厘米，花蕾数 35～50 朵，开花 10 朵以上，叶片数 30～40 片以上，花盆直径 12～15 厘米，深 10～12 厘米。株形紧凑，花梗健壮，叶柄不徒长。国内评判标准为“一拳一掌”，即花最下部和叶片最上部的最佳距离为“一拳”，花的多少指花朵覆盖面积达一个手掌大小。叶片斑纹清晰，排列整齐，匀称，形状大小完好，色泽正常，无褪色斑，无病虫害，无冷害、水渍、折、压伤等。

仙客来喜冷、怕热、喜润、怕雨，冬季温暖多湿，夏季气候温和、阳光充足，冷凉湿润的环境。生长适温 12～18℃，其中幼苗生长适温白天 20℃，夜温 10℃；7～15 叶期白天 20～25℃，夜间 13℃；30 叶片期白天 25～35℃，夜温 20～25℃；现蕾到花梗伸长 13～17℃，花蕾顶出叶面保持 10～13℃。越冬最低温 5℃左右。开花期忌逆温，如夜间温度高于日温，夜温 15℃以上，光照少，花芽停止发育，叶、花梗会徒长倒状。仙客来喜光，但忌强光和暴晒，夏季遮光率 60%～75%，冬季光照良好。仙客来对湿度要求严格，分苗后相对湿度保持 80%，盆土不宜太湿。根肉质，要求基质疏松、透气，pH 6.5～7.5，以腐叶土、珍珠岩为好。

仙客来喜肥忌浓肥生肥，在上盆时加入腐熟厩肥、饼肥、过磷酸钙外，一般 10～15 天施一次饼肥水，浓度为 1∶6；1∶8；1∶10，实行浑水浇花，薄肥勤施。仙客来耐旱，浇水勤而少，仅保持盆土湿润就行了。花市的仙客来大都长在温室，购后不能阳光直射，要选无病植株。老叶、谢花要从基部摘除，防腐烂。注意灰霉病、软腐病、炭疽病的防治。发现病后，及时喷 2～3 次 70%甲基托布津 800 倍。花谢后停止浇水，去除干叶，将种球取出，放在阴凉通风干燥处贮藏，8～9 月再重新上盆。

## 15. 郁金香种球如何选择，怎样才能养好郁金香?

郁金香为百合科郁金香属植物，又名富贵花、草麝香。郁金香可作花坛群植或切花用，其花单生顶端，大型直立，花色丰富艳丽，有鲜红、黄、橙黄、白、紫、墨红、粉红以及镶边和条纹。花型有杯型、碗型、球型、卵型、重瓣型及百合花型等。鳞茎为卵圆形或扁圆锥形，高 3～4.5 厘米，横径 2.5～4 厘米。花柱圆柱形，高 20～50 厘米。

要选纯正品种，无病虫危害，无损伤的大球，因为种球周径要求 8 厘米以上，6 厘米不会开花，6～8 厘米开花没保证。种球按周径可分四级：一级 12 厘米以上（直径 3.8 厘米以上），二级 11～12 厘米（3.5～3.8 厘米），三级 10～11 厘米（3.2～3.5 厘米），10 厘米以下（3.2 厘米以下）为等外。种球皮色深色为红色品种，浅色为淡黄色或白色。还要问清是进口球，还是国产球，常温球还是低温球。常温球是种球未经低温处理，种后经自然低温期，花期 3 月中下旬至 4 月上旬。5℃低温球是球通过花芽分化后，经 60 天 5℃低温处理，在 18～20℃下种植，花期可提前元旦至春节。9℃低温球是指花芽分化后用 9℃低温处理，在种前仍再需通过一段 5℃低温才能提早开花。要问清是切花品种（花茎高 40～60 厘米）还是盆栽品种（花茎高 20～30 厘米），是单瓣或是重瓣品种。

挑选时茎叶绿色，叶略被白粉，无泛黄现象，花梗直挺，花瓣硬挺，瓣尖端无偏蓝色的瓣纹，花茎颈部较粗大，花托曲率越小表示越新鲜，有睡眠运动习性和低温花瓣宿合习性。

种球选购后，先剥掉外皮，将种球与基质严格消毒。地栽选疏松、肥沃、富含腐殖质的沙质土，按行距20～25厘米，株距10～15厘米种下，覆土4厘米，栽后浇透水，开春种球萌发。盆栽基质可用园土4份，棉籽壳3份，陶粒（或炭渣）2份，粗沙1份，或腐叶土（或泥炭）4份，珍珠岩3份（或树皮或木屑2份），蛭石2份，粗沙1～2份。基质中还加50%多菌灵，呋喃丹350克/立方米，并拌入少许复合肥颗粒，腐熟饼肥末。每盆种1～4球，球入土深8～10厘米，球顶离土3～4厘米。新叶出土后，施以氮为主的壮苗肥，每周一次，施后次日浇水。当长到3～4张新叶时，要施以磷为主的复合肥，使土壤保持湿润状态。现蕾后施以磷钾为主液肥，使花色鲜艳。花后剪掉花葶，施以钾肥为主、氮肥为辅的液肥，促进鳞茎膨大。6月上中旬挖起鳞茎收藏。郁金香常见的病虫害有灰霉枯萎病、基腐病、菌核病、球茎腐烂病、根虱等。球茎可用苯来特1 000倍浸种15～30分钟，发病后可喷80%代森锌500倍或75%百菌清800倍。病毒病可拔除病株，脱毒，消灭蚜虫防治。根虱将鳞茎放入稀石灰水中浸10分钟可杀死。

郁金香是世界著名的美丽球根花卉，叶秀丽素雅，花茎刚劲挺拔，花似高盏酒杯，绚丽多彩。如分色种植，如彩带飘逸，若单株栽培，姿容秀丽亭亭玉立，芬芳溢然，令人赏心悦目。是荷兰的国花。

## 16. 怎样才能养好风信子？

风信子为百合科风信子属植物，又名洋水仙，五色水仙。姿态娇美，五彩缤纷，艳丽夺目，清香宜人，是欧美流行名花之一。

（1）选球　风信子的商品球周径从13～19厘米，分成7级，水培或家庭栽培最好选周径 16 厘米以上的种球，种球的大小与花序上小花数多少、花序总量多少相关，大球有时可开 2～3 个花序。种球的鳞片色泽与花色相似，紫皮开紫花，红皮开红花，白皮开白花或黄花。以紫花、雪青花色艳香浓，很受消费者欢迎。在挑选种球时要鳞茎外观整洁、无病虫害、形状正、无黑霉病的霉斑、球重、充实。荷兰进口球一般经 25.5℃促进花芽分化，13℃放置 2 个月，栽后即可开花。优良种球表皮纵脉清晰且距离较宽，外皮膜完好有光泽，内部鳞片包裹紧密，指压坚实有弹性，顶芽饱满外露，基部鳞茎盘宽厚。花期 3～4 月。

（2）养护　土培用泥炭、园土、沙、木屑按 6∶2∶1∶1 配制而成，亦可用泥炭、棉籽壳、木屑、珍珠岩（或蛭石）按 4∶4∶1∶1 混合而成。栽入深度以鳞茎的肩部与土面平为宜。栽后将盆埋入沙中不见花盆为度，室温保持 4～6℃，经 1 个月可生根，生根后开始发芽，温度增至 15～18℃，花茎抽出后增温至 22℃，下部开始开花后，将温度降到 10～12℃，延长花期，可开 1～2 个月。如果温度在 25℃以上，1～2 周花就谢了。风信子喜光照湿润的环境，生育期放在阳光充足的地方莳养，经常保持盆土湿润，切忌大水浇灌引起烂根烂球。开花前后可喷 0.1％磷酸二氢钾 1～2 次。

水培将鳞茎洗净，放入 50 毫克/升多效唑中浸泡 1～2 天，用特制的玻璃容器装上营养水培液，一般用圆球形平底玻瓶，瓶口大小与鳞茎底盘相吻合，使二者既不留空隙又不能使鳞茎盘直接接触营养液，置于暗处一个月生根，然后移到光照处使发芽。营养液用 0.5％复合肥与 0.5％磷酸二氢钾等量配制而成，每周换营养液一次。然后在 18℃温棚中，2 周开花，并在瓶中加少许木炭。亦有将鳞茎直立放在浅盆中，用彩色石子固定。常见的病害有灰霉病、菌核病及黄腐病。灰霉病用 75％百菌清 800 倍，黄腐病用 100 毫克/升链霉素，菌核病用 50％多菌灵 600 倍防治。

## 17. 百合有几种，种养时要注意什么？

百合为百合科，百合属植物，又名番韭、强瞿、百合蒜。叶子青翠娟秀、茎秆亭亭玉立，花朵高洁洁白，轻盈若飘，象征团结友好，吉祥圣洁，是欧美长期走俏的盆花与切花。

观赏百合有东方、亚洲及麝香百合三种，它的种球与食用百合不同，种球分球很少，食用宜兴百合分球 2～4 个。要问清是切花型（株高 1 米），还是盆栽型（株高 30～40 厘米），常温球还是低温处理球。常温球是夏季种球，常温贮藏，当年种植，经冬季自然低温，第二年 6 月开花。低温球经 2 个月低温处理，全年种植，可提前开花。从外观上东方百合球形稍长，瓣梢尖；亚洲百合球形与瓣形稍圆，麝香百合鳞片黄色。商品球的规格东方百合种球周径 12 厘米以上，亚洲与麝香百合种球周径 10 厘米以上。种球外鳞片的色泽与花色相关，鳞片红色开红花、粉红花，鳞片白色开白花，鳞片黄色开黄花。同时购球时要求选无病虫害，无机械伤，无失水萎缩的。

一级品要求花色纯正，鲜艳有光泽，花形完整，花茎挺直，强健，有韧性，粗细均匀一致，叶面亮绿，有光泽，排列整齐，采收期在第一朵花蕾完全显色但未开放时。

东方百合　一年四季都有卖，冬春季以北回归线以南地区质量好，夏秋季以云南、高海拔地区质量好。要求花茎长度 70 厘米以上，茎秆强健不软，枝叶无病害，无破损，花苞 3 个以上，仅有 1～2 朵花半开或全开。

亚洲百合　12 月至翌年 5 月购买，花茎长 70 厘米以上，花苞长 8.4 厘米以上，4 个花苞以上，1～2 朵花全开或半开时购买。

麝香百合　12 月至翌年 5 月购买，花茎长 75 厘米以上，1 个到多个花苞，1 个花苞微开时购买。

切花养护　瓶插时气温20℃，清水瓶插约10天，选好鲜花后，用纸将整枝花苞包起来，在花瓶中放入2/3水，按花瓶高度剪掉太长的茎秆，去掉多余的叶片。

百合种类繁多，自然分布很广，由于原产地生态条件的不同，生长习性各异，大多数喜冷凉湿润的气候，生长适温白天20～28℃，夜温18～20℃，温度低于5℃或高于30℃，生长几乎停止。其中亚洲百合卷丹喜温暖干燥，较耐阳光照射。麝香百合喜温暖、光照，但不耐寒。因此，多秋季栽培，冬季休眠，春夏开花。

进口百合种球的品种有东方百合的柏林、西伯利亚、马可波罗、水星；亚洲百合的波利亚娜、精粹、普瑞头、新中心、伦敦、爱心、摇太阳、大凤凰；麝香百合的皇后、罗拉等。

盆栽百合的基质由腐叶土、泥炭、砂质菜园土、腐熟的堆厩肥按3∶3∶2∶2配制而成，并要经高温消毒。栽前将鳞茎放入苯菌灵水合剂消毒30分钟。盆底盖好瓦片，填上粗颗粒土，做好排水层。上放与土拌和的复合肥，上填培养土，大号花盆每盆种3～4个鳞茎，中号盆2～3个，小号盆种一个鳞茎。为使基部根系舒展，种时覆土到鳞茎的4/5，栽后灌一次水放在向阳地方进行正常管理。追肥用腐熟的有机液肥，以1∶6浓度，每10天追一次，直至现蕾，花期停肥，花谢以后追以磷、钾为主的液肥，直至地上部枯萎。百合喜干燥，盆土只要保持湿润就行了，当盆土表面发白，手摸有干硬感时，可浇一次透水，夏天在早晚浇。百合喜欢空气湿润，可在花盆周围喷水。秋季上盆，要经过一定低温的春化处理，宜将花盆放在冷室内越冬。

百合叶枯病用75%百菌清800倍液防治，百合疫病可喷40%乙磷铝或25%甲霜灵800倍，百合茎腐病用50%苯来特500倍液浸鳞茎15～30分钟防治。刺足根螨可用40%三氯杀螨醇1 000倍浸泡鳞茎2分钟。

## 18. 非洲菊如何选购与养护?

非洲菊为菊科非洲菊属植物，又名扶郎花，花清秀挺拔、艳丽不妖、姣美高雅，常用于切花瓶插。

(1) 选购　要购买时要分清盆栽（茎长 20 厘米）与切花用(茎长 30～40 厘米)，20 厘米（6 寸）盆叶片 20～30 片，销售盆栽至少有 2 朵花正在开放，其余含苞欲放。叶片没有受过潜叶蝇危害。叶片富有弹性，耐包装运输。切花一级标准是花色纯正，鲜艳具有光泽，无褪色，花形完整，外层舌状花整齐，平展。花葶挺直、强健、有韧性、粗细均匀，长度超过 60 厘米，每 10 支为一扎，长短不超过 1 厘米。花有白、黄、粉、红、橘红等色。常见的品种有化妆舞会、欢乐、繁星、线性花、白色、旋转及雨燕等。

(2) 养护　性喜温暖湿润，生长适温 20～25℃，高于 30℃，低于 10℃处于半休眠状态，喜光，稍耐寒，长江以南覆盖过冬。因此栽培时必须有充足的阳光。可用播种，分株及组织培养繁殖。种子熟后即播，20～25℃ 10～14 天发芽，子叶展开分苗，2～3 片真叶定植。分株 4～5 月盛花后进行，切成带 2～4 叶片的小株。盆土用腐叶土、园土、堆肥、沙 4∶3∶2∶1 配制而成。栽前盆底加缓效肥料，栽时根颈部露出土面。上盆后 10 天开始追稀液肥，半月后 1 次饼肥水，花前追一次磷肥，夏季停肥。盆栽花每 10～15 天施一次氮、磷、钾 20∶20∶20 的水肥。生长一段时间后叶片变多，可拔掉一些叶片，包括老叶、黄叶。常见有叶斑病和根腐病，可用 70％甲基托布津 800 倍或 80％乙磷铝 400 倍喷布或浇灌。

## 19. 洋桔梗如何莳养?

洋桔梗花色淡雅，花姿优美，是新型的切花品种。又名草原龙胆，一二年草本，茎直立，株高30～60厘米，叶卵形对生，灰绿色，花钟状，有紫、粉、黄、白及复色。花枝长50～70厘米，每支有花20～40朵，花期5～6月。

洋桔梗要选叶片灰绿色无病斑或虫害，花茎粗壮，基部无皱缩现象，小花苞直挺，花瓣色泽鲜艳无虫咬的孔洞。采收适期是70%的花处于半开状态时。品种有丽莎、罗莎、美人鱼及拉古纳等。

洋桔梗购回后，去除多余的叶片，花梗长15厘米左右，剪去过小的花苞，茎基斜削，插入10厘米清洁的水中。如能用3.5%蔗糖溶液处理24小时，可延长插花寿命，在运输途中将切花插入水中运。

洋桔梗以播种繁殖为主，大生产均用组织培养法。育苗基质为园土、泥炭、沙、珍珠岩＝3∶4∶2∶1，装入育苗盘，用0.1毫米孔径细沙与种子100∶1混合播种，11～12月播种。保持30℃适温，4片真叶时定植于8～15厘米盆中。从播种出苗到4叶片约2个月，要求温度不高于26℃，不低于10℃，最适温度白天22～25℃，夜温13～15℃，为确保着花节位在10节以上，故温度不能太高，每天13～14小时光照。洋桔梗前期生长缓慢，6片叶后生长速度提高，要控制好肥水，既不能多又不能少。

定植以沙壤土为好，每100平方米施入腐熟厩肥750千克，pH保持6.5，每平方米6～8株等距离定植，栽时要小心，不能损伤根系。洋桔梗是喜肥花卉，对钙的需求量大，定植后可施缓释化肥或液肥，加1%硝酸钙，使土壤保持微湿状态，每天接受4小时光照，出花梗后，浇水量适当增加，在夏季遮光35%，温度控制在白天23℃，夜间18℃。抽花茎时温度低于10℃，会出现叶尖失绿现象。当株高15厘米时罩一层支撑网，45厘米时再罩一层支撑网。花期要求24～28℃，光照强，时间长，花质量好。主要病虫害有褐斑病、缺钙症及潜叶蝇，注意防治。

## 20. 丽格海棠栽培的经验有哪些?

丽格海棠为秋海棠科秋海棠属。又名玫瑰海棠。

丽格海棠花色艳美，花形多样，花朵硕大，花期特长，花质有丝绒感，元旦春节开放，花色有红、黄、白、橙、绿，深受市场的欢迎。

(1) 摸透生长开花习性，在温度上下功夫　丽格海棠生长适温15～24℃，最适夜温19～20℃，低于10℃，高于28℃生长缓慢，低于5℃易受冻。日温超过32℃生长受阻，夜温超过24℃植株徒长。因此，控制好温度是莳养的关键。冬天北方有暖气的地方温度好掌握，长江中下游地区大部分家庭没有暖气，因此，要将花放在向阳的阳台上，套透明塑料袋。如果寒流来时，宜用电灯或热水袋加温。宜元旦春节购买开花植株，室内温度以保持10～20℃为好，花期可保持2～3个月。

(2) 浇水要控制　丽格海棠根茎肉质，根系纤细，易受损伤，水少影响生长，水多会抑制生长感染病害。一般冬季每隔5～10天一次水，春秋季3～5天一次水，当基质颜色变浅时就可浇水，浇水要上午浇，水温与气温不能超过5℃，浇水后最好叶子上不留水珠，避免天黑前叶片上有残存水，浇水以盆边浇水为好。

生长前期空气湿度宜大，以80%～85%为宜，生长后期和花蕾形成后，湿度以55%～65%为宜，如有灰霉病发生，将湿度降到70%～80%。冬天天气干燥，特别是有暖气的地方，要洒水增加空气湿度。

(3) 光照要适当　丽格海棠适宜的光照为18～25千勒克斯，据我们试验随着温度的升高，耐光度降低，18℃时能耐32千勒克斯，25℃时能耐25千勒克斯，28℃时能耐18千勒克斯。幼苗期的光照以15千勒克斯为宜，生长期以25千勒克斯为宜。在幼苗4叶摘心后，可用短日照处理1～2周，促使花蕾形成，花期整齐，生长期要求14～16小时的长日照。在冬季养护时，宜放在室内阳光充足处。夏秋季应遮光30%～50%，为自然光照的1/2～1/3。

（4）施肥要适时适量　丽格海棠为扦插苗或组培苗，基质用泥炭、珍珠岩和蛭石配制而成。刚上盆小苗，以氮为主的稀液肥，随着植株的生长，减氮增磷钾，氮、磷、钾比例从20∶10∶10到10∶30∶20。（花多多2号），每周1～3次，根施用量为0.5%。还可用0.1%磷酸二氢钾喷施，每周一次。由于丽格海棠花丝绒质，喷肥时雾点要细，喷雾器压力要大，不能形成水珠，使花叶生斑。

（5）及时防治病害　丽格海棠主要病害有白粉病、灰霉病、茎腐病和根腐病，主要靠控制室温和浇水来控制。白粉病湿度82%以上、温度20℃以上易发病，发病前可用15%粉锈灵1 000倍液或70%甲基托布津1 000倍液防治。灰霉病可用50%代森铵800倍液或25%多菌灵加70%甲基托布津1 000倍液防治。10～15天一次，连喷3次。

（6）选择品种　丽格海棠宜在元旦、春节前选购，要求株高15～26厘米，冠幅18～30厘米，花数10～20朵，花径3～5厘米，外观新鲜，花朵大小和数量正常，花色纯正，花形完好，叶片排列整齐，形状大小完好，色泽正常，无病虫害、折损、擦伤、压伤、冷害及斑点等。整个植株用塑料纸包好，防止运输途中受风、冷害，造成花、叶受害。常见的品种有比林、柏可、伯拉登、佛罗尼卡、比西伯、卡耐佛、伯力次、克来拉、暗伯来及暗佛塔等。

## 21. 家庭莳养白掌要掌握哪些技术要点?

白掌又名白鹤芋、苞叶芋，商品名一帆风顺，属天南星科苞叶芋属的观叶植物。

白掌原产美洲热带，无茎或短根茎，叶革质，长椭圆形或阔披针形，有长尖，基部圆形，叶面深绿色有丝光。佛焰呈叶状，近似掌状，高出叶面，白色或绿色，花似鹤翘首，亭亭玉立，洁白无瑕，给人以祥和安泰、一帆风顺的美感，佛焰包有吸收甲醛、苯的能力，是室内绿化美化的佳品。

盆栽植株要求株形匀称，叶片挺立，叶色碧绿光洁，无破损，无病斑，无害虫寄生，佛焰苞 3～5 个，其中 1～2 个佛焰苞正处于半开状态。佛焰苞片硕大，被蜡质光泽，无病虫害，肉穗花序要粗壮，直挺，充满生机与活力。在书房与客厅陈设要套青花瓷盆或紫砂盆，购买后要用报纸或塑料袋套好，防止叶片被风吹使叶片受伤，或出现干尖，焦边现象。

白掌性喜温暖湿润、半阴的环境，很耐弱光照。生长适温 20～28℃，越冬最低温为 10℃，越冬适温 15～18℃。基质适于疏松、肥沃、结构稳定，不易腐烂，保水保肥的植料，pH 为 5.5～6.5。

盆土用腐叶土、泥炭土、木炭（或珍珠岩）按 5∶4∶1 配合而成。盆底加腐熟厩肥或饼肥作基肥，每盆 100～500 克。它较喜肥，生长季节每 1～2 周施一次饼肥水或液体化肥，还可叶面喷 0.2％磷酸二氢钾加 0.1％尿素。小苗可适当增加氮素比例，促使生长繁茂，分枝密集，成株氮肥太多会降低观赏效果，冬季一般停肥。白掌喜湿忌积水，生长期每 5～7 天浇水一次，抗旱能力不如春芋、龟背竹，要保持高的空气湿度（70％～80％），夏季要经常喷水，喷水要用凉开水，防止叶片留下粉斑，夜间不能喷水，否则会叶部生病。保持盆土湿润而不积水。冬季忌盆土过湿，寒流前切勿浇水，否则会引起烂根与黄叶。白掌喜散射光，室内陈列要求有充足的光线，最好离开窗户 1 米左右。在阳光下夏季遮光 60％～70％，春秋季遮光 30％～40％，冬季北方不遮光，南方遮光 10％～20％。夏季应放在半阴、凉爽、湿润的场所，如放在空调房间要多喷水。白掌喜高温，生长期宜白天保持25～30℃，夜温21～24℃，白掌越冬时如长期低于10℃加上潮湿，根系会发黑腐烂。冬季白天保持25℃，夜温15～18℃，会照常开花生长。如寒流来时，无加温条件的，宜用塑料袋套将全株套上，寒流过后，可将套子去掉。白掌对敌敌畏、敌百虫、乐果、氧化乐果十分敏感，在治虫时不宜使用，可用菊酯类农药代替。

家庭莳养易发生烂根、干尖与焦边的现象，其原因烂根是温度偏低时浇水太多，或温度太高时，盆土排水不畅造成的。干尖与焦边主要是光线太强，空气湿度太低引起的。在高温干燥时，要经常向叶面或地面喷水，或用0.1%磷酸二氢钾以肥代水喷雾，既增加空气湿度又增加营养。

## 22. 竹芋有几种，高质量的竹芋主要管理技术有哪些？

竹芋有孔雀竹芋、玫瑰竹芋、斑叶竹芋，市场上还有一种淡绿色，叶形似苹果的叫“青苹果”。

孔雀竹芋又名蓝花蕉，五色黄金葛，原产巴西。株丛密集丛生，株高30～60厘米，每盆5～10株。叶柄紫红色，叶卵状椭圆形，薄革质，底色绿，隐现金属光泽，沿主脉两侧分布羽状暗绿色，长椭圆形的绒状斑块，斑纹相对称，叶背紫色，似孔雀开屏之尾羽，夜卷晨展，叶色美丽，斑纹奇异，为珍品，风靡世界。

玫瑰竹芋又名彩虹芋、彩叶竹芋，株高30～50厘米，叶稍厚带革质，长20厘米，宽10～15厘米，卵圆形，青绿色，叶脉两侧排列墨绿色条纹，叶脉和叶缘呈金黄色，叶背紫红斑块，像盛开的玫瑰花。特别最近引进的皇后，更加珍贵。

斑叶竹竽又名天鹅绒竹芋，株高50～60厘米，具地下根茎，叶椭圆披针形，叶面呈天鹅绒深绿色并带紫色，具浅绿色带状斑块，叶背紫红色。

竹芋喜高温湿润，生长适温 20～30℃，冬季白天温度 20℃以上，夜间 15℃以上，越冬最低温度 12～15℃，春夏秋遮光 60%，冬季遮光 20%，空气湿度 70%～80%。竹芋喜高温高湿，要保持基质中有足够的水分，对基质要求很高，一般用泥炭（或腐叶土）加 1/3 珍珠岩及少量腐熟厩肥配成，因此，基质既不板结，更不能积水。

其技术要点是：

（1）选高质量的组培苗。

（2）用进口专用基质，3 份草炭、1 份珍珠岩，pH 为 6.5。

（3）全营养供应，生长期追全素营养液，氮、磷、钾比例为 2∶1∶2。

（4）光照适度，理想的光照为 10～20 千勒克斯，冬季全光照，夏季遮光 60%～70%。光照因品种而有差异。

（5）冬保温、夏降温，生长温度 13～35℃，适温 20～30℃，小型竹芋最高温不超过 38℃，大型不超过 32℃。

（6）保持高的空气湿度，以 60%～80%为宜，在北方，经常向叶面与地面喷水，秋末可喷 2～3 次 0.1%磷酸二氢钾，以肥代水。

（7）浇水水质要好，pH 不超过 6.5，低氟含量，环境清洁卫生。

## 23. 大王黛粉叶如何选购与养护？

大王黛粉叶是花叶万年青属的一个品种，与它同种的品种还有绿玉万年青、白玉万年青、喷雪万年青及斑纹大王黛粉等。

（1）选购　长江以北宜在暮春购买最佳，因为这些植物大多在高温高湿中生长，直接移到冷凉干燥的北方，很难适应。在选购时，盆栽一级株高40～50厘米，每盆株数1～4株，株高与冠径比为2∶1；二级株高50～60厘米；三级60～70厘米，盆直径26厘米，深24厘米。株形饱满、紧凑，生长健壮。叶片长椭圆形，长50～60厘米，宽20厘米。基部叶片完整无缺，无病虫害，叶片无干尖、焦边、折损及机械损伤。斑纹大王黛粉叶，沿叶侧面有乳白色斑条或斑点。喷雪万年青在绿色叶上有浅色雪花状斑纹。绿玉万年青，叶深绿与浅绿相杂，散生浓绿斑块或白色小点。白玉万年青，叶中央乳白色，边缘绿色，其上似敷一层粉黛。

(2) 养护　喜温暖湿润及半阴的环境，生长适温25～30℃，越冬温度10℃以上，喜散射光，忌强光。喜富含腐殖质、排水良好的土壤，盆土用腐叶土、园土、河沙＝2∶1∶2配制而成，外加腐熟的堆厩肥、骨粉或饼肥。生长季节每月施1～2次以氮为主的1%复合肥或饼肥水，否则斑纹会淡化，褪色。生长季节每1～2天浇一次水，宁湿勿干，气温高于25℃以上，要向叶面喷水，秋后控水，做到见干见湿，冬季适当干燥，10～15天浇一次水。冬季应放在明亮的房间，室温保持15℃以上，低于10℃，会产生黄叶及脱叶。购买后，由于叶片较大，容易破损，运输中要注意保护，运输中如遇温度太高，湿度太大，时间太长了会腐烂，要适当的通风，并可用报纸或塑料袋包扎。

## 24. 盆栽香菊养护要点有哪些?

香菊属菊科、千年菊属，又名白艾、玉芙蓉、芙蓉菊。为多年生常绿亚灌木，在长江中下游地区广泛栽培，尤以上海、江苏为盛。常作盆栽或制作盆景，适于阳台、室内、庭院莳养观赏，叶片用手轻摸，香气袭人，像是艾香，又似野菊香，使人清凉舒服，神清气爽。

香菊株高60～120厘米，叶互生紧聚于枝顶，狭倒卵状楔形，长2～3厘米，宽0.3～0.5厘米，先端卵圆形，叶基楔形，无锯齿，叶被银灰色短柔毛。头状花序近球形、金黄色，直径4～5毫米，生于上部叶腋中，花期8～9月。香菊远看似银叶菊，但叶较细巧，香浓，是江苏淮安市的特产花卉。

香菊原产我国中南及南部，性喜温暖湿润，生长适温15～25℃，耐热，在35℃高温下生长良好。较耐寒，越冬温度0℃左右，长江中下游地区宜在冷室内越冬，霜降后进房，清明至谷雨出房。香菊喜光，春、秋、冬在全日照下生长，每日光照不少于6小时，香菊是短日照植物，夏季烈日酷暑稍加遮阴。宜在疏松、肥沃、排水良好的沙壤土中生长，对土壤酸碱度要求不严，在pH6～7.5时生长良好。喜湿忌涝，雨季要防涝排渍，防止积水烂根死亡。香菊喜肥，生长期要薄肥勤施。

4月上旬开始发芽，5月上旬至6月中旬为新梢迅速生长期，夏季高温生长受抑制，秋季进入二次生长，但生长量没有春季大。枝条萌发力强，耐修剪，枝条柔软，易整形。

（1）上盆　香菊一般用2～3年生初步成形的扦插苗栽植，宜在3～4月购买。如要繁殖小苗，可购种子春播。上盆可用紫砂方盆、六角盆或长方形盆。盆土用园土、厩肥、沙按6∶1∶3配制而成，在3月下旬至4月上旬上盆。盆底孔填上绿纱。香菊怕积水，盆底宜放一层粗炭渣或碎瓦片作排水层，上放腐熟饼肥或蹄片作底肥，栽后浇透水，第二天再浇一次，使根系与土壤密接。

（2）整形修剪　盆栽香菊可整成自然圆头形，云片分层形，卧曲形，一般有3～4个主枝，分成3～4层，下层较大，上层较小，最下部的一个枝亦可以整成比较长的飘枝，悬垂盆面的下部。整形宜在生长缓慢期的3～4月及8～9月进行，香菊枝细、脆，整形时要细心，用力不能过猛。

香菊在生长期要十分重视剪枝摘心，及时疏除密生枝、徒长枝、交叉枝，5月上中旬，对当年生新梢长到8～10厘米时留

2～4厘米短截，清理枝片之间，上下层之间多余的枝条，然后放在阳光充足的地方，经10～20天嫩枝重新萌发，银灰色的新叶，非常美丽。随着新梢的生长，基部老叶会逐渐枯死，在发芽前、短剪后要及时抹去老叶。在7月中下旬，新梢如生长较旺时，可进行1～2次摘心。

(3) 肥水管理　香菊喜湿喜肥，施肥要掌握先薄后浓，量小勤施及氮、磷、钾合理配合的原则。在生长期每10～15天追施饼肥水一次，生长后期及花后结实期，追施磷钾肥，还可叶面喷施0.2%尿素加0.1%磷酸二氢钾。使用有机肥一定要腐熟，高温天气应停肥或施少量的无机肥。盆栽香菊每2年换盆一次，秋季或换盆时应施基肥，一般用腐熟的饼肥或厩肥，每盆20～100克。

香菊浇水比较严格，需掌握适时、及时、适量、干透浇透。根据长势、气温、湿度适时浇水，春秋每天或隔天浇水一次，夏季早、晚浇水一次，冬季7～10天浇水一次。浇水要及时，不能出现萎蔫脱水现象。浇水量要考虑不同生长发育阶段，不同气候变化适量浇水，花期要保持土壤一定的湿度，利于结籽，避免大水浇灌。香菊最怕水涝，雨季前要检查花盆排水孔，雨后及时倒去积水，千万不能受渍烂根死亡。

(4) 病虫害防治　香菊抗病力强，病虫害较少。常见的有叶片黑斑或褐斑病、白粉病、蚜虫、红蜘蛛、介壳虫及食叶害虫等，要及时检查防治。叶斑病可用50%多菌灵或75%百菌清800～1 000倍，白粉病可用三唑酮1 000倍防治。香菊的蚜虫较重，一旦发现要及时喷杀1 000倍吡虫啉。介壳虫在幼虫期的5～7月用40%速扑杀1 000倍喷洒2～3次。红蜘蛛用15%扫螨净乳油2 000倍防治。

## 25. 石蒜有哪些种类与品种，如何养护?

石蒜又名蟑螂花、一枝箭、老鸦蒜、龙爪花、野水仙。为石蒜科石蒜属植物。

石蒜原产中国、日本等，有15个种，按花色分①黄色系：如中国石蒜、忽地笑、广西石蒜、黄长筒石蒜、安徽石蒜等。②橙红系：石蒜、朝鲜石蒜、血石蒜、麦秆石蒜。③粉色、复色系：香石蒜、玫瑰石蒜、红蓝石蒜、换锦花、夏水仙、变色石蒜。④白色系：乳白石蒜、长筒石蒜、短蕊石蒜、江苏石蒜、陕西石蒜等。

用于花卉上主要是花形奇特的红花石蒜、花姿雅丽的夏水仙，花色丰富的长筒石蒜及切花用忽地笑。忽地笑，鳞茎肥大，叶质肥厚，花茎高出，花色金黄，常3～10朵聚生，次第绽放，花期7～10月。忽地笑亦可水养。鳞茎先用25～30℃温水加少量高锰酸钾浸根部24～36小时，像栽水仙花一样种在水仙盆中。石蒜目前育成的有兰梦、国庆红、成功、燕嘴及金黄粉瓣等品种，由中山植物园育成。杭州植物园育成中国红兰石蒜和雅致石蒜杂交种。

生产上用组织苗，外植体为鳞片。

亦可用小球，6月或9～10月在叶枯死，花莛未抽出或刚枯萎时，将子球分栽，深8～10厘米，亦可将母鳞茎米字形切开(基部向上切)，放半天后置于河沙或泥炭藓，深为母球的3/4，一个月后生小鳞茎。

石蒜在管护上，在花后或叶枯休眠期春、秋植，春植在惊蛰至春分进行。春植开沟挖穴，每隔10～13厘米或株行距25～30厘米种植，覆土3～5厘米，生长期内覆土2～3厘米，深8～12厘米，浇透水，出苗后施磷肥或硫铵。每年秋季开始生长，追有机肥一次，中耕除草，花前（6～7月中旬）常浇水，冬夏休眠期不浇水，停肥，防止湿度过大而烂茎。北方冬季要覆盖防寒。越冬温度8℃以上。生长良好不需移栽，开花季节，适当浇水，花后若不采种，及时除去枯花梗。

## 26. 玉簪有哪些优良的品种，如何养护？

又名玉春棒、白鹤花、白玉簪、玉泡花，百合科玉簪属多年宿根草本。根状茎粗壮，叶基生成丛，具长柄，卵形或心状卵形，总状花序顶生，花梗高出叶面，着花9～15朵，花一般白色，管状漏斗形，有芳香，花期6～9月，蒴果三棱状圆柱形。

品种有法兰西、蓝色皱纹、满溢酒杯、樱桃浆果（花紫色）火与水（紫）、击倒（浅紫）、爱国者（淡紫）、总禾、太阳能（淡紫）、宽边（紫）等。

性强健、耐寒、喜阴湿、忌烈日，喜土层深厚、肥沃、湿润，排水良好的沙壤土。分株或播种繁殖。

盆栽选通透性好的土陶盆，盆底填一层碎瓦片，用腐叶土与菜园土混合作基质。喜湿怕涝肥适度，生长期常浇水和喷水，春秋季薄肥勤施，20天一次复合肥。

玉簪是阴性花卉，遮阳度要85％以上，以早晚能见花太阳为好。不耐寒，北方要入室过冬。

## 27. 银莲花的优良品种有哪些，如何栽培？

银莲花是毛茛科银莲花属的优秀切花植物，有100种。作切花用是冠状银莲花（罂粟秋牡丹花期4～5月），和日本银莲花（花期9～10月）。生长适温白天15～18℃，夜温6～9℃，喜凉爽、湿润、阳光充足的环境。

（1）品种

露地品种：

冠状银莲花：

①“第卡”杂种系列，单瓣、花浅碟状，花粉红、红、紫和白色。

②“圣塔伯力达”杂种系列，花半重瓣，花粉红、红、蓝和白色。

③“圣塔、柏林”半重瓣，花粉红、红、蓝和白色。

日本银莲花：

①“亚木巴”白色、单瓣，直径 5～7.5 厘米，株高 90 厘米。

②“阿力斯”半重瓣，浅粉色，株高 60～90 厘米。

③“漂亮河口”花重瓣，株高 120 厘米，长势强健。

④“旋风”花半重瓣，纯白色，花径 7.5～10 厘米，株高 120～150 厘米。

温室品种：

①“摩纳、黑纱”花大，色白，粉红，红，花梗长 25.4～45.7 厘米，优良品种。

②“第卡”花单瓣、花浅碟状，花粉红、红、紫、白色，花梗长度比前者短。

(2) 大田栽培　可播种或穴盘苗进行切花生产，9～10 月播种，15～18℃15 天发芽，形成种球 18 月开花。大田生产从种球开始。选周长 4～5 厘米种球，在水中浸泡 12～48 小时。栽培地宜全日照肥沃，有机质丰富，排水良好，pH6～7，株距 2.5 厘米，畦内行距 15 厘米，种植畦间距 25 厘米，种植深度 2.5 厘米，生长期内保持基质湿润。定植后追施 1～2 次以磷钾为主的复合肥或饼肥水，亦可在滴灌时，每周将可溶性肥料母液加入水中，用 100 毫克/升全元素肥料，亦可将固体肥料加到植株侧面，每 9.2 平方米施 0.45 千克全元素肥（氮、磷、钾 10：5：10 或 10：6：4）。

盆栽用 18 厘米泥盆，每盆栽 2～3 株，覆土厚 1.5～2 厘米，基质为珍珠岩、木屑、杂糠灰等量混合。春化处理 0℃处理几周，5 片真叶即可开花。

(3) 温室栽培　播种将种子撒在基质表面，保温 30～36℃，

10～14 天发芽。若用种球，埋入土下 2 厘米，8～9 月种，10 月到次年早春分化花芽，白天温度 24～27℃，夜温 20～25℃，春季覆盖遮阳网（遮光 2/3）可有效促进花梗增长并降低气温。使花梗从 22.8 厘米增加到 30.5 厘米。氮磷钾比 2∶1∶2，可以施 100～200 毫克/升的 20∶10∶20 的复合肥，每次浇水可添加肥料。

切花银莲花的病虫害有腐烂病、立枯病、灰霉病、白粉病等，虫害有白粉虱，注意防治。

（4）采收及采后处理　银莲花花苞日开夜合，宜花苞开放前清晨，在花瓣刚由中心开始分离但没有完全开放时采收，若切花需转换盛水容器，则水中剪去一段。插时间 6 天以上，保鲜剂使切花寿命延长 50%，不能和水仙放在一起（对乙烯敏感）。保鲜剂中蔗糖不少于 2%，水温 27～38℃，温水 pH3.5。

## 28. 虎眼万年青有什么特点，如何莳养？

虎眼万年青为百合科虎眼万年青属植物。又名鸟乳花、海葱、葫芦花。有人误认为“雀梅”。亦有称好望角鸟乳花。原产非洲，因鳞茎包皮上长出小球，形似“虎眼”故名。可作切花，盆栽，以其为主材，配以香石竹、马蹄莲、变叶木、欧石竹，雅致耐观。

虎眼万年青鳞茎较大，形似葫芦，灰绿色。株高 40～50 厘米，基生叶 5～6 枚，线形，深绿色，有白色凹陷中肋，叶部呈“V”形，至顶部突细如针，弯曲下垂，披在盆边四周，随风摇曳，独有神韵。花梗粗壮，顶生数十朵 6 瓣星形小花，呈圆锥形排列于长而粗壮的花序，形成长 15～20 厘米的总状花序，花序上部常弯曲，形似天鹅头部造型，小花由下往上不断开放。花被片白色，中间有一条绿色条带，开花时淡雅美观，花期自冬至春，花期长。

虎眼万年性喜阳光，亦耐半阴、耐旱、耐寒，夏季怕阳光直射，好湿润环境，冬季重霜后叶丛仍保苍绿。生长适温为12～25℃。虎眼万年青生性强健，管理可粗放，不择土壤，在疏松肥沃的壤土中生长最好。春秋两季均可种植，栽植深度5～8厘米为宜，切花生产每平方米80～100株，盆栽则宜用直径12厘米的花盆。夏季高温季节若能给予适当遮阴，生长会更好。冬天气候温暖的南方地区可露地越冬，冬春开花；而气候寒冷的北方则需移入低温温室越冬，需保持有充足的日照和8～15℃的室温，注意经常通风，即可晚春起陆续盛开。商品性生产虎眼万年青栽前应施足基肥，栽后每半月施肥1次，并保持土壤湿润，花茎抽出后，增施1次磷、钾肥，并设网架支撑。花后及时停止灌水施肥，去掉残留的花梗，减少养分消耗，翌年可开花更盛。也可于叶片萎凋1个月后掘起鳞茎，风干沙贮。贮藏适温为25℃，且需要良好通风条件，直至秋天再下地种植。夏季高温多湿季节若通风不良易发生蚜虫危害，并传播花叶病毒病，需及时使用40%氧化乐果乳油1 000倍液或2.5%鱼藤精800倍液喷杀防治。

虎眼万年青可用分球或播种繁殖。鳞茎分生能力强，繁殖系数高，通常1次种植后，可待2～3年后鳞茎拥挤时再行分株种植。但因鳞茎有夏季休眠习性，故分球繁殖宜在秋季进行。只需将鳞茎掘起，取下小鳞茎，并按大小分级另行栽植即可。

## 29. 火炬花怎样繁殖与养护？

为百合科火把莲属植物，又名火把莲、红炬花。

火炬花叶形似兰，长30～60厘米，近基部丛生，四季长青。5月上旬至6月中旬，花茎自叶丛基部抽出，高60～90厘米，茎顶生长16～28厘米火红色的总状花序。每个花序由200多朵圆筒形的小花覆瓦状排列而成，自下而上先后开放，每个花序可开两周左右。盛放时，香甜芬芳，花蜜溢滴，蜂飞蝶舞。

播种或分株繁殖。播种春、夏、秋三季均可进行，但以春季播种为最好。分株以9月上中旬为好。

火炬花原产于南非，分布于海拔1 800～3 000米高山及沿海岸线的岩石泥炭层上。性强健而稍耐寒，越冬最低气温不得低于－10℃。要求阳光充足，忌低涝积水。对土壤要求不严，但以腐殖质丰富、排水良好的黏壤土为宜，耐微碱性土壤。定植地应选择地势高燥、背风向阳处。定植前多施一些腐熟的有机肥，并增加磷、钾肥。苗高10厘米左右定植，株行距30厘米×40厘米，栽后浇透水2次，然后中耕、松土、蹲苗，促发新根。夏季要充分供水与追肥，则生长迅速，在25～28℃又有充足阳光的条件下，约5个月可抽穗开花。花茎出现时，应进行2～3次磷酸二氢钾的根外追肥，每次间隔为7～10天，浓度为0.1%；或用1%～2%浓度的过磷酸钙，作土壤追肥一次，可以增加花茎的坚挺度，防止弯曲。花后应尽早剪除残花枝不使其结实，以免消耗养分。秋季进行分株、分栽前要灌透水，并用干草或落叶覆盖植株，防止干、冻死亡。早春去除防寒覆盖物，注意倒春寒的袭击，防止植株受损伤。每隔2～3年重新分栽一次，以促进新根的生长，提高根系吸收能力。分栽时间以9月下旬至10月上旬为最好。多露地栽培，也可盆栽。

火炬花植株强健，小花下垂，整个花序好似点燃的火炬。因其适应性强，不择土壤，可在园林中广泛应用，既可在路旁、街心公园丛植或条植，也可在坡地片植。用于插瓶与花篮装饰，观赏效果极佳。

## 30. 垂筒花怎样养护?

为石蒜科垂筒花属球根花卉，株高20～30厘米，鳞茎球形，叶线形，绿色。花长筒状，略低垂，每个花枝着花8朵左右，有白、橙、黄、粉等色，花期冬春，果期春季，是优良的盆栽花卉。

宜在温带、亚热带栽培，生长适温 15～25℃，较耐高温，越冬温度 8℃以上，喜光，忌夏日强光，春秋冬全光照，喜湿，喜肥沃，排水良好的沙土，基质用泥炭、河沙、有机肥按 6∶3∶1 配成。上盆时将土盖住球，浇透水。5 年后春季换盆。

用分株或播种繁殖，分球在花后进行。春播基质可用泥炭或腐叶土，播后覆土 3～4 毫米，浇透，4 周后发芽，3 年可开花。

## 31. 家庭怎样繁殖与种养睡莲？

睡莲又名子午莲，睡莲科睡莲属多年生水生植物。其叶片浓绿，花色鲜艳，是一种很具观赏价值的水面绿化植物。其地下根茎横生或为块茎直立生长，短而粗。叶丛生，浮于水面，厚且具光泽，呈圆形或椭圆形，叶子正面深绿色，背面暗紫色或紫红色。花色因品种不同有白、粉、红、黄、紫等。优良品种有红牡丹、白仙子、五彩、洛神、玛珊姑娘、渴望者及海尔芙拉等。

睡莲的繁殖主要采取分株法。耐寒种通常在早春发芽前 3～4 月进行，不耐寒种对气温和水温的要求高，因此要 5 月中旬前后才能进行。分株时先将根茎挖出，挑选有饱满新芽的根茎，切成长 8～10 厘米，每段至少带 1 个芽，然后进行栽植。栽植时，顶芽朝上埋入塘泥中，覆泥深度以植株芽眼与泥面相平为宜，每盆栽 5～7 段。栽好后，稍晒太阳，才可注入浅水，以利保持水温，但灌水不宜过深，否则会影响发芽，待气温升高、新芽萌动时再加深水位。放置在通风良好、阳光充足处养护，栽培水深 20～40 厘米，夏季水位可以深些，高温季节要注意保持盆水的清洁。在少量盆栽时，可把已栽植 2～5 年睡莲倒出盆外，切割成 2～4 块，再栽入盆中。

睡莲可直接栽池塘，家庭可盆栽或种植于箩筐等容器中，再放入水体，家庭盆栽盆要大，小盆不利睡莲的生长开花。栽种深度要求与泥面平，不宜深埋。一般栽培水深20～40厘米，夏季水位可深些，但忌水流急。若池水过深，可在水中砌种植台或上盆后放入池中，要种在通风有阳光处，反之易生水苔，以致睡莲生长衰弱而不开花。池栽株距为65～80厘米，盆栽需用盆径23～27厘米以上的大盆。盆土应选择富含腐殖质的河泥或稻田泥，先将盆土晒干砸碎，上盆时宜将饼肥和骨粉放入盆底作为基肥，也可将已腐熟的肥料混入盆土内，栽入根茎后，最初水面只能略高出土面，待叶柄不断伸长，方可提高水的深度。生长期保持40厘米的水深，最终水的深度以不超过1米为度。在早春沉入水前，应施饼肥，每隔30～40天追肥一次。施肥的方法通常是：先将肥料与泥土按1∶1比例混合而成泥块，然后将含有豆饼肥的泥块均匀投入睡莲池中或盆里，生长期还要经常剪除残叶残花。

睡莲的地下茎必须在泥中越冬。冬季须将水位加深到1米以上，以防冻坏地下茎。盆栽可连盆取出，放入室内越冬。耐寒种越冬室温3℃以上，不耐寒种宜在15℃以上，很耐寒的也可在室内越冬。

## 32. 在建设社会主义新农村中，如何利用池塘种植荷花，荷花能否盆栽？

荷花品种有500个以上，优良的品种有大紫莲、红台莲、艳阳天、红霞、红千叶、千瓣莲、友谊红、锦边玉蝶等。碗莲有状元红、醉杯、娇容、粉青、彩虹、金花、春桃、恋夏、红盏托珠等。微型莲有卓上红边、案头春、睡美人、红娃娃及锦边莲等。

荷花喜湿，以相对稳定的静水，水深以0.3～1.2米为宜。荷花喜光、喜温、不耐阴。栽植季节的气温至少需15℃以上，最适温为20～30℃，冬季气温降至0℃以下，盆栽种藕易受冻。在强光下生长发育快，开花早，但凋萎也早。荷花对土壤要求不严，以富含有机质的肥沃黏土为宜。适宜的 pH 为 6.5。

荷花可用播种繁殖和分藕繁殖。在园林应用中，多采用分藕繁殖。若植于池塘，一般采用整枝主藕作种藕。缸、盆栽时，可用子藕。不论哪类作种藕，都要具有完整无损的顶芽，否则当年不易开花。清明前后，长江流域一带气温上升至 15℃以上时，是分藕繁殖的最佳期。在池塘栽植时，先将池水放干，池泥翻整耙平，施足底肥，然后栽藕，栽时应将顶芽朝上，呈 20～30 度角斜插入泥，并让尾节翘露泥面，一两日放水 20～30 厘米。盆、缸栽荷，其操作方法基本同塘栽，只是将种藕靠近盆（缸）壁徐徐插入泥中。

缸栽荷花的场地应选在避风的全光照处，日照不足 5 小时的场所培养荷花，往往只长叶，难开花。

分栽初期，水不宜深，因浅水可提高土温，对莲苗早期生长有利，以后随着浮叶、立叶的生长应逐渐提高水位，但池塘最深处的水位不得超过 1.5 米。缸植者，夏季应 1～2 日加水 1 次，碗种小种则应每日浇水。秋末冬初，已进入休眠，盆缸内只需保持浅水即可，在北方，则应移入室内过冬。

湖塘植莲，若塘泥肥沃，一般不施追肥，盆栽者也不必追肥，尤其是碗莲，肥多易腐。但在生长季节，发现荷叶黄瘦，又无病斑，应追肥促壮，若用农家肥，应充分腐熟，并掌握薄肥轻施的原则。施肥：小盆 30 克，大盆 100 克。

缸栽荷花，在长江流域一带可以露地越冬。盆栽碗莲，应在严冬到来之前，投入不结冰的深水池中，或移至室内，或深埋土中越冬。

荷花生命力极强，大塘荷花能抵抗一般病虫害。缸、盆栽者，病虫害较多，常见者有大蓑蛾、蚜虫、斑枯病、斑点病等，虫害用常规方法防治，病害可用 25%的可湿性多菌灵原粉或甲基托布津原粉早晚撒在荷叶上，可收到 70%的效果。

# 附：全年花事

我们从事花卉的种、养、卖 30 多年，系统地掌握了花卉每月的花事，现将平时的经验与教训总结出来，制订了全年花事，供花农、花友、花商参考。

世界上花卉有 2 000 多种，每种花卉都有原产地与适生环境，形成不同的生长发育习性，了解原产地的气候条件，便可制订出相应栽培技术。

根据不同的气候型，将花卉分成七大类：

**1. 中国气候型** 包括中国大部、日本、北美东部、巴西南部、大洋洲东部、非洲南部。气候特点是冬寒夏热，年温差及昼夜温差大，夏季降雨较多。根据纬度、冬季气温高低不同，可分①温暖型：长江以南、日本南部、巴西南部、南非东南部，以喜温的球根花卉为主，如水仙、石蒜、百合、马蹄莲、唐菖蒲。喜温草花如：一串红、矮牵牛、非洲菊、半枝莲等。②冷凉型：华北、东北南部、日本北部、北美东北部，以原产耐寒宿根花卉为主如菊花、芍药、天人菊、蜡菊、荷苞牡丹、鸢尾、福禄考、金光菊、翠雀花、乌头等。

**2. 欧洲气候型** 冬暖夏凉，温差较小，降雨较少，四季不明显。以耐寒一二年生花卉和部分宿根花卉为主，如雏菊、三色堇、剪秋罗、丝石竹、银白草、矢车菊、霞草、耧斗菜、洋水仙、勿忘我、紫罗兰、铃兰、锦葵。

**3. 地中海气候型** 夏季少雨干燥、冬春多雨，以秋植球根花卉为主，如郁金香、小苍兰、葡萄水仙、网球花、多花水仙、秋水仙、风信子、仙客来、白头翁、花毛莨、番红花、天竺葵、花菱草、酢浆草、鲁冰花、紫罗兰、蒲包花、晚春锦、石竹、鹤望兰、金鱼草、虎眼万年青、金盏菊、君子兰、剑兰。

**4. 墨西哥气候型** 周年温差小，雨量充沛，年均温 14～17℃，冬暖夏凉。这类花卉耐寒性差，喜夏季凉爽。常见的有大丽花、晚香玉、球根海棠、云南山茶、百日草、波斯菊、一品红、万寿菊、藿香蓟、香水月季、常绿杜鹃、发财树、龟背竹、人心果。

**5. 热带气候型** 年温差小，雨量大，分雨季与旱季，常见不耐寒一年生花卉及热带花木，如彩叶草、鸡冠花、凤梨、非洲紫罗兰、蝙蝠蕨、猪笼草、变叶木、秋海棠、凤仙花、大岩桐、红桑、竹芋、紫茉莉、长春花、美人蕉、牵牛花、虾衣花、万带兰、蝴蝶兰、合果芋、大花蕙兰、朱顶红、胡椒草、虎尾兰。

**6. 沙漠气候型** 雨量极小，雨量集中在夏季。主要是多浆类如仙人掌、天轮柱、葫芦掌、芦荟、褐斑伽兰、伽兰菜、金琥、落地生根、十二卷、星球、霸王鞭、金钮、光棍树、龙舌兰。

**7. 寒带气候型** 冬季长而寒冷，夏季短而凉爽，冬夏温差大。以耐寒高山植物为主，如细叶百合、高山龙胆、老虎须、雪莲、点地梅、绿绒蒿、马先蒿。

1 月花事

赏花：水仙、仙客来、一品红、兰花、君子兰、鹤望兰、蟹爪兰、仙人指、报春花、蜡梅、瑞香、茶梅、茶花、西鹃、大花蕙兰、蝴蝶兰。

观果：南天竹、火棘、枸杞、五色椒、金橘、年橘、佛手、代代、香园、丁茄、冬珊瑚、万年青。

一二年花卉

一年生花卉需春播，本月准备种子。常见的花卉有大花马齿苋、石竹、鸡冠花、千日红、含羞草、凤仙花、长春花、福禄考、牵牛、羽叶茑萝、矮牵牛、万寿菊、孔雀草、百日草等。

二年生花卉有石竹、花菱草、虞美人、桂竹香、紫罗兰、三色堇、大花报春、金鱼草、金盏菊、雏菊、瓜叶菊、羽衣甘蓝等，去年秋播，这时正值营养生长向生殖生长过渡，需防冻，保持0～5℃以上，每2～3周施一次1%磷酸二氢钾直至初花。

瓜叶菊2～4月开花，将气温提高到10～20℃，加强光照可开花，已现蕾的将增至20～25℃，可促进开花。三色堇、金盏菊、雏菊较耐寒、喜光、12月至翌年5月开花，0℃以上可越冬。羽衣甘蓝较耐寒，但温度不能低于-5℃，否则会有冻害。

宿根花卉

芍药、荷苞牡丹、萱草、玉簪、射干、鸢尾地上部枯死，一月份仍处于休眠状态，要培土、盖草防寒。室内砂藏者，温度不超过10℃，以3～5℃为宜，防止早发芽。冬季保持绿叶的菊花，羽扇豆，耐轻霜，保持0℃以上。天竺葵、旱金莲、四季海棠、非洲菊保持5～10℃以上，15℃以上可开花，苏丹凤仙极不耐寒，控水保温13℃以上。

球根花卉

水仙　水养40～60天开花。宜在12～20℃培养。刚种下时每天换水一次，夜间将水倒掉，三周后隔天换水一次，花葶伸长后每周换水一次。要注意水温，白天要阳光充足，晴天放在阳光下晒，不施肥。仙客来家庭莳养时，温度不能低于5℃，以10～25℃为宜，10天一次水，但不能浇在花上，可喷0.1%磷酸二氢钾加1%尿素。

君子兰　一月份是孕蕾期，要求温度20～25℃，5℃以下生长受阻，0℃受冻，不能超过30℃。浇水宜少，15～20天一次水在温度高中午浇水，切忌在寒流来前浇水。

风信子、郁金香、小苍兰经低温处理的种球，这时可开花，保持10～12℃为宜，一般的处于花芽孕育期，需冷凉，保持5～

10℃，光照充足，每2周施肥一次。百合，秋栽百合较耐寒，－5℃可越冬，春栽宜在8℃以下贮藏过冬。大丽花，晚香玉、网球花、朱顶红、唐菖蒲等切花处于休眠期，宜在5～10℃贮存，供春季种植。

观叶植物

观叶植物不耐寒，1月份仍要防寒。根据花木能耐最低温度（见11月花事）室温分别保持0～5℃、5～10℃、10～15℃。吉祥草、万年青、麦冬、丝带草，沿階草能耐－5℃低温。较耐阴，室内要有一定散射光。

仙人掌及多浆植物

不耐寒但耐旱，昙花、令箭荷花、蟹爪兰、仙人指5～10℃过冬，每月浇水一次，适当施肥。其他仙人掌保持10～13℃，嫁接在量天尺上的仙人球，要13～15℃以上，1月份不浇水，适当光照。

长寿花、石莲花、玉树、星美人、翡翠景天、十二卷、芦荟保持5～10℃以上，落地生根，生石花、翡翠珠保持10～13℃以上，一月在暖和时浇一次水。

木本花卉

一品红、叶子花，温度10～15℃还可观赏，1～10℃就越冬。金橘年橘0～5℃观果，佛手5℃以上。茶梅耐－5℃，茶花耐－3℃，10℃以上可开花至3～4月。白兰、扶桑、米兰、茉莉要10℃以上过冬，1月浇1～2次水，洗叶。栀子、八仙花耐－5℃低温，－8℃有冻害，八仙花不能去顶，否则明年不开花。西鹃全年均能开花，保持0～5℃以上较为安全，花前施1～2次磷肥，注意浇水，每周1次矾肥水。月季、石榴、矮紫薇、苹果、梅花、桃杏等，仍在休眠期，要做好施肥修剪的准备，南方一月可修剪，北方延至下月进行。

2月花事

2月一般正值春节，是年霄花卉上市旺季。

（一）一二年生草花　2月份是南方花卉的播种季节，大多数花卉种子最适的发芽温度为15～25℃。发芽最低温度比最适温度低10～15℃。春播草花及时播，早出苗，生长期长，花多花好。但要注意晚霜，如播种太早地温低，发芽不齐易烂种。对秋播草花如花菱草、虞美人、石竹、矮牵牛在冬季严寒时改春播，更要早播，当最低气温在5～10℃以上便可播种。多数一年生花卉在15℃以上播种，发芽快而整齐。对播种到开花时间短，对日照无要求的花卉如鸡冠花、千日红、一串红、百日草、万寿菊、孔雀草等，可按需花日期，结合品种从出苗到开花所需日数，确定播种期。

对去年秋播育苗的二年生花卉，如三色堇、石竹、矮雪轮、香雪球、桂竹香、紫罗兰、金鱼草、金盏菊等，在华南2月份已开花，是利用季节，不需施肥。一般长江、黄河流域，还需防寒培育。

（二）宿根花卉　冬季地上部枯死，以地下部越冬的宿根花卉，如芍药、荷苞牡丹、玉簪、萱草、鸢尾一般10℃左右开始萌芽，二月份室内贮藏的温度不能低于0℃、高于8～10℃，以免过早发芽，当气温5℃时（3月）即可栽植。露地越冬者，要及时清理，剪除枯枝残叶，施基肥。春季发芽前最适合分株，换盆，要抓紧进行。本月下旬，菊花开始生长，可进行修剪，中耕、施肥、防蚜虫等，培育好繁殖用的母本。

冬季常绿的宿根花卉，如天竺葵、旱金莲、四季海棠、非洲菊、一叶兰，还需防寒保温，当气温上升到5～8℃以上时，可清理越冬植株，去掉枯死枝叶，修剪整形施肥换盆或分株。原产热带的种类如苏丹凤仙等，仍需防寒保温。

（三）球根花卉

君子兰　在自然条件下，垂笑君子兰早开花，在2月开花，大花君子兰在2～3月。君子兰冬季宜保持10～20℃的温度，水分仍干勿湿。

风信子 2月份正是开花期，移入18℃使开花，开花后使温度降至10℃左右，延长开花期。水培2～3天换一次水，并在水中放少许木炭防腐。土培抽出花葶后每天喷1次水，在开花前后各施1次1%磷酸二氢钾。

小苍兰 2月份有8～12片叶子即可开花，温度保持16～20℃为宜，每半个月施一次0.2%磷酸二氢钾，花序抽出后及时立支柱，并用细绳扎好，适当控制浇水。

百合 2月秋植的快到生长期，可适当追施1∶6的有机液肥，每10天一次，直至开花，春栽生长适温白天25～28℃，夜间18～20℃，盆土保持湿润，不能长期过湿，百合喜光能耐半阴，春季可放在阳台接受直射光，并经常转动花盆，使之受光均匀。

冬季休眠的大丽花、朱顶红、晚香玉、唐菖蒲等当气温10℃左右时可栽植或分株。

（四）观叶植物 2月观叶植物多需保温，一般最低温度要求5～10℃，在室内养护时，最好比极限温度高3～5℃左右，特别注意温度变幅不宜大，要防止对流通风。

（五）仙人掌及多浆植物 该类植物不耐寒，极耐旱，喜光照，越冬期间一定要保温，保持在极限低温3～5℃以上，温度要稳定，不浇水，到月底如干燥，气温高可浇一次水。

（六）木本花卉 不耐寒的叶子花、一品红、茉莉、珠兰、扶桑、米兰等保温5～10℃以上越冬。二月份茶梅花期将过，可施基肥，并移到阳光较充足处。山茶达盛花期，要加强花期的温度、水分管理。二月是西鹃的盛花期，春鹃还在花前期，要加强肥水管理。

芙蓉、木槿、紫薇、石榴、葡萄等，当气温达到5℃以上时即可进行硬枝插，选一年生健壮的枝条，长10～20厘米，用生根粉处理，插于砂和蛭石上，上盖薄膜，保温保湿。桃、梅、樱花做好嫁接前的准备工作，嫁接在芽苞开始萌动前进行。

3月花事

3月春回大地，是花卉扦插、压条、分株、嫁接、播种的季节，亦是换盆、移栽、耐寒花木出房之时。

赏花：红梅、杏、樱花、山茶、海棠、大岩桐、春兰、白玉兰、广玉兰、紫玉兰、郁金香、吊钟海棠、松叶菊、金盏菊、三色堇、雏菊等。

播种：君子兰、紫荆、紫藤、山茶、棕榈、香圆、火棘、银杏、黑松、木兰、紫薇、瑞香、枸骨、枸杞、文竹、睡莲、马蹄莲、万年青、丁茄、冬珊瑚、五色椒、一串红、茑萝、翠菊、雏菊、桔梗、蜡梅、玉簪、金鱼草、四季海棠、天竺葵。

扦插：月季、含笑、樱花、紫薇、夜来香、枸杞、凌霄、葡萄、迎春、天竹、银柳、石竹、吊钟海棠、四季海棠、一品红、桧柏、黄杨、令箭荷花、雀舌松、木芙蓉、海棠、瑞香、天竺葵。

嫁接：桂花、月季、山茶、玉兰、广玉兰、梅花、碧桃、蜡梅、樱花、红枫、蟹爪兰。

分株：鹤望兰、百子莲、美人蕉、朱顶红、玉簪、萱草、石蒜、春兰、珠兰、茉莉、唐菖蒲、万年青、吉祥草、大丽花、吊兰、水竹、棕竹、葱兰、麦冬、夹竹桃、金银花、桔梗、文竹、南天竹、紫薇、海棠、竹类、石斛、八仙花、秋海棠、锦带花、马蹄莲、凌霄、银杏、黄杨。

换盆：一年一次有蜡梅、夜来香、虎刺、珠兰、六月雪、络石、梅花、雀梅、银杏、鹤望兰、秋海棠、吊兰、吉祥草、万年青、石榴；二年一次有火棘、令箭荷花、昙花、君子兰、夹竹桃、茉莉、米兰、白兰、棕竹、含笑、山茶、鹅掌柴、代代、佛手、香圆、苏铁；二三年一次有春兰、南天竹、五针松、真柏、文竹、棕榈、玉簪、凌霄、黄杨、枫、榆、橡皮树。

出房：寒兰、竹、郁金香、山茶、栀子花、仙客来、天竺葵、虎刺、杜鹃、吊钟海棠、文竹、夜来香、吊兰、苏铁、唐菖蒲、石斛、金钱松、五针松、罗汉松、红枫、雀梅、夹竹桃。

（一）一二年生花卉　3月是南方播种花卉最适时期，北方要迟些，可在4月上中旬进行。

冬珊瑚　3～4月播种，覆土不见种子为度，3～4片叶移栽，6月定植或上盆，株距25～30厘米。果熟期11月至翌年2月。

鸡冠花、半枝莲　3月播种，不覆土，鸢尾、凤仙花、长春花、金鱼草、万寿菊、麦秆菊，3月可播种，覆土盖住种子。

醉蝶花　3～4月播种，苗高5厘米定植，株距30厘米，5月定植或上盆，6～9月开花。

樱草　有梦幻、顶峰、顶级葡萄酒、梦幻紫与橙等品种，3～4月播种，7～10月开花。

百日草　有彩蝶、宇宙、梦境、明星、丰盛等品种。3～4月播种，4～5叶定植或上盆，株距30厘米，摘心1～2次促分枝，6～10月开花。

含羞草　3～4月播种，播于素沙土，浸盆法浸透水，置于温暖不直接晒到太阳处，一周出苗，苗高3～4厘米上盆，盆土用园土∶腐叶土＝8∶2，4～5叶时7～10天一次液肥，夏季易缺水，叶片下垂不闭合时早晚浇一次水。花期7～9月。

蛇目菊　3～4月播种，也可秋播，10天出苗，亦可用嫩枝扦插，5月初定植，株距40厘米，生长期控制肥水，喜阳耐寒，花期6～8月。

翠菊　有松本、淑女、小夜曲、仕女、流星、地毯、珍宝、烈火及米尼等品种。3～4月播，种后70天开花，秋播冷床过冬，5～6月开花，苗高10厘米定植或上盆，株行距20～25厘米，苗期摘心促分枝。

千日红　有小矮人、方阵、同体、格言、佛光等品种。3～4月播种，播时拌细土（种子外有绵毛）浸种催芽，发芽温度16～20℃。出苗后40～50天定植，株距30厘米，每半月施一次稀粪水，喜炎热、干燥、耐修剪。花期7～8月。

松叶菊　喜温暖干燥强光通风的环境，不耐寒，以扦插繁殖为主，在春秋进行，20～25℃三周生根，保湿控水，花期6～9月。

去年秋播的二年生花卉，3月份已是大量开花的季节。较耐寒，花期较早的种类，如三色堇、金盏菊、雏菊，已是盛花期了，要及时选优，做好选种留种工作。

（二）宿根花卉　宿根花卉经过冬季休眠，春季在开始新的生长之前是最适的分株及换盆时期。分株繁殖及换盆时间掌握在晚霜终止以后至开始萌动发芽之前最好。

国兰　可在春季（3～5月）进行分株。已栽培2～5年的萱草株丛应当分株。株丛掘起后，立即分割为带有1～3个带根的小丛分栽。在2～3月份分栽者，5月份可以盛花。

具根状茎的鸢尾、德国鸢尾、黄鸢尾等，一般在3月上旬萌发，4～5月开花。一般3年分株一次，分株最好在新根发生之前，每株带1～2个芽即可，浅栽压紧。

菊花一般在10℃即可生长。在我国南方3月已可扦插繁殖，但不直接用于生产。薰衣草，马德里、美丽天空品种，春秋扦插，7～8月开花。

天竺葵、旱金莲、四季海棠，新几内亚凤仙等常绿宿根花卉，越冬后，除应修枝、施肥促生新梢开花利用外，结合修枝可进行扦插繁殖。

（三）球根花卉　小苍兰我国中部地区，3月份是盛花期，作切花用者在花序第一朵花开放后即应采收。唐菖蒲去年秋季收藏贮藏的球根经冬季低温已打破休眠，在温度适宜时即可萌发。大花品种约在下种100天后开花，可依需花日期而确定下种时期。君子兰、花毛莨3月份已开花。开花时选优株作留种用。朱顶红3月份开始生长的季节，通常盆栽，每盆1球。紫叶酢浆草3月份可进行分株繁殖。

（四）观叶植物　对不耐寒的观叶植物，3月份仍不宜移至露地，还应防寒保暖。某些较耐寒的种类，如蜘蛛抱蛋、万年青、吉祥草、石菖蒲等，南方均可露地越冬，盆栽3～5年后均应换盆或分株。

（五）仙人掌及多浆植物　3月份气温仍低，不宜急于移至露地，也不宜浇水施肥，继续保温越冬。在南方若已表现生长后，可移至室外光照较充足处管理。

（六）木本花卉　落叶性木本花卉及树木，最适宜的移栽时期为春季发芽之前，如芙蓉、木槿、石榴、紫荆、紫薇、梅花等，3月份已是移栽最佳时间的末期了，要及早进行。未发芽前还可以扦插繁殖。不耐寒的木本花卉，如米兰、茉莉、白兰花等，3月份的气候仍然乍暖乍寒，均不宜移栽、换盆或移至露地。

杜鹃花　3～4月份开花最盛，花后可即时施肥，促进新梢发育。

木本花卉如月季、佛手、桃、杏、樱花、紫荆、紫薇、锈球、桂花、琼花等，要施催芽肥，以速效氮磷肥为主，可用腐熟的饼肥水，畜粪水加磷酸二氢钾7～10天一次，连施2～3次。地栽的牡丹、紫玉兰、各种果树，可追花前肥。

要重视黑斑病、白粉病、炭疽病、灰霉病的防治，落叶花木可喷0.3度石硫合剂一次，发芽后喷800倍70%甲基托布津或75%百菌清。

金银花、桃花、菊花、月季等蚜虫易危害的花木，在发芽前后各喷一次1 000倍吡虫啉。

4月花事

赏花　牡丹、春鹃、毛鹃、山茶、丁香、瑞香、桃、樱花、紫荆、紫藤、含笑、棣棠、绣球、榆叶梅、金丝桃、木兰、大岩桐、瓜叶菊、君子兰、凤信子、郁金香、马蹄莲、三色堇、吊钟海棠、天竺葵、虞美人、雏菊、金盏菊、蕙兰、四季海棠、矮牵牛、矢车菊、金莲花、令箭荷花。

播种　枸骨、君子兰、鸡冠花、一品红、火棘、凤仙、金钱松、石榴、翠菊、玉簪、桔梗、含羞草、醉蝶花、紫茉莉、一串红、石竹、文竹、牵牛花、茑萝、万寿菊、百日草、醉鱼草、千日红、波斯菊、金银花、天竺葵、棕榈。

嫁接　长江中下游地区嫁接适期是清明前后10天，主要有蜡梅、梅、桃、梨、桂花、金橘、代代、扶桑、金弹子。

扦插　橡皮树、洒金榕、龟背竹、罗汉松、银杏、银柳、石榴、含笑、瑞香、佛手、凌霄、扶桑、常春藤、紫藤、茉莉、绣球、夜来香、大丽花、葡萄、广东万年青、一品红、月季、景天。

分株　春兰、君子兰、秋海棠、晚香玉、大丽花、唐菖蒲、百子莲、麦冬、葱兰、石蒜、万年青、吉祥草、玉簪、文竹、枸骨、苏铁、水竹、盆竹、蕨类、茉莉、银杏、睡莲、朱顶红、美人蕉、金银花、珠兰、棕竹、锦带花、桔梗、荷花。

出房及出房后的管理：

**1. 分期出房**　较耐寒的可在4月上中旬出房，如棕竹、袖珍椰子、南洋杉、红背桂、虎舌红、朱砂根、柠檬、佛手、代代、昙花、宝石花、令箭荷花、四季海棠、鹤望兰、君子兰、鱼尾葵、散尾葵、酒瓶兰。4月底出房有扶桑、白兰、茉莉、米兰、热带兰、巴西木、富贵竹、绿萝、珠兰、一品红、红掌、花烛、竹芋、合果芋、蒲包花、紫罗兰、彩叶草、网纹草、黛粉类。对于像米兰及观叶植物出房仍晚勿早，要防止倒春寒及晚霜。

**2. 翻盆换土**　米兰、珠兰、白兰、茉莉、佛手、代代在发芽前翻盆；梅花、蜡梅、茶梅、杜鹃、春兰、山茶、洋兰、凤梨在花后翻盆。五针松、三角枫、榆、雀梅、榕树、福建茶、罗汉松、柏类、柞木、对节白腊换盆时去老根烂根。榕树、虎刺梅伤口要涂硫磺粉。对死枝死根要剪去。有些弱树，脱出后，埋在湿砂中，停肥，多喷水少浇水，使重新发根长枝。

（一）一二年生花卉　在长江流域以北地区，一二年生草花大部分在4月份播种。秋播的金盏菊、雏菊4月已开花。三色堇要及时采种。

（二）宿根花卉　分株繁殖的芍药、萱草、鸢尾、玉簪、荷苞牡丹、羽扇豆等已出苗，可施一次较浓的速效肥，可用5%畜粪水或饼肥水。菊花、天竺葵、旱金莲、四季海棠、新几内亚凤仙开始扦插，选带叶顶枝，长10厘米左右，插于沙与珍珠岩基质中，保温（10～15℃），增湿（80%～90%）稍遮阴，15～20天生根，5～6月开花。

秋海棠类　①球根海棠，永恒、幸运可在4月份下种（16～18℃），生长适温20～24℃，夜温不能低于18℃，不耐烈日。②彩叶观叶类（根茎类），如铁十字、虎斑、鹰爪纹、蟆叶秋海棠，生长适温21～25℃，冬季10℃以下休眠，4月开始生长。③须根类，四季海棠，4月份扦插或播种，12℃以上开花不断。种子夜温18℃以上，2～3周发芽，13～14周开花，扦插20天生根30～40天开花。④灌木型，如竹节海棠，红花竹节海棠，4月份接近盛花期，7℃以上可开花，需遮光30%，稀肥薄施，肥与水珠不沾叶片上。4月份老枝可扦插，幼株不遮光。

美人蕉　有鸳鸯、金钱彩叶、大总统、热带玫瑰、红花金边及黄花红心等品种，4月开始发芽。

（三）球根花卉

小苍兰　3～5月开花，怕水，怕旱，喜阳光，开花温度16～20℃。

唐菖蒲　花芽出现后要保持湿润不积水，每天浇水，追施1～2次复合肥。

大丽花　盆栽用块根催芽，2片叶展开时上盆，分株将根颈上的芽切下另栽。朱顶红可分鳞茎繁殖。

荷花　分藕选带顶芽第二至三节地下茎，头朝上末端露出水面，水深10～20厘米。中旬播种，浸种刻伤种皮，水深5厘米，

25～30℃ 7～10 天发芽。

花毛茛　10～11 月种，4 月份可开花，在现蕾初期要疏蕾，每株保留 4～5 个壮蕾。并在花前每周追施有机液肥加磷钾肥，开花时停肥，保持土壤湿润，3～4 天浇一次水。注意灰霉病与白粉病的防治。

（四）观叶植物　4 月份待气温上升到 5～10℃以上才能出房，出房宁迟勿早，出房后正常浇水，追肥以氮为主的速效肥料，放在散射光处养护。黄金葛、香龙血树、富贵竹、广东万年青，亦是扦插的季节。

（五）仙人掌及多肉植物　在长江以南气温达 8～15℃以上时可出房，出房后 15～20 天浇一次水，开始生长前后施一次速效复合肥。仙人掌类早花品种 4～5 月即开花。4～6 月仙人掌类可繁殖。令箭荷花、昙花、蟹爪兰，取 10～15 厘米变态茎，凉 2～3 天后再插，1 个月生根。多肉植物 15～25℃适宜繁殖，芦荟、十二卷、龙舌兰用分株、石莲花、宝石花、燕子掌、落地生根、虎尾兰在 20～30℃时扦插。

（六）木本花卉

茉莉　4 月开始发芽，要进行整形修剪。并追施速效氮磷肥。在发芽前进行换盆。

米兰　出房后放在背风向阳处，浇些水，喷一次 0.1%磷酸二氢钾，对枝叶进行清理。

梅花　4 月是花末期展叶时间，要求阳光充足、空气湿润，要及时防治蚜虫和褐斑病、穿孔病。干时喷水增湿，追施 1～2 次矾肥水加磷钾肥或复合肥。

杜鹃花　春鹃、毛鹃是开花季节，西鹃新梢生长良好，可扦插，4～6 月是适宜的嫁接时期。

吊钟海棠　4 月当夜温 10℃以上，开始插扦，插穗以长 5～8 厘米顶枝为宜，2～3 周生根。

牡丹　整枝剥芽，浇水施肥，花前半月停肥停水。

白兰　中下旬出房，防大风，干冷，出房后10天追一次磷钾为主的液肥，下旬可开花。

月季　用带踵短枝，3～5片小叶扦插，遮阴保湿，30天生根。注意白粉病，黑斑病防治。

5月花事

赏花：石榴、白兰、月季、扶桑、六月雪、八仙花、广玉兰、茉莉、米兰、夹竹桃、绣球、珍珠梅、栀子、夜来香、金丝桃、令箭荷花、唐菖蒲、朱顶红、四季海棠、竹节海棠、长春花、蛇目菊、金盏菊、雏菊、百日草、天蜀葵、虞美人、福禄考、矮牵牛、大岩桐。

扦插　菊花、龟背竹、橡皮树、四季海棠、虎刺梅、杜鹃、山茶、白兰、米兰、桂花、凌霄、紫薇、夹竹桃、栀子、锦带花、络石、翠柏、六月雪。嫩枝扦插有龙柏、水杉、黄杨、银杏。

分株　瑞香、马蹄莲、竹类、蕨类。

嫁接　月季、山茶、白兰、含笑。

（一）一二年生草花　春播的草花，5月份是幼苗期。要移栽的花卉，在2片真叶后移入穴盘或育苗杯内，置于阳光稍充足通风处，防止因过密、光照不足而造成幼苗细弱或猝倒病的发生；生长迅速花期早的大花马齿苋可直接移入定植盆或应用场地。不需移植的直播花卉如虞美人、花菱草要及时间苗。幼苗宜在棚内或阳台养护，防止暴雨、烈日伤害。弱苗要加强肥水管理，每周施一次稀液肥。四季海棠幼苗忌强光，要遮光50%。要摘心促分枝的如长春花、一串红、彩叶草、万寿菊、孔雀草，在10片叶以上摘心，可连摘2～3次。

二年生花卉如石竹、虞美人、花菱草、羽衣甘蓝、桂竹香、紫罗兰、报春、瓜叶菊，在果实开裂散落前采种，贮于通风干燥处。

（二）宿根花卉

牡丹　5月份开花，每一品种花期7～10天。

芍药　开花5月份在牡丹以后，花期10～15天，早花迟花品种共有花期20～30天。开花的有大富贵、朱砂判、大红袍、丹凤、红绣球、雪峰、胭脂点玉、沙金冠顶等。4月上旬疏蕾，每根茎干只留顶上一朵花，花前立支柱。亦与牡丹一样，花前、花后施一次肥。芍药耐旱怕涝，露地栽培很少浇水，花前施肥后如干旱，可浇水，使花大而艳。

旱金莲　4～5月播种、夜温15℃，10天发芽，扦插苗13～16℃，10天生根。花前用鸡粪液肥或1%磷酸二氢钾，花后用10%饼肥水。旱金莲喜湿忌涝，要小水勤浇，5月份2～3天1次水。现蕾后水量可大，次数要少，要阳光充足，盛夏适当遮阴，要立架。常见有荷兰的苗条、奥秘品种。

天竺葵　有轨迹、夏雨、龙卷风、淡紫色余光、热粉、舞动的粉色、纳诺及冰淇淋、马东等品种。早春播可摘心促分枝，扦插苗13～18℃10～15天生根。

菊花　5月份培育母本，剪去过密、细弱枝，使肥足光足，在扦插前3～4周摘心或短剪，使生粗壮新梢作插穗。

（三）球根花卉　小苍兰花期已过，在倒苗前将种球掘起通风阴干，室内通风贮藏待秋播。花毛茛花期已过，及时采种。母株应放半阴冷凉处，不使叶片早枯，利于地下部发育。唐菖蒲适宜栽种球。

朱顶红　露地种植5月份开花。干燥种球5月份种，7月份开花。君子兰花后及时换盆及分株。4～5月播种适期，在18～25℃发芽很快，可播于盆内，出苗后移栽。

百合　麝香百合5月份开花。荷兰百合5月施肥促花，早花品种亦可开花。

（四）观叶植物　5月份是观叶植物生长的好季节，及早移到室外，每10天施一次以氮肥为主的速效肥，一般遮光30%～50%，5～8月是扦插的好季节。洋常春藤、富贵竹、广东万年青、匍匐鸭跖草水插易生根，每月换水一次，10天可生根，根长好未老化前移栽。棕竹、观音竹、苏铁可播种，根茎秋海棠、虎尾兰可叶插，朱蕉、龙血树可茎插，网纹草、合果芋、紫鹅绒、冷水花可叶芽插。

5月是观叶植物换盆的季节，基质有棕榈类用泥炭40%，园土30%，河沙30%；凤梨类：腐叶土40%，树屑、椰糠30%，河沙30%；蕨类：腐叶土50%，泥炭25%，河沙25%；秋海棠：腐叶土40%，园土30%，河沙30%；文竹、吊兰：园土50%，腐叶土25%，河沙25%。

（五）仙人掌及多肉植物　5月份是仙人掌类生长与繁殖的季节。嫁接用量天尺（适于强刺球属和多棱球属）、木麒麟、仙人球、卧龙柱作砧木。在20～25℃晴天进行。平接在砧木横切一下，再沿边缘作20～45度切削，将接穗下部横切一刀，厚为直径的1/3～1/4以上，立即放在砧木上，砧穗维管束对齐，细线纵向捆绑。劈接用于仙人指、蟹爪兰，高出盆面15～30厘米横切，在顶部或侧面靠边上切楔形切口，将接穗削成鸭嘴形，插入砧木中，用针、刺、木夹固定，放在避风背阴处，保温25℃，罩起来。

扦插用河沙、蛭石、珍珠岩作基质，20～24℃易生根，冬季休眠型在4月中旬至6月上旬扦插，夏季休眠型在9月下旬至10月上旬为好。可用叶插、茎插或根插。插穗长5～10厘米，待干燥后再插，伤口流白汁的要涂硫磺粉、插入土中1/3～1/2。

仙人掌类有两种生态型，一种附生于树干石壁上，茎扁平叶状或细长柱状，生于热带雨林中如昙花、令箭荷花、蟹爪兰、仙人指、鼠尾掌、量天尺等，喜栽于腐殖质丰富、疏松、排水良好的湿润基质中，喜半阴、高空气湿度，忌烈日直射，夏季要遮光，多喷水，每15～30天施一次含钾的液肥。另一种原产于沙漠、石砾间，呈球状或扁平，以子球繁殖，宜栽于砂土、石砾等养分较低，排水良好的基质中，较喜光，除炎夏遮光30%外，可阳光直射，极耐旱，生长季节要保持湿润；每月施低浓度肥料一次，才能生长茂盛，子球较多较大。5月份许多仙人掌开始开花。

多浆植物5月份需充足的阳光和湿润的基质，每半月施一次液肥，促进枝叶生长。

（六）木本花卉

西鹃　5月西鹃花期结束，如果管理不好，很容易枯死，花后要注意管理。

月季　4～5月是春季开花期，第一次花在花前应施肥。月季极喜光，光线好，黑斑病轻，要重视黑斑病、白粉病及蚜虫的防治。用75%百菌清1 000倍和70%甲基托布津交替使用，防病效果特好。

茉莉　5月份茉莉进入新梢生长期，要加强肥水管理，因此浇水要勤而忌积水。

白兰花　5月白兰开花，要保持盆土湿润而不积水。白兰叶大茎粗，喜肥忌浓肥。

绣球花　5月份可选当年生带叶（2～3对叶）枝条扦插。绣球花喜湿，生长期不能缺水，缺水叶片萎蔫，浇水后很快恢复，但影响花芽分化。绣球花喜氮肥，4月起每月施氮：磷：钾为2：2：1～3的肥料2～4次，5月后少施肥，以免生长太旺影响花芽分化。5～9月遮光20%～50%，旺长期用1 000毫克/升多效唑叶面喷布，可使之矮化。

佛手、香圆、代代、柠檬5月份易落花落果，防止落果可对嫩梢进行摘心，喷40毫克/升的萘乙酸、防落素或100毫克/升的赤霉素2～3次。对生长太旺的树与枝，可在主干或枝条基部进行环割或环剥，宽度0.2～0.5厘米。

6月花事

赏花　石榴、荷花、睡莲、白兰、月季、扶桑、六月雪、八仙花、茉莉、米兰、夹竹桃、绣球、珍珠梅、珠兰、栀子、夜来香、晚香玉、金银花、凌霄、金丝桃、令箭荷花、唐菖蒲、大丽花、美人蕉、萱草、石斛、桔梗、朱顶红、文珠兰、四季海棠、竹节海棠、石竹、金盏菊、万寿菊、百日草、蜀葵、天竺葵、虞美人、矮牵牛。

扦插　大花马齿苋、矮牵牛、万寿菊、孔雀草、天竺葵、秋海棠类、大岩桐、非洲紫罗兰、菊花、富贵竹、香龙血树、黄金葛、喜林芋、虎尾兰、锦绣苋、仙人指、昙花、令箭荷花、仙人掌类、翡翠景天、红葡萄景天、石莲、拟石莲、宝石花、星美人、龟背竹、橡皮树、月季、虎刺梅、杜鹃、茶花、白兰、玉兰、桂花、茉莉、珠兰、金橘、佛手、石榴、夜来香、迎春、木槿、代代、洒金柏、南天竹、锦带花、金银花、紫薇、枷罗木、六月雪。

嫁接　月季、金桂、茶花、含笑、红枫、白兰、各种果树。

(一) 一二年生草花　藏报春6月份采种后，立即播种，15～19℃，15～16天发芽，2～3片真叶时分苗，分苗后50天上盆，喷足水保湿，通风透气，2～4月开花。

荷苞牡丹　5月下旬种子成熟及时采收，宿根花卉作二年生栽培的6月上旬播种。

3～4月播种的大花马齿苋、牵牛花，6月已开花，晚播的正值营养生长期，每1～2周施速效肥一次，大花马齿苋、矮牵牛、万寿菊、孔雀草可嫩梢扦插。二年生花卉采种，种子充分干燥后收藏。

(二) 宿根花卉

雏菊　将优良花株在花后割取根芽扦插或植于半阴、冷凉处越夏，待9月分株。

天竺葵　6月已进入盛花期。剪下待肉质插条稍萎蔫后扦插。亦可种子采后即播。要每半月施一次5倍水粪肥水，土壤不要太湿，保持湿润即可。要阳光充足，忌高温高湿，栽后摘心可促分枝多开花，越冬温度8℃以上。香叶天竺葵花期4～6月，以3～4个节（7～8厘米）嫩枝扦插繁殖。初上盆要遮阴，一周后可在阳光下莳养。每2周薄肥一次，夏季放在半阴通风处。

秋海棠类　6月份应遮光50%，并放在冷凉湿润处。观叶的根状茎类如铁十字海棠、虎斑海棠、蟆叶海棠、鹰爪脉海棠等，多可用叶插繁殖，适温21℃，插苗有2～3叶时可移栽。

大岩桐、非洲紫罗兰　可用叶插法繁殖，将成熟叶片带柄插入基质中，套上塑料袋，一个月可生根。

菊花　独秆菊6月中旬至7月扦插，多头小菊6月初前扦插，上盆后6月20日开始摘心；20～30天摘心一次，促多次分枝。

牡丹　花后补充速效氮、磷肥，花谢后剪除过多过密的新芽，截短过长枝，每株保留5～8个充实健壮分布均匀的枝条。花后剪去种子。

（三）球根花卉

君子兰　进入6月气温升高，浇水要勤，要见湿见干，不干不浇，干透浇透，浇而不漏，浑水浇花磁化水浇花，要停止施肥。3月播种的君子兰，6月有两片真叶，可移植于盆中，半阴处培育。

朱顶红　4～5月开花，6月种子成熟，及时采收即播。6月后叶片枯黄，让球茎在盆中低温度夏。

水仙、风信子、郁金香、仙客来　花期已过，一般弃而购新球。

文殊兰　5～6月开花，要多浇水，保持土壤湿润盆内不积水，每隔10～15天施一次液肥。

玉簪　5～8月开花，5月初上盆，放半阴处，遇强光叶变黄，宜在蔽荫、肥沃、湿润的砂壤土中生长。

大丽花　花期5～11月。苗高20厘米时摘心促分枝，生长期中施以磷钾肥，为使矮化，可喷1 000毫克/升多效唑2～3次或土埋1克/平方米。

韭兰　5～8月开花，较耐湿，宜种在湿润土壤中，每15～

20天追腐熟人粪尿液，鳞茎9～10月种。

（四）观叶植物　夏季是观叶植物迅速生长期。6月份光已很强，应遮光50%。对喜高温种类如富贵竹、香龙血树、黄金葛、喜林芋、虎尾兰、锦绣花，6月是扦插适期。

虎尾兰　将成熟叶剪成5厘米小段，插入沙中，40～50天可成小植株，金边虎尾兰分株才能保持金边特性。

锦绣苋　6月扦插，4～7天即可生根。

盆栽的观叶植物，对缺水敏感的观音莲、黛粉叶、花叶芋、网纹草、鹿角蕨、鸟巢蕨，应未干前浇足水。对苏铁、虎尾兰，要干透浇水。常春藤、枪刀药、榕树、龟背竹剪去或剪短徒长枝、交叉枝、过密枝。

（五）仙人掌及多浆植物　6～9月是仙人掌类扦插的季节，昙花、令箭荷花取5～10厘米叶状枝，仙人指、蟹爪兰取2～5节作插条，球状及掌状取小球或一节作插条。插条用快刀取下，风干1～2日伤口愈合后插入沙与珍珠岩的混合基质中，基质不能湿，10天内不能浇水。

翡翠景天，红葡萄景天、石莲、拟石莲、宝石花、星美人等，均可叶插，取成熟叶片平放在基质上，不埋土不淋雨，即可生根出苗。

仙人掌类喜干燥，较强的光照，生长季节应放在光照充足处，不宜在室内光照不足处久放。一般15～20天浇一次水或肥料。

（六）木本花卉

杜鹃　6月份杜鹃进行花芽孕育期，它喜湿忌涝，不能缺水或积水，最好浇矾肥水，每2～3天一次，要遮光50%，保持夜温18℃左右，使花芽分化良好。

茉莉花　6月份是霉花（头花），花后要留2～4对叶短剪，剪下枝条可扦插。喜阳光、炎热湿润。“清兰花、浊茉莉”，生长季节2～3天一次淡肥料，第一次花采完后，肥料浓度可加大，每周一次。浇水要勤，既保持土壤湿润，又不能积水。

梅花　6月宜芽接，这时是花芽分化期，要追一次速效的氮、磷、钾肥。还要防治好穿孔病、褐斑病。

茶花、茶梅　6月分新梢已半木质化，适于扦插，可短穗（1芽1节）或长穗（2～5叶），保留上部叶片，遮阴保湿，一个月可生根。

绣球花　6月中旬至7月上旬为摘心最好日期，要少浇水，追磷钾肥。

7月花事

赏花　白兰、栀子、米兰、茉莉、晚香玉、夜来香、络石、茑萝、金银花、牵牛、凌霄、睡莲、荷花、竹节海棠、八仙花、叶子花、长春花、银星海棠、凤仙花、萱草、玉簪、百子莲、文珠兰，射干、香石竹、矮牵牛、双色茉莉、蛇目菊、万寿菊、千日红、美人蕉、大丽花、金丝桃、石榴、夹竹桃、紫薇、扶桑、木槿、昙花、六月雪。

繁殖　扦插有茉莉、珠兰、米兰、月季、锦带花、洒金榕、石榴、六月雪、夹竹桃、八仙花、龟背竹、秋海棠、紫薇、蜡梅、翠柏、枷罗木。白兰靠接、月季、梅、桃、樱桃及其他果树芽接。

（一）一二年生花卉　一年生花卉如大花马齿苋、牵牛花、茑萝、鸡冠花、千日红、含羞草、凤仙花、长春花、万寿菊、孔雀草、百日草均到盛花期，要加强肥水管理，延长赏花期。

二年生花卉如石竹、羽衣甘蓝（7月下旬播种）、红甜菜、桂竹香、紫罗兰、金鱼草、三色堇、金盏菊、报春花、雏菊、瓜叶菊等收获种子秋播。

（二）宿根花卉

蜀葵　3月上旬种，5～7月开花，6～7月采收种子。3～4片叶子移植，10片叶子定植，株距70厘米，每月需用3～5倍腐熟人粪尿液或500倍硫酸铵追肥。10月上旬，割取老根发出仔芽，切成8厘米的短节插于砂中，2～3周生根，芽苗定植。

美人蕉　6月始花，7月盛花，花期可延续到11月。盆栽选矮秆大花品种，4月下旬将块茎取出，埋于向阳的素沙土中，保温10天发芽，植于30～40厘米盆中，上盖3～4厘米沃土。浇水比一般花少，每15天追鸡粪或麻浆渣沤制的液肥，全光照，5～7叶可抽花蕾，孕花期每10天1次磷肥。

荷苞牡丹　7月炎热，干燥，强光，应置于冷凉湿润处越夏，保护好根部，秋后可再萌发。

芍药　7月种子成熟，果开裂时及时采收，施肥一次。

秋海棠类　秋海棠既不耐寒又怕炎热，7月份高温干燥生长停滞，要防暑降温，遮光50%以上，忌强光，保持较高的湿度。

苏丹凤仙　喜温暖，但30℃高温会落花，高温时要遮光喷水，还可扦插，但何氏凤仙可水插。

秋菊　秋菊扦插适期6月上旬至7月下旬，为保证国庆节开花，应在7月1日前扦插。中晚花品种，每株留5～9个花枝，需摘2次心，宜在6月下旬至7月上旬扦插，上盆后摘一次心，8月上旬摘二次心。每株留3个花枝的7月中旬扦插，8月上旬摘心定头。独本菊7月中旬扦插，案头菊在7月下旬至8月上旬扦插。秋菊7月主要为肥水管理，不可一日缺水，肥料以氮钾为主，每周以肥代水1～2次。摘心侧芽生出后，选顶端强壮的3枝，其余抹掉。新芽展叶时用0.25%～0.5%的比久或0.1%多效唑喷芽及叶片，喷后20天再喷一次，矮化效果很好。

（三）水生花卉

睡莲　水温18～20℃。睡莲喜光，一定要放在阳光充足处莳养。经常剪除烂叶残花。缸内放10条柳条鱼消灭孑孓。如有青苔，可用1%硫酸铜消灭。花期5～10月。

荷花　花期6～8月，花期每7天追一次1%磷酸二氢钾。

（四）球根、观叶植物

君子兰　7月半休眠，要防烈日晒，防根部积水。

百合　秋植种球5～6月开花，7月花后施一次磷钾为主的速效肥，促进鳞茎发育。

常春藤　夏季半休眠，不耐高温，应放在冷凉无直射光处越夏。可用0.1%磷酸二氢钾以肥代水。

锦锈花　6月扦插的7月份摘心促分枝。

花叶冷水花　锦锈花、虎尾兰、富贵竹、香龙血树、黄金葛、龟背竹、喜林芋、广东万年青　7月扦插温度高生根快。7月日照强，大部分观叶植物要遮光50%，注意通风。

（五）仙人掌及多浆植物　仙人掌大部分喜高温，7月是旺盛生长期，每半月施液肥一次，保持盆土湿润，要防雨淋、防烂根。附生型仙人掌如蟹爪兰、仙人指要遮光30%～50%。球类仙人掌可用小球或老球切段扦插。翡翠景天、石莲、宝石花、燕子掌、星美人、落地生根可扦插，芦荟、虎皮掌、水晶掌、十二卷可分株。

（六）木本花卉

杜鹃　7月份要越夏，要遮光、保湿，防止叶片发黄脱落。

茉莉　7月盛花期，要加强肥水管理。茉莉高温季节扦插生根快，用花后的嫩枝扦插，明年可以开花。

米兰　米兰喜光，7月是盛花期，花后追速效肥，扦插取带顶嫩枝，长10厘米，覆膜保湿、遮阴。

绣球花　7月是生长期，每隔7～15天施肥一次，露地栽培遮光50%。

月季花　在7月温度30～35℃时呈半休眠状态，待秋天15～25℃时再生长开花。

紫薇　7～8月盛花期，要注意肥水，要防涝防积水。

红千层　生长适温25℃，越冬温度8℃以上。露地扦插在7～8月，取半木质化枝条，长8～10厘米，基部带前一年生成熟枝。播种在清明前后按小粒种子播种。花期3～7月。花后及时修剪。盛夏每天早晚浇水，5月中旬开始，每隔10～15天施饼肥水，9 月中旬停肥。

九里香　种子采后沙藏春播。扦插选一二年生枝带踵扦插，插条长 20～30 厘米，基质为蛭石、沙、珍珠岩。10～11 月或 2～3 月上盆，基质用塘泥、泥炭、河沙 5∶4∶1 混合。九里香怕湿怕冷。浇水宁干勿湿，浇则浇透，夏季遮阴 30%，10 月下旬入室，保持 10～12℃，不能低于 6℃。

洋紫荆　花期 10 月，喜温暖、湿润，不耐寒，喜光，要求肥沃湿润，排水良好的酸性土。播种随采随播，苗高 15～20 厘米移植。盆土用园土、腐叶土、沙 4∶4∶2 混合，生长期追肥 1～2 次，盆土湿而不积水，越冬温度 10℃。

8 月花事

赏花　白兰、茉莉、晚香玉、夜来香、络石、牵牛、茑萝、凌霄、玉簪、石蒜、唐菖蒲、百子莲、美人蕉、秋海棠、矮牵牛、醉鱼草、百日草、凤仙花、长春花、桔梗、醉蝶花、万寿菊、石榴、金丝桃、六月雪、夹竹桃、紫薇、木槿、扶桑、荷花、睡莲、昙花、雁来红、翠菊、麦秆菊、鸡冠花、夜落金钱。

繁殖　桃、梅、樱桃、月季芽接。杜鹃、茉莉、瑞香、洒金榕、金银花、昙花、月季、石蜡红、龟背竹、八仙花、枷罗木、桧柏扦插。秋播草花播种。牡丹、芍药分株。

（一）一二年生花卉　一年生花卉是开花期，早栽的盛花期已过，及时采种，迟播的注意肥水管理及遮蔽。

二年生花卉 18～25℃7～15 天发芽。8 月份长江以北可以播种，长江流域及以南地区，气温超过 30℃，宜在 9 月播种。三色堇、虞美人、雏菊、金盏菊、金鱼草在 8～9 月播种。

矢车菊　8 月下旬至 9 月中下旬播种，覆土以不见种子为度，盖草保湿，6～7 片叶定植或上盆，株距 30 厘米，10～15 天施 5 倍人粪尿，盆土用园土、腐叶土、草木灰混合，4～5 月开花，7～8 月采种。

紫罗兰　8 月下旬至 9 月上旬播种，10 月上旬移栽，冷藏过冬，3 月上旬肥水催苗，4 月中旬开花前上盆。五一节开花，还有 6～9 月开花。有甜蜜、香味品种。

桂竹香　8～10 月上旬播种，覆浅土盖草，4～5 片叶移栽。每半月施 5 倍水人粪尿，2 月定植或上盆，株行距 30～40 厘米，3～5 月开花，花后剪去花枝施肥，9 月开第二次花。

中华石竹　8～10 月播种，4～5 片叶移栽，株距 30 厘米。扦插在 9 月下旬至 10 月，选木质化壮条，长 6 厘米，入砂 3 厘米，2～3 周生根。盆土用园土：沙＝7：3 混合，每隔 15 天施 5 倍人粪尿直至 2 月底。花期 5～9 月。

适于秋播的还有天竺葵、花菱草、花烟草、红甜菜、报春、香豌豆、洋桔梗、羽衣甘蓝、新几内亚凤仙、矮牵牛、矮雪轮、蜀葵、耧斗菜、蓍草。

（二）宿根花卉

牡丹　8 月中下旬分株最适合。芍药华北地区 8 月下旬至 9 月中旬，长江流域 9 月下旬至 10 月上旬分株。

美人蕉　8 月是盛花期，要有充足的阳光，顶部花序开过后剪除残花，下部花序继续开花，并追施以磷肥为主的肥料，以利花芽分化。

大丽花　8 月有些还是盛花期，7 月后从茎的基部剪去，促进再发枝叶，9 月还可开花。秋海棠 8 月温度高，继续遮光防暑降温。天竺葵高温下呈半休眠，控水停肥。

秋菊　7～8 月扦插，8 月是壮苗的关键时期，这时需水量多，早晚各浇水一次，还要防雨涝。菊苗上盆后，最少每周施肥一次，直至现蕾。

（三）球根花卉

小苍兰　最适宜在 8 月下旬到 9 月种植，北方要早一些。

唐菖蒲　8 月份我国大部分是下种季节，一般在早霜前 100 天下种为宜。低温处理过的不受日照影响可周年栽培。

花毛茛　休眠块根耐高温，但必须保持干燥，防止腐烂，8

月下旬至9月上旬播种。

铁炮百合　8月份地上部枯死，休眠越夏。

亚洲百合杂种群　5～6月开花，7月高温地上部枯黄，鳞茎保留原地，秋季栽种时掘起母球与子球。

（四）观叶植物　8月进入第二个生长季节，浇水在初秋气温高要及时补充水分，对怕缺水的观叶植物如网纹草、肾蕨、白缘薜荔、铁线蕨、圆叶竹芋、卷柏、白鹤芋、赤车使者等要检查盆土干湿，及时浇水。每天浇1次水的有鹿角蕨、铁线蕨、凤尾蕨、巢蕨、肾蕨、骨碎补等。每2～3天浇1次水的有果子蔓、光萼荷、粉苞铁兰、穗丽凤梨、网纹草、冷水花、水竹、椒草等。4～5天浇1次水的有常春藤、合果芋、海芋、栎叶粉藤、鹅掌藤、喜林芋、一叶兰、朱蕉、龙血树、花叶垂榕、琴叶榕、橡皮树、棕竹、袖珍椰子等。

立秋后生长旺盛，氮肥需要量大，可用10-3-3加锰颗粒肥或棒状肥，直接埋入盆的边缘，还要注意经常喷水。

（五）仙人掌及多浆植物　蟹爪兰与仙人指均为短日照花卉，蟹爪兰花期11～12月，8月份日照缩短，少浇水，不施肥，置于冷凉处，10月份可形成球形花蕾。仙人指花期1～2月，分化较迟。

仙人掌及多浆植物要防雨，根部不能积水。金琥要注意光线良好、通风，可用玻璃罩罩住。仙人球类要防雨淋，防日灼，上午10时前到下午5时后可置于阳光下，在清晨或傍晚浇水，喷水要少，不能喷顶部或嫁接部。防脱肥，每周施1～2次稀复合肥。防虫害（红蜘蛛、介壳虫、粉虱）。

玉树、宝石花、景天宜强光，通风，干燥，5～8月扦插，初夏上盆，少浇水。

（六）木本花卉

茶花、茶梅　8月份要遮光50%，月底（花芽分化开始）温度下降后施肥。

杜鹃　8月份遮光50%，不施肥，每天要浇矾肥水，花芽开始分化，施磷钾肥。

五色梅　8月盛花期，喜光、喜肥、不耐旱，每月1次肥，每天1次水。

扶桑　8月天热，上下午需浇水，但不能积水烂根，每15天1次10倍饼肥水。

栀子　8月份高温，可适当遮阴防黄叶，通风良好，浇水要用矾肥水，每天早或晚一次。霉雨季嫩枝12厘米长扦插。

茉莉　立秋后追肥3次，使秋花多开，每天浇水1次。

兰屿肉桂（平安树）　8月份生长季节，气温超过32℃以上要遮光喷水。

9月花事

赏花　月季、桂花、米兰、茉莉、白兰、晚香玉、夜来香、秋兰、荷花、睡莲、络石、凌霄、牵牛、茑萝、玉簪、石蒜、葱兰、唐菖蒲、美人蕉、大丽花、桔梗、凤仙花、秋海棠、千日红、万寿菊、长春花、鸡冠花、一串红、矮牵牛、醉蝶花、紫茉莉、雁来红、夜落金钱、翠菊、波斯菊、太阳花。

分株：牡丹、芍药、风信子、春兰、葱兰、郁金香、鸢尾、君子兰、马蹄莲、万年青、竹类、水竹等。

嫁接：牡丹、玉兰、金橘、月季、桃、梅、樱花、杜鹃、扶桑、茶花。

扦插：月季、杜鹃、茉莉、栀子、夜来香、桂花、含笑、茶花、罗汉松、常春藤、石榴、黄杨、令箭荷花、梅花、矮牵牛、四季海棠、吊钟海棠、石蜡红、宝石花、贴梗海棠、丁香、扶桑、金银花、桧柏、龙柏、枷罗木。

（一）一二年生花卉　9月是一年生花卉盛开季节，早开花的大花马齿苋、凤仙花、四季海棠、牵牛、茑萝等要及时采种。采后放在冷凉干燥通风处。

二年生花卉在30℃以下即可播种。翠菊、桔梗花、矢车菊、金盏菊、矮雪轮、紫罗兰、矮牵牛、金鱼草、报春、金莲花、三色堇、虞美人、瓜叶菊、仙客来、石竹、蒲包草、含羞草、石蜡红等，北方8月播种，南方9月至10月中旬播种，要播在阴棚内，播种用具及基质要消毒，可撒播或条播。欧报春室内播种。花菱草、虞美人、香豌豆等不能移栽的花卉，要直播或容器育苗。8月份播种的苗木，要防幼苗猝倒病，加强通风，光照及肥水管理。

（二）宿根花卉

秋菊　9月是旺盛生长及花芽分化期，要有充足的日照和足够的肥料。

蜀葵　9～10月基部长出短嫩茎可分株。

香石竹　有颂哥、童谣、小儿郎及烛光等品种。9～12月扦插，生根适温10～13℃，30天生根。

石竹　有彩云、节日、地毯、钻石、顶峰及上紫等品种。9～10月播种，矮生小花品种9月可播种。

萱草　有大花、金娃娃、大红鹰等品种。北方从地上部分枯萎至发芽前分株，南方9月中旬分株，3～5苗为一丛，3～5年分一次。

芍药　七芍药、八牡丹（阴历），即8月下旬至10月上旬均可分株，选晴朗天气将老株挖起，根尖向上，晒到水气稍干，根茎萎蔫，每丛有3～6个新芽和一定数量的粗根，挖穴施基肥，深度以顶芽低于培养土4～5厘米。

牡丹　8月中旬至9月上旬进行，每2～3根蘖芽分割一株，要带根，伤口用硫磺粉消毒，阴干1天后直立栽植，9月份可以播种。

玉簪、鸢尾、羽扇豆、虎耳草、美女樱在9～11月分株。

天竺葵　9月又开花要加强肥水管理。9月播种，20～25℃2周发芽。9～10月扦插，取10厘米顶枝，切口干燥3日后扦插，13～18℃约2周生根。

（三）球根花卉

小苍兰　经高温打破休眠后，南方9月是栽植季节。

麝香百合杂种群　南方9～10月下种，鳞茎顶端应埋土下5厘米，可产生子球1～3个，5～6月开花。

亚洲百合杂种群　南方9～10月下种，当年不发芽，经冬季自然冷冻后3～4月才发芽。

仙客来　种子亦可在9月播种，在18～20℃以下30～40天发芽。

（四）观叶植物　9月是观叶植物的快速生长与繁殖的季节，许多蔓性观叶植物如合果芋、花叶垂椒草、常春藤、花叶扶芳藤、绿萝、球兰、蔓绿绒、窗孔龟背竹、匍匐锦竹草等，对枝蔓太多太长，可适当短剪，疏去密生枝、细弱枝及花叶品种的返祖绿色蔓叶。

万年青、吉祥草、石菖蒲及广东万年青等耐寒种类，可分株繁殖。吊兰、匍匐锦竹草、冷水花、合果芋、伞草可扦插或分株。鹅掌柴、常春藤、昆士兰伞树可枝插，要选半木质化壮实的枝条，太嫩太老都不易插活。红背竹芋、海芋、网纹草可芽插。秋海棠叶插。酒瓶兰、白鹤芋可播种。

9月亦是生长季节，要加强肥水管理，文竹、吊兰、棕竹、苏铁、松柏类半月施一次氮肥，增绿抗寒，在荫棚内越夏的植株，可移至露地见光培育。秋分后减少浇水，延长施肥间隔期，增强抗寒力，为入室作准备。块茎类观叶植物如彩叶芋，逐步停水，使块茎休眠。

（五）仙人掌类及多浆植物　9月份是仙人掌类适宜生长季节，要阳光充足，每半月一次肥，9月底前还可扦插或分株。蟹爪兰、仙人指在短日照下，少浇水，促进花芽分化。

（六）木本花卉　9月是茶花、杜鹃、蜡梅、迎春进入孕蕾期，施2～3次以磷为主的液肥。多次开花的月季、茉莉、米兰、白兰施磷钾肥，使继续开花。观果的石榴、金橘、佛手、代代施长果肥，以磷为主的液肥 1～2 次。施肥要薄肥勤施，忌生肥、浓肥。

桂花　在 9 月下旬前还可扦插。9 月开花前，增施磷肥，促进花芽分化，5～7 天一次，到花前停肥。为防止干尖、黄叶，要经常喷水，使空气湿度保持 70%～80%。

木芙蓉　花期 10～11 月，9 月是花前，立秋后是花芽分化期，要施 1～2 次磷、钾为主的复合肥。芙蓉喜湿，要勤浇水，喷水增加空气湿度。

茶花　气温 25～30℃的 9 月适于扦插和嫁接。要进行疏蕾，施矾肥水。

杜鹃　9～10 月气温在 18～28℃，取半木质化新梢扦插成活率高。4 月春插的要摘心，9 月也是换盆的季节。

八仙花　8～10 月是花芽分化期，要保护好叶片及肥水供应，对枝梢上最上 3 对叶要保护好，防止影响花芽形成。

梅花、桃花、樱花、海棠　是芽接的最迟时间。

10 月花事

赏花　桂花、菊花、木芙蓉、月季、秋兰、大丽花、鹤望兰、晚香玉、米兰、扶桑、紫薇、夜来香、美人蕉、千日红、吊钟海棠、一串红、矮牵牛、鸡冠花、翠菊、波斯菊、麦秆菊、万寿菊、石蜡红、长春花、葱兰、韭兰、茑萝、凌霄、木槿。观果：南天竹、火棘、玉珊瑚、金银茄、五色椒、枸杞、金橘、香圆。

一二年生花卉

一年生花卉　10 月大量花卉种子已成熟，要及时采种。常见采种的花卉有桔梗、牵牛、一串红、波斯菊、万寿菊等。

二年生花卉　播种早的羽衣甘蓝、三色堇、金盏菊、雏菊等已进入旺盛生长期，应置于阳光充足处养护，每 10 天施一次肥。各种报春因忌强光，应置于阴棚下，1 周左右施一次浓液肥。9 月播种的幼苗，10 月可假植或定植，假植在 2～4 片真叶时进行，定植在5～6片真叶时进行。

诸葛菜　10月播种，春夏开花。用肥沃、排水良好的土壤种植，多用磷钾肥，经常保持湿润。

风铃草　花期4～6月，5～6月播种，小苗越夏，要遮阴降温（喜夏凉、冬暖的气候），冷床过冬，明年开花。

（二）宿根花卉

秋菊　国庆菊10月是赏花季节，但大多菊花在10月下旬至11月中旬盛开。9月下旬后花蕾迅速发育增大，对肥水要求日增，现蕾后不能缺水，每周施0.2%复合肥1～2次。花蕾显色后要停肥，要阳光充足，花期防雨又不能缺水。

芍药　华东地区以南地区可延迟到10月中下旬分株。

羽扇豆　10月直播，不移栽，10月份亦可分株。

荷苞牡丹　耐寒怕热，10月在新苗萌发前全株掘起，去掉老腐根茎，分成几个小丛分栽。也可将根茎剪成带芽眼的小段栽植。播种秋季进行，3年才开花。

四季海棠　10月适宜生长和开花季节。种子寿命短而细小，10月播种须用当年种子，基质要消毒。扦插用顶枝，18～20℃2周生根即可上盆，10℃以上室内越冬。

穗花翠雀　常见品种有蓝蜜蜂、蓝蝴蝶、美丽来夫登、白脱球、尼罗河、白魔泉、夏季天空、亚瑟王及樱桃花等。9月上旬至10月上旬播种，发芽适温13～15℃，14～18天发芽，穴盘育苗，带土移栽。生长期每2～3周施饼肥水一次，花前增施2～3次磷肥，花期初夏至夏末。喜凉爽、稍干燥、阳光充足的环境。生长适温10～16℃。

（三）球根花卉　喜冷凉的球根花卉如郁金香、风信子、秋水仙、铃兰、番红花、花毛茛、葡萄水仙、各种水仙及百合等，10月后又生根出苗，故露地栽培在9～11月下种。

铃兰　9～10月分株时将植株挖起，按走茎方向用利刀将走茎切断，每段有2～3个新芽，切口涂硫磺粉，干后进行栽植。

4～5月开花。在公园秋季落叶后栽植，株行距20厘米×20厘米。盆栽在2月中下旬进行，盆土用腐叶土∶山泥土∶园土∶干杂肥按3∶3∶3∶1混合，在15～25℃半阴处养护，成活后用1∶8的饼肥水7～10天一次。

葡萄水仙　常见品种有紫葡萄、深兰、天兰、白美人、菲尼斯（紫）及白葡萄等。性喜阳光和冷凉的环境，冷藏处理过的进口球在9月底至10月上旬种植，用直径12～15厘米花盆，栽2～3球，18～20厘米花盆植5～6球，深7.5厘米，浇透水后全日照栽培，出叶后每周用尿素加磷酸二氢钾1 000倍追肥，花序出土后移到日照60%～70%半阴处，在15～20℃条件下花期15天，花期4～5月。

郁金香　家庭一般购周径30厘米的种球，10月下种。地栽选向阳排水良好的壤土，按株行距7～10厘米种植，覆土离种球顶端约6厘米，在土壤湿润时下种，栽后不浇水。每盆1～3球，以矮生种为好。

花毛茛　10月上旬将块根埋于珍珠岩或粗砂中，充分喷水，块根缓慢吸水，在10～15℃充分吸水后，10天发芽生根，当中心芽长1厘米时立即定植。

风信子　购种球在10月份种植，每盆1或3球，种球一月内生根，到翌年1～2月出新芽，越冬温度5～10℃，2～3月开花。

（四）观叶植物　10月份是适宜生长的季节，喜热不耐寒的香龙血树、富贵竹、朱蕉、袖珍椰子、虎尾兰、竹芋、肖竹芋、花叶芋、白苞芋、广东万年青，在10℃以上仍能生长。10月中旬是最后的施肥时刻，部分进入缓慢生长期的要严格控水。10月下旬开始入室，刚入室一定保持空气流通，随室外气温下降而调节通风的长短，使温差控制在最小。

（五）仙人掌类及多浆植物　10月份对于喜温、喜光、耐热、耐旱的种类，可放在日光充足处养护，定期浇水施肥。10

月下旬，我国中部、北方，可逐渐入室，如落地生根、石莲花、宝石花、翡翠景天、翡翠珠、十二卷等。

（六）木本花卉

梅花、桃花、樱花、海棠　在南方还可对9月未接活的进行芽接补接，长江以北是不能接了。接活的不能剪砧，到明春发芽前剪砧。

杜鹃、梅花、桂花、天竹、火棘　10月可移栽及换盆。

茉莉　10月是最后一次花，花后枝梢不再短剪，停肥，放在阳光充足处，使枝梢充实，利于入室越冬。

米兰　10月要少浇水，停肥，15℃以下不开花，准备入室。

月季　10月还可扦插或芽接，开花后的花枝应剪去。

桂花、栀子、棣棠、六月雪、瑞香等常绿较耐寒的花灌木，可以扦插。

11月花事

赏花　月季、茶梅、扶桑、木芙蓉、一品红、鹤望兰、美人蕉、吊钟海棠、夜来香、菊花、千日红、鸡冠花、一串红、石蜡红、三色堇、晚香玉。

（一）一二年生花卉　一年生花卉大部分已采种，在干燥、冷凉不受冻处贮存。在南方，百日草、千日红、鸡冠花、万寿菊、孔雀草、凤仙花、藿香蓟、一串红还有观赏价值。

二年生花卉处于幼苗营养生长期，宜有充足光照，并定期施肥。瓜叶菊、报春、矮牵牛不耐霜冻，越冬最低气温在4℃以上。石竹、羽衣甘蓝、桂竹香、紫罗兰、诸葛菜、虞美人、矮雪轮、矢车菊、三色堇等，有不同程度耐寒力，在长江以南可露地过冬。

（二）宿根花卉　牡丹、芍药，要培土、覆草防寒。各种凤梨越冬安全温度10～16℃，要安全越冬。

秋菊　11月下旬花期结束，在盛花期选优良品种留种。选出土离母株远的粗壮的脚芽，当脚芽有3～4片叶时，从土中用刀连同一段已生根的根茎割下，栽于露地或大棚内，适当浇水，不施肥，使安全越冬。

天竺葵　最适生长及开花温度13～19℃，长江流域及以南地区，11月正在花期。安全越冬最低温度为4℃。

四季海棠　生长适温18～20℃，11月尚在开花，10℃以下开花受阻。

草本观花类　旱金莲、君子兰、秋海棠、猪笼草、石斛、兰花、红掌、凤梨、铁兰，放室内向阳区或室内光线明亮处，保持盆土湿润，可喷0.1%磷酸二氢钾，4～10℃入室，多喷水，勿积水，寒流来时勿浇水，注意通风透光，排放密度不能太大。

（三）球根花卉

郁金香　11月中旬是种植种球最佳末期。风信子10月份种的种球，11月只生根不出苗，要保持土壤湿润，保持5～10℃发芽，5℃以下不发芽。

小苍兰　9月份种的11月有3片真叶，在夜温10～13℃最适于花芽分化，这时要给予充足的光照，施一些较淡的速效肥。

麝香百合杂种群　9～10月下种，11月已生根不出苗，保持土壤湿润。亚洲百合杂种群9～10月下种冬季不出苗，明年3～4月才出苗。出苗前保持土壤湿润，浇水不可过多，也不施肥。

仙客来　越夏块茎，25℃左右开始发芽，11月已有几片新叶，要不断施肥，充足的散射光，控制浇水，花前温度保持18～20℃，开花期适温10～12℃，10℃以下花易凋萎，5℃以下块根受冻。

大丽花　11月末花期，花后将块根入室或砂藏，覆草防寒。

君子兰　11月气温5℃以下时要防寒，给予足够光照和肥料，促进花芽分化，5℃以下叶片受冻。

中国水仙　购个大、质重、扁球形的鳞茎，一般11～12月上盆，春节开花。

喇叭水仙、法国水仙、红口水仙选大球土培，不能水培。11

月下种，低于20℃才能发芽。葱兰、文殊兰、小苍兰、网球花、大岩桐、喇叭水仙，放室内向阳处，干后再浇水。大岩桐、网球花，剪枯叶，勿受冻。文殊兰气温5℃入室。

（四）观叶植物　耐寒观叶植物，越冬温度0～5℃，如八角金盘、花叶活血丹、棕榈、刺葵、鞭叶耳蕨、菖蒲、一叶兰、苏铁、吊兰、棕竹、南洋杉、常春藤、蒲葵、鹿角蕨、露兜树等。冷室或室内安全过冬。

稍耐寒，越冬温度5～10℃，如鹅掌藤、熊掌木、袖珍椰子、一品红、粉藤、垂叶榕、巢蕨、金钱树、橡皮树、朱蕉、凤尾蕨、椒草等。放在阳光充足的封闭阳台，寒流来时用双层厚窗帘保温。

不耐寒，变叶木、网纹草、黛粉叶、花叶木薯、龙血树、亮丝草、窗孔龟背竹、绿萝、澳洲栗、紫背竹芋、孔雀木、红桑、海芋、艳山姜、散尾葵、小叶榕、喜林芋。越冬温度10～15℃，要有加温设备过冬。

木本观叶植物罗汉松、十大功劳、凤尾竹、巴西铁、孔雀木放在室内向阳区或棚内，盆土保持湿润，叶面可喷0.1％磷酸二氢钾，去黄叶，去枯梢，剪乱枝、病叶、卷叶，气温4～8℃即入室。草本观叶植物天门冬、蚊净香草、竹芋、黛粉叶、枪刀药、铁线蕨，放室内向阳区，盆土保湿，干后再浇，可喷0.1％磷酸二氢钾，气温5～10℃入室，盆内勿积水，多喷水，勿吹到冷风。

（五）仙人掌类及多浆植物　仙人掌类的蟹爪兰、仙人指、令箭荷花、昙花，越冬温度在10℃以上，11月份还要分化花芽或开花，要求放在阳光充足处，保持10～15℃，每月还应施一些肥水。其他球类与掌类，处于休眠或半休眠状态，体积小，可置于箱内，保温7～10℃。越冬最低温4℃的有子孙球、仙人球、梨果仙人掌、葫芦掌。7℃有山影掌、仙人指、仙人掌、黄毛仙人掌、黄毛球。10℃有金琥、绯牡丹、星球、量天尺等。

多浆植物越冬最低温4℃有十二卷、宝石花、沙鱼掌、虎皮掌；7℃有水晶掌、花叶芦荟、玉树、芦荟、翡翠景天；10℃有石莲花、翡翠珠、落地生根；13℃有铁海棠、生石花。

（六）木本花卉　木本花卉树体大、耐寒的可以地栽，例如蜡梅、桂花、樱花、桃花、石榴、海棠、紫薇、月季、松柏类、黄杨类等。树体小，不耐寒的可盆栽，入室越冬如茉莉、米兰、山茶、茶梅、一品红、金柑、吊钟海棠、扶桑、杜鹃、栀子，可上盆入室越冬。

茶花　比较耐寒，入室不能太早，一般温度降到0℃以下时入室。在浙江以南仍可开花。茶梅比茶花耐寒，一般冷室即可越冬。茶梅的品种有粉乙女、雪莲、黑椿、皇后等。

杜鹃　西鹃已开花，放在5～10℃养护，毛鹃可耐－10℃低温，可露地栽培。

梅花　花芽已经大量分化，露地可以过冬，盆栽在冷室过冬。易生根的品种如朱砂、宫粉、绿萼、骨里红、素白台阁等，11月还可作硬枝插，成活率因品种而异。

木本植物安全越冬最低温度：

16℃：红桑、红狗尾。

13℃：一品红、扶桑、金脉爵床。

10℃：毛叶子花、米兰、茉莉、云南山茶、银脉爵床。

7℃：光叶子花、珊瑚樱、吊钟海棠、白兰、红千层、朱砂根。

4℃：杜鹃、含笑、夹竹桃、栀子、茶花、茶梅。

0℃：石榴。

－4℃：紫荆、桂花、紫薇。

－10℃：梅花、蜡梅、八仙花、月季、杏。

木本观花类如杜鹃、桂花、茉莉、美人梅、鸡蛋花、气球花、金茶花、米兰、扶桑、倒挂金钟等应放在大棚内或室内向阳区，干后浇水，叶面喷水可施固态肥或磷钾肥，气温4～10℃入室，多喷水，少浇水，勿积水，要注意通风透光。冬春开花的迎春、黄锦条要放在阳光充足处。

12 月花事

赏花　蜡梅、西鹃、寒兰、蟹爪兰、山茶、茶梅、仙客来、水仙、报春花。观果的火棘、长寿果、金弹子、年橘。

（一）一二年生草花　一年生草花要保存好种子，准备明年播种。

二年生花卉 12 月正处营养生长期，要防止寒害冻害，加强抗寒的肥水管理（钾肥）。羽衣甘蓝、金盏菊耐轻霜，可供观赏。

（二）宿根花卉　12 月宿根花卉处于休眠、半休眠状态，注意保温防寒，埋土防寒。对地上部枯死的花卉如菊花、芍药、萱草、玉簪，只要进行壅土，气温－10℃亦不会受害。对于常绿的花卉如凤梨类、花烛类要保持 10～16℃，防止冻害。

（三）球根花卉　秋植的郁金香、风信子、各种百合，12 月只生根不发芽，注意盆土湿润不积水，防止烂球烂根。

各种水仙已生根出叶，必须在阳光充足处养护，供应适当水分，不受冻。

仙客来 12 月已开花，保持夜温 10℃以上，防止温度剧烈变化（大棚内）注意通风，防止灰霉病大发生。

朱顶红　露地在长江流域壅土覆盖保湿，冬季气温低于 0℃以下，应掘起放在 5～9℃相对湿度 80％的室内过冬。

（四）观叶植物　12 月对观叶植物主要是保温，要求室内温度达 10℃以上，例如孔雀木、橡皮树、红桑、变叶木、羽叶南洋杉、花叶木薯、黛粉叶、海芋、亮丝草、绿萝、蔓绿绒等极易受冻害，还要防止温度忽高忽低，室内温差很大，就会引起老叶片发黄脱落。

室内有加温设备的地方，室内干燥，对叶大质薄的观叶花卉，如铁线蕨、宽叶巢蕨、蟆叶秋海棠、山苏花、虎颜花、天鹅绒竹芋、黛粉叶、网纹草、文竹等，极易叶尖褐化，要喷水增湿，但还要注意通风。通风一定在中午，室外气温5℃以上时进行，不能通对流风。

寒冬室内观叶植物要人工补充光照，特别是彩色观叶植物如紫鹅绒、红王变叶木、红边朱蕉、吊竹梅、艳凤梨、深红网纹草、彩叶木、匍匐锦竹草、斑叶紫背竹芋等。

（五）仙人掌类及多浆植物　12月份主要是防寒越冬，气温一定要保持在忍受的最低气温之上，严格控制浇水，除昙花、令箭荷花、蟹爪兰、仙人指外，最多一个月浇一次水。球类仙人掌可整个冬季不浇水。

（六）木本花卉

梅花　开花期由南向北逐渐推移，多12月开到翌年3～4月。

蜡梅　12月至翌年2月是开花期，蜡梅花期最怕风，必须避开风口，盆栽蜡梅在－8～10℃以下时，注意保暖。

月季　月季可耐－10℃低温，如超过－10℃要壅土盖草防寒，盆栽月季宜冷室越冬。

紫薇　喜暖、较耐寒，露地栽可耐－8～10℃，盆栽－6℃要覆草保护。

杜鹃　能耐0℃以上的低温，越冬温度2～10℃，开花植株，要注意肥水管理，可以喷0.1%磷酸二氢钾，要防治病害。